本课题获国家社会科学基金艺术学重大项目资助
课题编号：13ZD03
课题名称：绿色设计与可持续发展研究

泸沽湖地域
人居环境
文化演进

THE CULTURAL EVOLUTION OF

HUMAN SETTLEMENT ENVIRONMENT

IN LUGU LAKE REGION

黄 耘 /著 Huang Yun

中国建筑工业出版社

图书在版编目（CIP）数据

泸沽湖地域人居环境文化演进/黄耘著. —北京：中国建筑工业出版社，2013.10
ISBN 978-7-112-15765-5

Ⅰ.①泸…　Ⅱ.①黄…　Ⅲ.①湖泊–居住环境–文化史–研究–宁蒗彝族自治县　Ⅳ.①X21

中国版本图书馆CIP数据核字（2013）第200900号

责任编辑：唐　旭　张　华
责任校对：肖　剑　关　健

泸沽湖地域人居环境文化演进
黄　耘/著

*

中国建筑工业出版社出版、发行（北京西郊百万庄）

各地新华书店、建筑书店经销

北京嘉泰利德公司制版

北京盛通印刷股份有限公司印刷

*

开本：787×1092毫米　1/16　印张：16¼　字数：470千字
2014年4月第一版　2014年4月第一次印刷
定价：96.00元
ISBN 978-7-112-15765-5
（24522）

序 言

　　黄耘博士的选题是西南山地人居环境研究体系中的一个部分，多年以来，他致力于西南少数民族地区人居环境田野调查，对泸沽湖摩梭人居环境文化地理的形成和演进过程进行了大量深度的探索、思考和总结，收集到较为系统的一手资料。根据他的特点，我鼓励他结合山地聚落的实际问题，从中去找学术上有开拓价值的东西。

　　期间，他几乎每年一次前往泸沽湖地区调研，我也先后两次与他一道去实地考查，见证了"泸沽湖"人居的变化，也深深地觉得在现代城市化的影响中，珍贵的地域聚居文化在逐步衰退和同化，这是一件值得担忧的事。建议他着重关注文化体系在人居中的作用，观察文化决策者在文化体系中的地位。十年中，他的研究经历了多次转变。

　　首先，是研究重心的转变。以往对少数民族聚落的研究集中在建筑空间上。我要求他区别于以"建筑—聚落"为对象的传统建筑学科，而将注意力放在"人"身上。正如吴良镛先生强调，人居环境的核心是人，人居环境研究以满足人类居住需为目的，研究一定要与人的需要相结合。就西南少数民族人居研究而言，黄耘博士以人居环境科学理论为主干，融入多学科研究的途径，综合人类学、文化地理学、历史学、建筑学等研究方法与内容。总体上试图将人居的各系统联系起来，从而去理解人居发生、发展、变迁的客观规律，为从理论体系上界定泸沽湖人居和谐发展奠定了基础。

　　其次，我建议他的研究应聚焦在摩梭人的文化体系上，以"文化的视角"作为泸沽湖人居研究的经纬，着重探讨摩梭人与聚居环境之间的关系，关注他们的社会进化过程。不仅是聚落的"物"，而且包括摩梭人的社会生活方式等，黄耘博士的研究在这方面有自己的创新观念。

　　总体看来，博士论文的研究成果集中在以下四个方面：

　　对自然系统的研究，意在回答气候、水、土地、植物、动物、地理、地形、土地利用等方面的问题，去理解聚居与社会系统的关系。泸沽湖自然系统，应放在它所处的更大的人文地理环境中去考量，才能真正从自然巨系统的角度建构研究框架。在这个部分，他提出的泸沽湖自然系统研究理论框架，试图提供出一种对横断山区域自然人文系统研究的思考。

　　对文化系统的研究，旨在关注泸沽湖摩梭人的生存活动与社会发展和变化的关系。研究摩梭人的文化要素怎样影响不同层次空间的运行。观察了摩梭社会的"文化的调控力"在其进化繁衍的人居环境中的生态机制。

　　对居住系统的研究，把摩梭人的居住形态作为研究对象。论文认为横断山区域的自然系统、文化系统是不同类型居住方式的形成原因，这个命题为泸沽湖的聚落系统类型研究提供理论框架以及可供研究发展的论题。

　　泸沽湖人居的研究是基于"西南山地人居环境"的总体系下进行的。目前，西南少数民族文化个性正在消失，聚居特色正在衰减。黄耘对泸沽湖聚居环境文化演进的研究，在于探索针对西南少数民族人居研究的适宜性方法，探索适应西南少数民族聚居可持续的发展模式，解决西南少数民族人居环境发展中的实际问题，他的研究内容、方法、技术路线是客观的，有理论根据，得出的结论，有较好的学术意义与科学价值。

　　将文化人类学与人居环境科学结合的综合研究方法，是一次人居理论结合实际研究的案例。研究中提出的"居住类型模式"理论有一定的创新性。"自然条件"—"生计方式"—"居住类型模式"—"聚落与建筑类型"的系统性论述，拓展了传统聚落与建筑研究的领域。特别是通过解析社会结构与文化的适应模式，提出"文化控制力是人居演进发展的自适应力"观点，指出人居环境进化的文化控制力的着力点。聚落类型研究尝试对人居各要素影响程度评价的分类法认识，将自然空间特点、文化要素、技术特征的"属性组合"作为聚落分类的依据，这种分类方法对横断山区聚落类型研究具有探索性。

　　总体上讲，这个研究对我们很有启发：吴良镛院士所倡导的人居环境科学研究方法，相当部分的理论导向是涉及文化和地域历史观的，人居环境科学与文化学科相结合的研究方法，可以从地域文化的角度，探讨西部山区人居环境发展的多样性与特色保护问题，去寻求全球化背景下怎样保持地域文化多样性的途径。随着中华文明的崛起，"地区性的全球化阶段"现象出现，地域人居环境生成与发展规律的探索，显得更加有现实性的生命力与时代价值。

　　黄耘博士来自于美术院校的环境，在博士论文研究与写作中，逐步认识和掌握了从人居环境的综合思维方式，以及文化与地域环境的发展规律中认识建筑学的问题。这是一个很大的进步，也是学术研究视野拓宽和研究方法纳入科学体系思维很重要的一个提升。他毕业后在实际的教学和科研队伍中不断深化，做出了新的成绩。将思考所得用于学术队伍的拓宽和影响更多的人和事，这种学术精神的执着和宏观意识，是值得推崇的，也希望他能获得更大的学术成就。

赵万民

2013 年 11 月 8 日

目　录

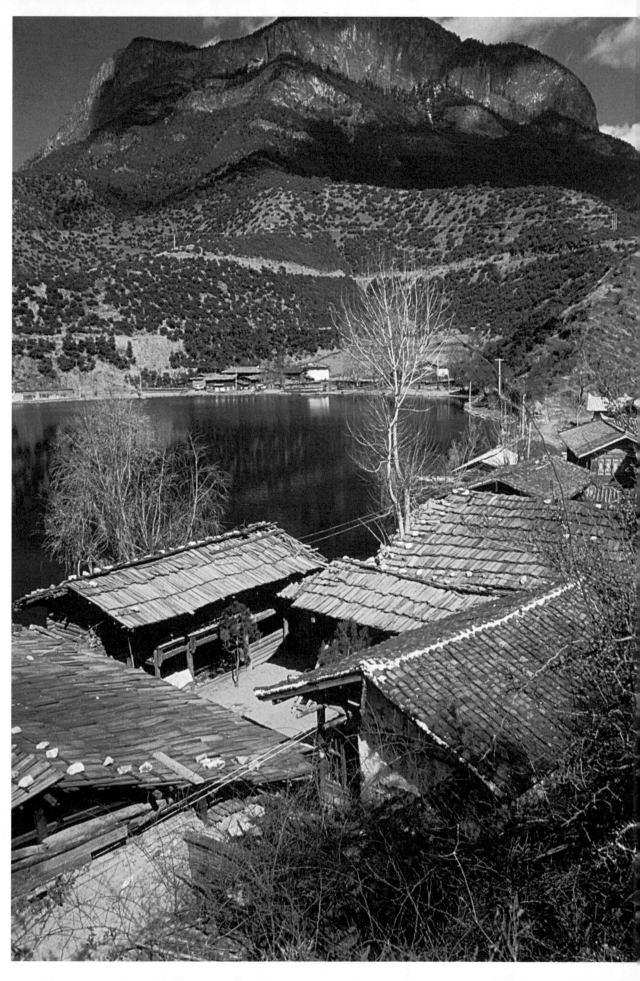

第1章 绪论

　　本章首先明确本书研究是在人居环境科学理论体系下，结合自然地理学、文化人类学、建筑学的研究方法与成果，针对泸沽湖人居问题的一次实践研究。研究立足"文化"与"演进"两个概念，将研究对象在空间现象与时间现象上统一起来讨论。通过自然景观类型、人居中文化运行机制与聚落这三方面，力图在总体上将人居各系统联系起来，真正地理解其发生、发展、变迁的客观规律，希望建构一种适合横断山乃至西南少数民族人居的研究框架，寻求地域人居多样性发展的方向。

　　本章解释了选题的意义与研究目标，回顾评述了这一领域的学术研究状况与成果，说明了人居环境科学理论与泸沽湖人居研究的学术取向。本章从泸沽湖人居研究范式的确立、现代性规划理论的反思、泸沽湖人居研究与相关学科、研究方法与技术路线等方面提出了泸沽湖人居环境研究理论范畴与适宜性理论。

1.1 关于选题

1.1.1 缘由——地景是张刮除重写的羊皮纸

1993 年，我第一次来到泸沽湖里格村，之后的十几年间我几乎每年都会回到这里，并将里格作为我田野调查的定点村落。1998 年之前的里格基本保持了古朴和谐的状态，那时候，摩梭人的生活也许并不富裕，但他们却能流露出发自内心的喜悦，展现出其生活艺术的方方面面。1998 年泸沽湖启动了旅游大开发，从大落水村到里格村，整个泸沽湖开始了翻天覆地的社会剧变，传统摩梭聚落与摩梭建筑被彻底改变。这种剧变是否代表着横断山乃至整个中国地域建筑应有的演进方向？这是地域人居现代性转变的合理方式吗？

地方旅游开发的进程的确将地域文化介绍给了世界，使区域经济纳入到经济全球化的进程中去，但我们的疑问是：全球化的进程会不会同化无比丰富的地方文化？我们有没有可能在全球化背景下，找到地域人居多样性进化的途径？地方性技术是否已经失去了它们存在的必要？我们怀疑，现代性架构下建立的"合理性"空间模型，是否能容忍"地方性"的发展。

正如 Mile 所说："地景是张不断刮除重写的羊皮纸"[1]。关键是"刮除重写"的方式问题。泸沽湖里格村变迁现象或许能给我们关于变迁方式的启迪：

第一个时期可称为洛克（Rokck.J.K）时期（1927~1998 年），洛克将里格村介绍给世界，呈现了我们能看到的最早的里格村（图 1-1），正如他所述，里格村是"一个坐落在半岛上的村子"，当时仅仅有八户人家，靠着三个小冲沟边土地养活[2]。

1996 年，里格村也还维持在不到 20 户左右规模。"不分家"是摩梭文化的传统，这种文化要素，严格保持着人地关系的平衡。

图 1-1 1927 年的里格村
（资料来源：约瑟夫·洛克.中国西南古纳西王国.昆明：云南美术出版社.1999）

图 1-2 2002 年无序发展的里格村
（资料来源：Google Earth）

第二阶段是里格村旅游无序发展时期（1998~2003 年）（图 1-2）：1998 年，里格村进入旅游开发初期，聚落形态经历了翻天覆地的变化。分户成了当地人致富的手段，祖母屋也失去了应有的地位。当地人与外地的投资者一起，将建筑搬到了湖边，尽量占有景观最好的水岸。他们还将旧木头改成水吧，也借用了类似"火塘"（图 1-3）这样的一些摩梭文化要素来吸引游客，增强游客的"文化享受"，"人工草皮"似的文化已在那里落根。有摩梭学者呼吁：千万不要拿自己的宝贝去换别人的塑料花。[3]

第三阶段是泸沽湖规划的颁布及实施时期（2004 年至今），政府通过规划来调控里格村的无序开发进程（图 1-4）。规划者以一个评判者的态度去看待摩梭聚落的开发。但是我们发现，几年来，按照科学方式来规划的里格村，其发展并没有朝着预设的方向发展。这种基于西方理性科学的规划方法，似乎并没有维持泸沽湖应有的文化与生态的和谐发

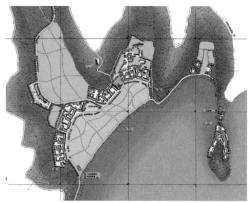

图 1-4　2004 年泸沽湖规划
（资料来源：泸沽湖管委会提供）

图 1-3　祖母屋改造的"猪槽船酒吧"
（资料来源：作者拍摄）

图 1-5　急剧恶化的生态环境
（资料来源：作者拍摄）

图 1-6　两种"山寨版"的井干建筑
（资料来源：作者自摄）

展，里格村摩梭文化明显消退。规划也没有能限定里格村发展规模，人与人之间和谐平等的生活状态也被新出现的社会分层现象打破。我们怀疑，仅仅依靠"现代文明"的标准，能否规划出泸沽湖发展的方向。在这个现代性规划的指引下，至少，我们看不到摩梭文化特质保护的可能，也阻止不了摩梭文化加剧消失的步伐。

　　总结起来，泸沽湖转型期的变化有以下几个方面的现象：文化特质的丧失、文化控制力减弱的趋势。生态破坏加剧、景观同质化的趋势（图 1-5）。聚落形态剧变，山寨版的井干建筑涌现的趋势（图 1-6）。

　　如果不涉及科学评价，独立观察这些变化现象也许很有趣。而于我而言，曾经一度无法用我的价值观来系统评价这一转型期的巨变，但我开始怀疑这个"好看的泸沽湖"，我担忧这些摩梭聚落形态的剧烈变化，也觉察到了建筑现象背后摩梭人传统文化观念的迅速流失。

1.1.2　意义与目标

横断山人居环境在中国乃至全世界都有其独特性,自然地理条件形成了独特性的景观类型。复杂的地质结构、丰富的生物资源组成和生物群落类型,成为地球上一个独特的地理单元,造就了独一无二的自然景观现象。横断山区少数民族分布与自然地理关系形成独特的居住类型。长期以来,人们形成了一套完整的生计系统,去适应自然、改造自然。人地复合关系形成典型的横断山人居现象。

泸沽湖的人居是横断山人居的一个典型类型。它的地质结构等自然系统在横断山是一个独特类型,泸沽湖美景也具有世界价值;摩梭文化已经是全世界瞩目的地域文化类型,有完整的文化机制,母系社会体系在全世界是不可多得的文化现象;泸沽湖聚落作为人居研究的核心部分,有着"样本特质":以"核心家庭"为代表的文化要素是聚落的内在构成要素;历史上存在广泛文化交流的变迁过程,明显投影在聚落上面;有相对封闭的地理空间环境,可以独立研究聚落分布与聚落分层的关系。

因此,本书将泸沽湖作为横断山研究的"样本空间",将研究集中在人居面临的自然景观类型、人居中文化运行机制与聚落这三方面,进一步探讨这三方面的相互关系。理清泸沽湖人居演进的基本规律,试图探索当下人居裂变的内在机制。鉴于此,研究具有以下几方面的价值:

1. 泸沽湖人居面临旅游开发的压力,亟待保护,本研究具有现实的意义。

2. 泸沽湖面临文化多样性的缺失与地方性消失的危机。从洛克将它介绍到西方国家开始,就引起了全世界的重视,也吸引许多学者从不同方面对泸沽湖进行研究。因此,本研究与众多努力一样,是探索文化多样性保护的一次尝试。

3. 泸沽湖人地关系的典型性,是不可多得的人居样本。特别是在当今泸沽湖转型期,其生计方式发生了很大的变化,分析人与自然关系规律,揭示泸沽湖人居的生成原理,对横断山区域的人居有示范的价值。

4. 目前,泸沽湖聚落出现的问题,聚焦在少数民族聚落空间保护着眼点的命题。以文化的视野探索摩梭聚落保护的有效方法,具有较为明显的普遍意义。

总的来说,本研究是人居环境科学理论体系针对具体地点的一次实践研究。是以泸沽湖人居中自然景观、文化机制和聚落系统为研究对象,着重探讨人与环境之间关系的系统研究。力图在总体上将各系统联系起来,真正地理解聚居发生、发展、变迁的客观规律。

本研究遵循人居环境科学中提倡的"融会贯通"与开放式研究的主张,是多学科的综合性研究,运用自然地理、文化人类学、建筑学的研究方法与成果,才能真正解构泸沽湖人居的发生原理并展望其发展方向。

有广泛的代表性。本书研究的方法与成果,希望"以小见大",建构一种普遍的适宜于横断山乃至西南少数民族人居研究的理论框架。

以"文化的视角"为人居历时与共时研究的经纬。泸沽湖人居的研究是基于"藏彝走廊"这个概念上进行的,就比单纯只研究一个民族的人居,更能够体现一种关于地域性研究的完整构思。

时间上而言,当前的现象是人居现象的传承,也许是今后人居演进方向的基础。本书之所以把"文化演进"作为命题之一,就是立足"文化"与"演进"两个概念,将研究对象在空间现象与时间现象上统一起来讨论,才能真正找到泸沽湖以及横断山人居问题的时空焦点,寻求地域人居和谐与多样性发展的方向。

本书的研究目标是一次探索横断山少数民族人居环境和谐发展的实践性研究。通过对泸沽湖人居的生成原理与发展途径的研究,试图建立包容开放的理论框架,探索一种更广泛地适合西南少数民族人居发展的理论体系和方法,以解决西南少数民族人居环境发展中的实际问题。寻找全球化进程中以适合泸沽湖摩梭人为代表的少数民族地域性人居发展的途径。

1.2 学术研究

1.2.1 民居研究、聚落研究、广义建筑学与人居环境研究

民居调查和研究始于刘敦桢先生的《中国住宅概说》，大部分仍沿用着一种程序化的方法，研究成果仅仅是在案例数量上的增多而已，在方法上似无重大的突破。在地域性民居建筑的研究中，人们已普遍认同这样的结论：至少对某些个案来说，涉及地域性建筑与社会变迁的相互关系问题的研究是非常复杂的。在目前，要推进关于地域性建筑的研究，一种综合性的、深入的、比较专门化的探讨是必需的。而上述问题都同历史学、人类学和考古学有关。

在我国，进行地域性社会文化研究的人员主要是历史学家、人类学家和考古学家。他们的研究方法的一个重要特点就是从对不同地域社会的观察中，抽取某些解释性的概念以及对不同地域社会中相接近的现象作分类和比较研究。

1.2.1.1 民居建筑的研究

原中山大学建筑系龙庆忠教授结合当时考古发掘资料和对河南、陕西、山西等省的窑洞进行的考察调查，写出了《穴居杂考》(《中国营造学社汇刊》)。1941 年刘致平教授在调查了四川各地传统建筑后，写出了《四川住宅建筑》。1990 年才得以发表在《中国居住建筑简史》一书中。

1953 年，刘敦桢教授创办了中国建筑研究室。1957 年写出了《中国住宅概说》一书，这是一本早期比较全面的从功能分类来论述中国各地传统民居建筑的著作。该书的出版把民居建筑提高到一定的地位。张仲一等人编著的《徽州明代住宅》、同济大学编写的《苏州旧住宅参考图录》和张驭寰主编的《吉林民居》均为这一时期民居研究的主要著作。

自 1988 年以来，中国建筑工业出版社已出版《中国美术全集》丛书之《民居建筑》、《中国居住建筑简史》、《福建民居》、《云南白族民居》等著作。

1.2.1.2 聚落研究

地理学、民族学和建筑学三个学科涉及对聚落的研究。对聚落研究问题的差异和共同之处主要在以下几个方面：

地理学对聚落的研究，将聚落放在整个"地理空间"中去考察，其研究的重点仍是地理学的三大传统：人地、空间和区域、人地关系复合的研究。

聚落文化景观的研究：文化地理学家 F.Saure 关于"文化景观"的观点是目前较有影响的学术思想，通过分析"文化景观"——通过对人对地的改造形成的人文景观过程，分析聚落的构成形态，有助于综合性文化区的划定，即有助于了解人类文化的空间差异。其目的在于突出不同地域的区域性特色。

赵世瑜、周尚意对文化景观研究的主要方面是：聚落的格局、土地规划的格局、建筑格局以及人造生态系统。他们认为将中国的乡村和城市聚落分为九种基本形式，从人口、民族、经济文化类型、政治、生活方式、语言、宗教以及文化景观八个方面论述中国文化的空间差异，并将汉文化圈划分为胡文化区、羌文化区、中亚—胡混合文化区、南亚—汉混合文化区和中国东半部汉文化区这五个文化亚区。

生活方式与方言民俗的研究：这一类研究的共同特点是从社会、经济、宗教三个方面来探讨聚落形态、土地利用与生活圈的变迁。司马云杰在《文化社会学》中将"生活方式"这一概念内涵划分为物质生活方式、精神生活方式和社会群体生活方式三类；乌丙安在《中国民俗学》中将"民俗"的内

涵划分为经济的民俗、社会的民俗、信仰的民俗及游艺的民俗。主要为：社会组织；血缘、地缘组织；聚落形态；民居形式；土地利用；生活圈等。

宗教地理学的研究：关于"祭祀圈"——即地缘团体的研究。邓晓华对"祭祀圈"的探讨，详尽地论述了闽南客家聚落的结构与祭祀圈的空间关系，是对福建南部聚落祭祀圈的空间结构、祠堂、神庙的空间配置与内涵的研究。

地理学的研究主要在人地关系与村落社会的论述。研究的重点在聚落形态与空间分布的关系。研究方法多引用西方地理学的观点，如：德国地理学家 F.saure 的"文化景观"（Cultural Landscape）、苏联学者的"文化类型"、法国学者的"生活方式"以及梅森的"文化区"概念等。

民族学领域关于聚落的研究：民族学家对聚落的研究，主要围绕着移民社会、方言民系以及民俗集团的地缘组织三大主题展开，其研究方法仍属于社会人类学、考古学和语言学的范围。

民族迁徙的研究：民族迁徙的研究是近年来国内外人类学家和历史学家的热门课题。特别是关于藏彝走廊的社会研究，对于研究诸如区域文化、种群关系与文化分立关系等都具有重要意义。

聚落地域组织与文化圈的研究：聚落地域组织的形成——祭祀圈。邓晓华通过"分香"、"割火"所反映的祭祀圈与村镇保护神——"境主"之间的历史文化关系，指出"祭祀圈"是个地域圈，即地缘团体。

聚落考古学的研究：聚落考古学的研究以张光直先生的成果最为卓著，他首先将"交互作用圈"和"地域共同传统"理论介绍到国内。他在《谈聚落形态考古》一文中全面回顾了西方地理学和民族学对于聚落形态的研究。关于聚落形态，他提供了四个重点研究的方法步骤：1. 聚落单位的整理；2. 聚落单位内的布局；3. 各聚落单位在区域内的连接；4. 聚落资料与其他资料关系的研究。

在聚落单位的划定上，伏特（Volt）为我们的研究提供了一个重要的操作范型。他将聚落分为五个层次：1. 个别家屋的性质；2. 在一个村落或社群单位之内这些家屋与家屋之间的空间性的安排；3. 家屋与其他建筑物如庙宇、宫殿、运动场、祭屋等之间的关系；4. 村落或社群的整个平面图；5. 村落或社群与其他村落或社群之间在特定地区内彼此的空间关系。基于此，我们得到了一个由地景层次、聚落层次、邻里层次和住屋单元层次的研究步骤，同时我们还得到了一个个生态的、社会的、政治的、经济的、宗教的和婚姻的"生活圈"，作为把聚落单位结合在一起的纽带。

民族学关于聚落研究引用其他人文和社会科学的理论，既是对聚落形态进行静态的分析，同时也多少注意到聚落形态变迁的程序和动力，开始迈向文化人类学。尤其是关于"西南文化区"和"聚落单位层次"的研究，为建筑学领域从事聚落研究和民居建筑研究提供了重要的参考。

建筑学领域中关于聚落的研究：20 世纪 80 年代，建筑学领域开始研究村落。直到 1981 年出版的《浙江民居》，增加"村镇布局"一章。中国建筑工业出版社出版的各地区多卷集的民居建筑专著，也有"村镇"部分，仍多着眼于单体建筑，而较少涉及整个聚落的研究。

聚落构成的研究："聚落构成"的研究，主要集中在聚落空间的布局、组织与形态方面。论述有"皖南村镇巷道的内结构解析"、《传统村镇聚落景观分析》、"江南小城镇形态特征及演变机制"、《乡镇形态结构演变的动力学原理》等。在"江南小城镇形态特征及演变机制"一文中，作者认为小城镇的形态由物质形态和非物质形态两部分组成，论述了城镇形态演变的主要机制上影响形态演变的主要因素：自然因素；交通因素；经济因素；小城镇职能、规模；政策规划控制；社会、文化因素；区位因素。

"传统村镇聚落景观分析"和"皖南村镇巷道的内结构解析"两项研究也认为自然环境和社会环境共同决定聚落形态。研究偏重于村镇空间层次与元素的解析，试图在景观或形式上分析民居建筑与街道的构成。

肖莉、刘克成的"乡镇形态结构演变的动力学原理"更倾向于一种动态的研究，在研究方式上开始形态的描述，分析迈向了形态学的研究。

聚落发展的变迁研究：此类论文大多集中于移民社会村落的研究中，基本上多涉及聚落与地理、历史、文化、社会等因素的关系。在方法上，多借鉴文化人类学、文化社会学和文化地理学的方法。《楠溪江中游乡土建筑》的研究就提出：以"生活圈"为单元而不是孤立地研究单栋的房屋；动态地研究社会、经济、文化发展引起村落和房屋的变化；对一个地区的建筑类型、形制、构造方法、形式风格和聚落形态等与其他地区做比较研究。

陆元鼎教授在《客家民居形态、村落体系与居住模式研究》一书中，一方面研究了客家建筑的源流和历史分期，另一方面则论述客家建筑形

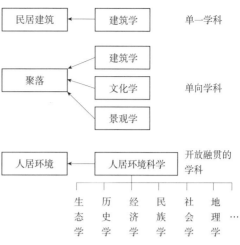

图 1-7　建筑、聚落研究体系示意
（资料来源：作者自绘）

制与社会、文化的关系。其研究成果更涉及客家建筑文化的"类"、"型"、"期"的分析。该项目的子项之一《客家建筑文化研究》中提到："客家传统聚落形态是一个充满了文化意义的生活环境，综合了自然、历史、社会、文化等多种因素，深深地传达了传统文化的内涵"。提出："宗法礼制观念，家族观念，民俗观念是决定聚落形态和建筑形制的三大要素。以宗法礼制观念为骨架，以家族观念为内容，以民俗观念为特色的文化正是客家建筑文化的特征。"对于村落的形态结构提到四点想法：1. 民俗观念是村落各构成要素之间相互关系的重要依据；2. 村落的领域划分是以宗族观念为决定力量的，在各族领域中，聚族而居的观念及习俗是形态结构的有力影响因素；3. 村落的形态结构是几何性要素（土楼）与拓扑性要素（辅助住屋）以一定关系组合的结果；4. 各种土楼成为村落布局、结构、景观等的决定性因素。

从上述建筑学关于聚落研究的状况来看，近几年来，聚落的研究出现了分析实质环境与结合史料和文化人类学等方法的研究方式。这种研究方式的多样性，也反映出各地区内各种聚落的丰富性。此外，聚落研究不仅为以往的民居研究提供了丰富的基础资料，它更是一种综合性和跨学科的研究，只有将生态的、历史的、政治的、社会的、经济的、民俗的、宗教的、婚姻的等因素介入其研究范围，才能更深入地建立一种属于建筑学领域的聚落研究理论（图 1-7）。

以上的研究方法虽有突破，但还停留在单向学科的研究方法层面。是通过"借鉴"的手法，吸收其他学科的研究方法与成果。吴良镛先生在广义建筑学基础上提出人居环境科学理论，真正将聚落研究的理论与方法导向了开放融贯的学科（图 1-7）。

1.2.1.3　区域人居环境研究

不同的学科应该有不同的视野，它们分别提出自己的研究主题，回答不同学科的问题，因此，聚居研究不是将文化学、经济学、考古学等学科纳入建筑学来研究聚落的现象，而是融会贯通地解决与解释聚落现象的本质。基于人居环境科学，赵万民教授提出了山地人居环境的研究体系。他认为"山地人居环境建设是人类建筑史学上一个重要的部分。在今天看来，古代的城市和建筑，不仅当时就具有科学智慧的生态环境选择及高品质的空间美学构成和工程技术设计，而且，它们的历史过程和文化遗存所传递的山地人居环境思想，也对后世城市和建筑的发展产生了深远影响"[4]。我国山地城市建设和发展，从数量和质量上对世界范围内的城市建设有较大影响力，在城市建设以及城市文化形态等方面也有独特研究价值。

赵万民教授以人居环境科学理论为研究视野，提出了山地人居环境构成的特殊性：从聚居环境的角度，分析了地形、气候、生态敏感、文化差异等因素，形成了人与聚居环境间的特殊依赖关系；山地人居环境特有的三维空间形态，更反映出城市、建筑和地景间不可分割的物质内容和空间本质。在实践的基础上，探索和总结山地人居环境建设的基本理论，逐步建立"山地人居环境学"的学术理论框架和建设研究人才队伍。其学术内容包括：山地人居环境建设的区域理论与城镇化、山地人居环境建设历史发展及其理论、山地人居环境建筑与城市形态空间设计、山地人居环境建设的工程技术方法、山地人居环境建设的信息技术、山地人居环境建设的生态学理论、山地人居环境历史文化的保护与建设理论、山地人居环境住区建设理论及其实践、山地人居环境小城镇建设理论及其实践等。

1."流域"作为研究区域划定的范围

（1）赵万民教授的著作《三峡工程与人居环境建设》从城市规划专业角度，讨论世人瞩目的三峡工程建设问题。以调查问题、提出问题、解决问题的工作方法，结合社会学、经济学、生态学、美学和史论等相关学科知识，研究三峡工程与库区可持续发展人居环境的建设课题。通过对三峡城市（镇）化、城市规划、城市设计、历史文化遗产保护四个方面的具体讨论，旨在阐述三峡工程所具有的社会性、文化性。从而提出库区整体的、融贯的人居环境建设框架，并对城市（镇）迁建和移民工作做一些实效的思考与建议。同时，以三峡库区人居环境建设为一个实例，为我国整体人居环境学理论的提出和框架的建立，作一些探索与研究。开创了以流域地理空间为研究范围的人居系统研究[5]。

（2）赵伟的博士论文《乌江流域人居环境建设研究》，通过对乌江流域人居环境建设的研究，探索在当前的城镇化进程中，以"流域"为区域单元的人居环境建设研究的框架构成、研究方法、研究重点、基础理论及典型案例，丰富山地人居环境建设的理论体系，并为相关建设实践提供参考。论文借鉴了人居环境科学"融贯综合"的研究方法，探索流域人居环境建设的主要研究内容。采用史论文案法，对乌江流域人居环境的历史发展过程进行了纵向研究。运用观察法与统计研究方法横向地进行了乌江流域人居环境现状的调查研究，归纳出研究的三大关键问题。以问题为导向，进行了"城镇化与城镇体系建构"、"生态环境保护"以及"城市形态"三个方面问题的研究，前两者的研究采用了推理预测的演绎方法，后者的研究运用了个案研究的归纳方法[6]。

论文通过历史研究论证，地理障碍与资源开发是影响上述规律的主要因子。作者认为，从开发效益的分配上可以看出开发行为的本质是否具有掠夺性，由此判断出历史上的开发行为曾有过较强的掠夺性，提出对当代开发建设的警示。在现状研究的部分，指出逆向演替是该区的自然生态演化趋势，而当前的开发建设加速了逆向演替的进程；提出城镇化是乌江流域综合发展的必要途径；指出社会经济快速发展、推进城镇化进程政策、交通通信等基础设施引导、土地使用制度改革是乌江流域城市形态扩展的主要动力机制。认识到制约城市形态扩展的主要因素。在生态环境保护研究的部分，提出了生态环境保护的系统框架构想。对资源大开发背景下的乌江流域工矿区生态环境保护与恢复提出了设想。

（3）李泽新博士在《三峡库区人居环境建设综合交通体系研究》中提出三峡工程整体人居环境建设中，库区综合交通体系的重要地位。他选择对库区的区域交通与城市交通进行研究，从纵横两方面分析库区综合交通体系建设的发展规律以及理论及其实践的技术方法。在纵向方面，总结三峡地区交通建设的历史变迁及库区现代交通的发展态势；在横向方面，研究三峡库区规模和性质的城市综合交通体系建设与发展的技术对策。

在库区的区域交通研究方面，论文从三峡周边地区、泛三峡区域、三峡库区三个地域入手，对铁路、公路、水运、航空运输这四个具有常规交通规划与建设类型的体系进行比较研究，提出结合流域经济开发、人居环境建设而引发的区域协作与多种运输方式协调发展的综合思考与措施。在库区的城市交通研究方面，针对道路及交通建设中存在的问题进行分析，结合三峡库区及山地城市特点，对不同规模与形态的城市、城镇，从对外交通与内部交通两方面，结合移民迁建和道路交通设施建设等技术内容，提出解决问题的思路和技术性思考 [7]。

（4）王继武博士的论文《人居环境地域文化论——以重庆、武汉、南京地区为例》秉持文化相对论的观点，主张将城市及其文化落实到地域现实的时空环境中进行研究，通过现代性时空维度的分析，认为由全球化的抽象时空与地域性的现实时空所构成的复合时空维度，是当前我国城市发展的基本生存语境，而地域时空维度的转型与整合是城市文化观念异化和城市特色缺失的本质原因之一。认为目前我国城市文化价值的回升曲线正处于快速提升的初期，城市文化观念的"失范"是当前我国城市建设中诸多问题的症结所在。研究认为将社会生活还原于地域现实生活场景中，再现在场性的有效价值，是规划与建设具有归属感和富于地域特色城市空间的基本途径。在对当代中国城市发展的区域格局分析的基础上，论文论述中国城市发展的具体文化环境，搭建我国地域聚居与文化研究的基本平台。通过重庆、武汉、南京地域聚居模式的比较，实践论文的理论建构，探讨新时期我国城市及文化的发展规律、现实问题及未来发展道路。

地域文化视野的城市研究，将地域文化视为影响城市空间形态的基本动因，借此考察、追溯城市发展的动态演进过程。它源于自下而上的仰视，归于自上而下的人居系统的宏观构架，将城市的发展建设置于地域文化的时空视野中进行系统的组织与营构。

（5）戴颜博士的论文《巴蜀古镇历史文化遗产适宜性保护研究》[8] 运用"以问题为导向"的研究方法，秉持"融贯学科"的系统理论观，探索古镇保护研究的地域时空视角与理论方法。研究立足于城市规划学科，以巴蜀古镇为课题对象，在古镇保护历程回顾的基础上，从历时与共时角度分析了古镇保护导向，并对古镇保护的总体策略、技术方法与制度环境进行了展开研究，意图探索并建构巴蜀古镇历史文化遗产适应性保护的基本理论。探讨了西南山地历史文化城镇的价值评价与保护方法，西南山地历史文化街区及传统建筑簇群的保护规划与设计方法。

黄勇博士的论文《三峡库区社会变迁与人居环境建设研究》，提出了人居环境与社会互动变迁的时空结构化 DNA 动力模型。以此为基础建立时空结构化、以区域化和例行化作为具体作用方式的内在机制，建立了区别于传统历史中心论的时空结构化历史观；揭示出三峡库区人居环境建设变迁的历史规律。

论文还揭示了当代三峡库区人居环境再生产循环的规律。人居环境建设的矛盾根源在自然地理和个体生命对人工时空失去物质性控制，导致后者变为资本控制下的集体消费产品和利润工具并进入社会再生产进程。时空作为集体消费产品和资本工具的同时也必须作为超越了阶层的公共产品和社会保障工具之一，从而整合出三峡库区人居环境和谐战略的"推拉"模式。包括区域层面的开放时空建设、城镇层面公共利益重建和街区层面的反贫困建设 [9]。

但是，就城市人居环境研究，目前还没有将独立文化体系与地理空间的复合作为划分研究区域的案例。

2. 通过对上述研究的回顾，我们认识到传统建筑研究必须结合其所处的生态环境、社会组织、经济制度、宗教信仰等形成的区域文化环境。建筑学的研究虽然不同于地理学和民族学的研究，但是这两个学科所提供的概念，如祭祀圈、生活圈等为我们的研究开辟了新的道路。这些概念将有助于我们从以往进行研究民居与村落的关系时认识到我们实际上很少研究整个村落，而只集中于探讨一栋栋单体建筑物。聚落建筑是人类生活世界的外在表现，跨学科的研究必将扩大建筑学领域的视野。

关于民居、聚落、人居环境研究关系对比表　　　　　　　　　　　表 1-1

研究对象	空间范畴	相关学科	主要研究成果	评价
民居	居住建筑单体	建筑学	类型学的方法、建筑技术	注重技术，试图解读建筑文化
聚落	1. 自然村 2. 某类型村落 3. 人们集团的村落（如客家人的村落）	建筑学 聚落考古学 文化人类学、民族学	聚落构成、发展变迁	学科间相互交叉，但总体上相互独立，没有形成综合性成果
人居环境	从建筑单体到区域	人居环境科学	山地人居环境研究	融贯学科

（资料来源：作者自绘）

基于上述认识，我们认为：聚落由物质形态要素和非物质形态要素聚集而成。物质形态是聚落的有形形态，是聚落社会经济、文化、技术等物质载体的表现形式，当人们通过居住聚集在一起时，便形成聚落与特定地域的社会文化关联以及区域特性；显现出复杂多样的非物质形态意义。因此，应该将各学科领域关于聚落研究的方法、概念和主题，尽可能地引入建筑学的研究中来，以"静态分析"和"动态研究"相结合的方法，建构一种分析西南少数民族传统建筑的研究框架（表 1-1）。

综观上述研究，以往的研究方式在深度和广度上对研究西南少数民族传统建筑皆有所贡献，但是，从总体上说，这些研究还不是非常全面，有一些研究还缺乏专门化。本课题的研究领域，目前至少有三方面还存在一些值得注意的问题。

首先，我们的民居调查和研究自刘敦桢的《中国住宅概说》以来，大部分沿用着一种程序化的研究方式和写作方法，客观地说，我们的研究成果仅在案例的数量上增多而已，在方法上仍无较大突破。其次，在一定程度上，许多国内学者的研究在理论语言上呈现"老化"现象。国际学术界近一二十年在民居研究方面已有许多新理论和新成果，但国内大多数学者所熟悉的和较多引用的还是西方的"合院"或加上拉普普（Rapopon）的住屋文化理论。这说明，我国学者对世界民居建筑个案的了解还较有限，而作为研究工作的基础，对于其他国家民居建筑个案的了解和比较研究，无疑也是地域性民居研究专门化的一个标志。最后，现有的专题性研究多偏重在平面、梁架、造型和装饰等方面，对于空间的组织、计划和构筑程序与方法以及背后的建筑观念等皆较少论及，更谈不上对影响建筑的自然环境和社会文化环境的系统研究。具体到个案调查研究上，对民间匠师活动及建筑构架、尺寸规制的研究相当薄弱，对聚落空间组织和形态等研究也仅仅起步阶段。正是由于研究领域在广度和深度上的不足，无法建立一套完备的研究架构，因此，在相关资料的解析和诠释上，无法达到全盘性和完整性。由于缺乏从地方性或区域性的角度，去做进一步归纳与分析的合理架构和方法，缺乏多学科交叉研究的经验和方法，建筑界无法将研究领域扩大到地域的范围，更没有引入民系的概念，因此，无法达到精确可信的归纳和比较研究，也就无法真正达到研究的规范化和专门化。

回顾近年来以民系和地域为范围的相关研究，这两个概念在探究建筑地域性方面被证明是有很强说服力的，但是国内外学者大多数对此还比较陌生。其原因之一就是我们的很多民居研究学者对其他相关学科成果缺乏了解，因此我们亟待拓宽研究者的视野，亟待建立一套多学科交叉的、规范化和专门化的民居研究方法。只有这样，才能对西南传统建筑史料进行全面性的收集、解析和诠释。

3. 评述

首要的问题是关于研究对象，为什么只局限于建筑单体，最多试图扩展到单个聚落的社会、文化，空间形态等问题？将建筑当成研究的本质，而非将建筑当成"通向本质的道路"。

其次，其研究的目的在于"描述对象"。这一点实际上是源于早期民居建筑的研究受考古学方法的影响，其后随着人类学学科中民族学、民族志、文化学等学科的发展，部分研究者将注意力集中在"文化建筑"的研究上，他们一些人注意在历史文献中找出线索，来说明建筑的"历史原貌"；一些人也试图在民俗中找到与建筑有关系的地方，来说明建筑的价值。两者的共同之处都是从他们称之为"建筑"的这个东西出发，去建立交叉学科，来解释建筑。而不是将建筑看成是"人类现象"的一个整体，上升到另一个更高的层面，去研究其中包括有建筑的"人居环境"。

如陆元鼎先生的课题《客家民居形态、村落体系与居住模式研究》，一方面研究了客家建筑的源流；另一方面则论述客家建筑形制与社会、文化的关系。但由于研究方法与技术路线的局限，研究仅仅限于传统聚落的解释性研究。未能在区域层面上解释人与自然总体关系与其变迁的过程。

该文中，民居被定义为"非专家现象的限于日常生活领域的人类聚居环境"[10]。即将民居看成"人类聚居"的替代词。他认为"民居（Vernacular Architecture）是人类聚居生活世界和人类聚居环境的基本领域"。这种说法似乎不如直接用人居环境代替。

因此，该文试图将民居研究领域扩展到"实质空间形态与社会组织的空间关系"，以及"整体聚落、聚落内的住区与个体的空间关系，从而了解它们在社会历史中所担任的角色"。但是，这种研究的外延，也只停留在将建筑单体的研究放大到群体，虽然他们也借用历史学、社会学的知识，来讲述他们看到的建筑单体的故事。

另外，这些研究目的多定在解释性研究，最终的研究对象会指向建筑单体，导致将建筑单体作为最终目标，而非将建筑与聚落看成是"人的生活"的一部分。这样一来，研究价值便停留在"解释"层面了，仅仅解决了"聚居"类型有什么问题，以及形成的时间过程（社会形态、历史背景），未将这些建筑放在现今的社会环境中来考量。这样的研究都是基于历史研究的基础上，试图复原原来的社会状况，会导向无法证明的臆想之中。

我们主张，研究的目的在于发现特殊的聚落现象与发生过程，并发现可能存在的问题，寻找通向解决问题的途径。因此，只有将研究定位在人居系统研究基础上，才能揭示聚落的实质。

1.2.2　西南少数民族研究的现状

1.2.2.1　西南民族研究的回顾与展望

西南民族研究是我国民族研究的重要组成部分，发端于 20 世纪初。在抗日战争期间，由于大批科研单位和高等院校迁往西南，形成了西南民族研究的第一个高潮，开创了西南民族研究的新局面。1956~1964 年的民族社会历史大调查与民族语言大调查，记录了西南各少数民族 20 世纪 50~60 年代初期的社会情况，积累了丰富的资料，服务于当时的社会改革，形成了西南民族研究的第二个高潮[11]。

改革开放后，西南民族研究进入一个重要的过渡时期。一方面，继续完成了民族社会历史大调查和民族语言调查时期遗留的资料整理、研究和出版工作；另一方面，开始了许多新的研究。经过 100 年的发展，包括四川、云南、贵州、西藏、广西、重庆，乃至湘西、鄂西在内的西南民族地区，已经建立了以民族学、民族史、民族语言、民族理论和民族政策四大支柱为主体的民族研究学科群，对西南 34 个世居少数民族的基础研究和应用研究取得了丰硕的成果。

近 20 年来西南民族研究的三个特点：一是坚持进行深入的民族调查。其中，中国西南民族学会倡导的横断山脉地区六江流域民族综合考察、中国社会科学院民族所对西南各民族现状与发展的调查、贵州省坚持了 20 多年的"六山六水调查"、云南省进行的全国 55 个少数民族的村寨调查、四川省对凉山彝族地区的跟踪调查、重庆市对三峡地区少数民族的调查、中国藏学研究中心对西藏的民族调查、中国社科院民族所与西藏民族学院对门巴珞巴族的调查、湘西鄂西对土家族和苗族的调查、西南各省结合西部大开发战略进行的民族调查，都积累了宝贵的资料，是西南民族研究的基础。二是注重各民族间的相互联系。西南各民族的先民大部分属于古代氐羌系、苗瑶系和濮（越）系，许多民族在族源和文化上的关系非常密切，人口较多的民族在族源和文化上都具有非常明显的多元性。注重各民族间的相互联系，是正确理解西南各少数民族形成和发展历史的前提。三是充分重视相关学科的研究成果。近年来，相关学科，特别是考古学、生态学等人文及自然学科，有了与西南民族研究相关的一系列重大发现与进展，为我们重新认识西南民族研究的一些重大问题提供了新的证据。

目前，西南民族研究呈现出三个新的发展趋势：第一，新的区域和综合研究局面已经形成。以藏彝走廊、三江并流区、六山六水、三峡民族走廊、康巴藏区和南方丝绸之路、茶马古道等为代表的区域研究，正在成为整合西南民族研究力量、取得突破性进展的重要研究平台。第二，单一民族的综合研究已经形成气候。其中，藏学、彝学、壮学、苗学都召开了多次国际学术讨论会，傣学、纳西学等研究在国际上也很有影响，其他少数民族的研究也都已初步形成了综合的学科群优势。第三，新的研究方法不断引进，西南民族研究正在呈现多元化的局面。随着国际交流的增多，外国学者和海归学者的加入给西南民族研究带来了新方法和新视角。同时，其他学科如经济学、社会学、法学等社会科学学科和植物学、生态学等自然科学学科专家进入民族研究领域，促进了西南地区的民族经济学、民族社会学、民族法学、民族植物学、生态人类学、医学人类学等一大批交叉学科的发展。目前，生态人类学已经在西南民族研究中形成了新的学科优势，而社会性别与少数民族社区发展等方面也都表现出强劲的发展势头。

1.2.2.2　西南民族历史研究

主要涉及史前族群的迁徙和文化关系、西南民族史史料的辨析和应用、藏族史研究三个重点。

近年来，考古学和历史学关于西南地区古代文化的新发现很多，主要在以下几个方面：从三峡、成都平原和岷江上游的考古新发现出发，与历史学、民族学资料相印证，论证了西北史前文化与古蜀史前文化、古代巴人与土家族、巴文化与楚文化、巴文化与蜀文化的关系，是考古学与民族学结合的新成果，受到与会代表的共同关注。特别是一篇论文认为古巴蜀文化区具有"一个文化中心，两条文化通道"的空间布局，并指出：以成都平原为中心，通过长江三峡水道和藏彝走廊（包括岷江、大渡河、雅砻江、金沙江、澜沧江、怒江）通道进行的族群移动和文化交流，是形成秦以前西南民族分布格局的主要原因，这一观点，引起了与会学者的充分重视。

西南民族史研究，一向深受史料缺乏的限制，因此，对西南民族史史料存在再认识问题。"夷"作为汉文史料记载中对西南少数民族的泛称，被史学界广泛使用，但本次大会的论文指出，在史料中，"夷"这个词汇的使用有着不同的语境，这种使用上的差异可能改变我们对一些民族的族源认识，因而受到与会者的关注。对彝族谱牒真实性辨识的论文，为正确理解和使用少数民族口传历史提供了又一个实证。藏族史一直是西南民族研究的重要内容。对藏历、中国农历和公元纪年的时间差异考察，研究十三世达赖经历的论文，从一个新的角度审视了辛亥革命前后西藏的政治动向。通过介绍民国年间康区社会调查特点和资料价值的论文，对民族学界利用这批资料提供了有益的参考。

1.2.2.3　西南各民族社会形态研究

由于西南少数民族社会发展程度差异很大，在不同的社会环境中，形成了各自社会形态。随着经济发展和现代化社会组织的完善，如何协调这些传统村寨管理职能，使之与现代的村民自治政策相吻合，就成为少数民族社区现代化的大问题。关于哈尼族传统村寨管理职能的研究，就提供了一个非常重要的实证。关于西南各民族政治、经济的研究，集中在若干对民族地区经济发展、社会进步、民族团结具有重大影响的问题。

社会生活变迁研究的价值在于：西南民族地区也是一个经济区域概念，如何加强区域经济研究，促进少数民族经济发展，是重要的研究内容。当前，西南民族地区的经济发展主要面临区域发展和群众增收两大问题，面对生态环境保护和主导产业发展的重大矛盾。因此，如何巩固退耕还林问题；如何结合生态保护寻找旅游资源开发的路径；如何处理好遗产地区的保护与开发矛盾等，体现出西南民族研究学界的时代责任感。

1.2.2.4　西南民族教育、文化宗教和语言研究

关于西南民族教育、文化宗教和语言研究的论文涉及面很广。教育方面，主要探讨了在当前高等教育迅猛发展的条件下，民族院校如何定位的问题，提出了民族院校高等教育主流化的对策。对民族独特文化的研究仍然是重要内容，如关于贵州"屯堡"文化研究、"康巴"文化研究、民族饮食文化研究的论文等。

西南少数民族的宗教信仰十分复杂，也是目前民族学界普遍关注的。

西南各民族的语言非常复杂，特别是在藏彝走廊内，存在一个民族讲多种语言，同一民族有不同语言的状况。因此，研究一些小语种的语言特征，进而探讨讲该语种的族群与其所属民族和其他民族的关系，是西南民族研究亟待加强的重要研究领域。

1.2.3　摩梭聚落研究的现状

目前学界对摩梭文化的研究主要集中在以下几个方面：

1. 关于"摩梭"的称谓

摩梭的称谓源自古汉语文献，最早见之于东晋常璩所著的《华阳国志》。现在的"摩梭"应该只是古文献指称族群中的一部分。在"达巴"经中该支族群自称为"纳日"。时至今日，"纳日"或"纳"的自称仍为生活在泸沽湖及其周边村落，包括分居云南和四川的宁蒗彝族自治县、盐源县和木里藏族自治县的该族群民众所共识的族群自称。

2. 纳西？摩梭？——"纳"族群概念

自从20世纪初以来，经过一批国内外学术界先驱诸如方国瑜、李霖灿、洛克(Rock.J.F)等的不懈努力，国内外对"纳"族群的研究已经逐渐发展起来。有学者认为，是基于这样一个事实，现在国内外不少学者所说的"纳西学"(Naxiology)的内容，实际上已经不仅仅包括丽江自称"纳西"的纳西族、四川省木里藏族自治县俄亚、盐源县达嘴和西藏西昌地区芒康县盐井乡自称"纳西"的纳西族，还有香格里拉县(中甸)三坝乡自称"纳罕"的纳西族，同时也包括了居住在云南省宁蒗县永宁、红桥、翠依、大兴、宁利、新营盘、四川省盐源县、木里县的雅砻江流域自称为"纳"或"纳日"(或音译为"纳汝")的纳西族(摩梭人)，还有居住在云南省维西县自称为"玛丽玛沙"(有的学者认为是"木里麽些"之变音)的纳西族人。因此，包括摩梭(纳)研究在内的纳西学，按照准确的说法，实际上应该是"纳学"研究，"纳学"是这门学科更为准确的定义。

通过历史文献中对这个族群的称谓来相互印证地分析，在所有的汉文史籍中，"摩梭"、"麽些"、"摩挲"、"磨些"等，是对分布在滇、川、藏地区的现在称为"纳西族"的所有族群的称呼，如果按照这个历史文献称谓来定义，"纳学"与"摩梭学"、"麽些学"等的含义是等同的。

"纳"族群在历史的进程中，因其生存环境的差异和文化变迁的差异，其社会形态、社会制度、婚姻习俗等，都产生了较大的差异。如永宁摩梭人的"母系制"和相应的婚恋习俗，就与丽江等地纳西人的父系制和相应的婚恋习俗截然不同。同时，我们还是可以看到"纳"族群内不同人群中相同或相似的文化习俗，比如，"纳"族群的原始宗教"达巴"教和"东巴"教的信仰内容、仪式系统、亲属制度、"重母系"、"重女性"的社会习俗，婚恋性爱方面的很多相似习俗，等等。这些异同，公元1723年清朝在丽江实施"改土归流"、"以夏变夷"的政治制度变革之前，更具有明显的可比性。

"纳西"与"摩梭"称谓研究回顾：从20世纪到21世纪初漫长的纳西族研究学术史中，可以看出现代和当代学者对"纳"族群研究的多元化理解和与特定时代相呼应的特点：（1）1942年就到云南省宁蒗县永宁地区进行民族学田野调查的著名学者李霖灿先生，在他的研究论文中就用了《永宁麼些族的母系社会》这样的标题；（2）20世纪60年代就开始在云南永宁等地进行摩梭人"母系制"研究的宋恩常、詹承绪、王承权、李近春、刘龙初、严汝娴、宋兆麟等前辈学者，在他们的论著中用的是"永宁纳西族（摩梭人）的母系制"这样的术语；（3）到当代学人，蔡华博士、翁乃群博士、何撒娜博士等人用的是"纳（人）"或"纳日"一词，严谨地遵循了"名从其主"的原则；（4）施传刚博士等一些学者则用了"摩梭人"的称谓，采用的是云南省人大常委会于1990年4月27日在七届十一次会议上通过并批准的《宁蒗彝族自治县自治条例》中将"纳"确定为"摩梭人"的提法。

对纳西、纳、纳日、纳恒、纳罕（或者"摩梭"、"麼些"、"摩挲"），乃至"纳木依"等称谓，一定要认识到一点，即这些族群是一个"同源异流"的种族，研究他们现代和当代的历史、亲属制度、社会制度、婚姻习俗、宗教信仰等，一定要有一个历史的眼光，进行更广范围内的比较研究，特别要注意到一个族群的社会、信仰和文化随历史进程而发生的变迁，而不要简单地停留在像过去不少学者执迷于要通过现代和当代的一些文化习俗的差异来论证这些族群是否属于一个民族这样的层面上。

《纳木依与"纳"族群之关系考略》一文，从历史渊源、宗教信仰、社会生活习俗和文学艺术等诸多方面，对聚居在四川省的纳木依人和如今自称"纳西"、"纳罕"、"纳"等的"纳"族群之间的关系进行了详细考证和论析。通过比较研究，笔者得出一些重要的结论："纳木依人"（在民族识别中划归藏族）和纳西、"纳"人是同源异流的族群。笔者认为，通过对这几个族群的比较研究，可以深化对达巴教和东巴教源流的研究以及纳西族和藏族的历史关系及其变迁。笔者认为，对一个民族的研究要深入和有创新之见，就必须打破局限在已经识别出的单一民族圈子里的研究习惯，进行"跨民族"、"跨族群"的比较研究，特别是对"同源异流"关系的族群进行深入的比较研究 [12]。

学界的研究局限：至少对"纳日"人社会文化的关注和研究不再只停留在婚姻与家庭制度上，或说停留在其社会成员再生产的问题上，而是将它们放到了更大的社会文化再生产体系中去探究。这种探究包括了对社会成员、社会经济和社会文化、信仰、道德、社会性别、社会声誉等体系的再生产过程的研究。一方面这是因为"纳日"社会文化的复杂性和多样性所决定，另一方面也因为和其他族群一样，其社会文化的发展变迁从未停止过。

学术方向：一方面需要基于已有的研究基础之上，需要对已有研究的反思。另一方面继续长期扎实的田野调查，不只是局限在社会组织和"婚姻"上，并将"纳日"或"纳"人社会文化研究放到更广更长的时空背景，及其在此时空背景下与相邻族群间频繁且平常的社会文化互动过程中去考察探究。

本书有微观的细察，又有宏观的比较；既有对历史记忆的追溯，又有对当下变迁的经验；既有对社会文化结构的分析，又有对社会文化能动主体的探究；既关注族群内社会文化意义的建构和认同，又关注相邻族群间社会文化的互动和区分。

3. 对摩梭文化的研究现状：主要集中在大家感兴趣的"母系血缘"上的讨论

这类研究多为民族志的记录与民族学的分析，出于解释的目的，将摩梭走婚制看成"活化石"，源于殖民主义背景下对"未开化民族"研究的理证框架。将本来在当地民族中起着作用的文化现象，看成是未进化到位的原始文化现象。现在看来，这种理论有明显的时代印记。

4. 对摩梭文化的研究经历了以下几个阶段：

1）洛克阶段：1927年洛克到达泸沽湖，他是以一个植物学家的身份，在记录自然地理与植物的同时，对摩梭文化产生了浓厚的兴趣。他开始学习摩梭文化，记录了当地上层社会的详细情况，但少有涉及摩梭文化的其他方面。其著作有《中国西南的纳西王国》。

2）20世纪60年代：1962年前后，民族学家宋恩常、詹承绪、王承权、刘龙初、李近春、严汝娴、宋兆麟等人进行了详细的田野调查和资料整理。这一时期还有诸如吴泽霖、陶云逵等老前辈的关于摩梭人的著述。这一批资料和著述具有很高的学术价值，但在一定程度上受到当时单线社会进化理论的影响。

3）目前阶段：以施传刚《永宁摩梭》为代表的有着现代文化人类学背景的学者，更加注重采用科学的田野调查方法，来研究摩梭文化的多样性。研究涵盖了家庭结构、制度化联盟、文化性别、民族认同、民族历史、民族关系、文化对人口形态的影响等诸方面 [13]。

文化的多样性对于人类社会就如同生物多样性对于生物界一样必不可少，一种文化如同一种基因，都拥有自己的历史精神和人文根脉，有独特的美丽和智慧，多基因的世界才具有更大的发展潜力。如同物种基因单一化会造成地球物种的退化，文化单一化将使人类的创造力衰竭，使文化的发展道路变得狭窄。

摩梭文化并不是有些人理解的所谓"走婚"文化，她的魅力就在于多样性，人们都有自己选择的空间，充分尊重人性，这就是她的活力所在。

1.3 人居理论与泸沽湖人居环境研究的学术取向

1.3.1 人居环境科学理论与泸沽湖人居研究的学术取向

1. 吴良镛先生将人居环境划分为五大系统。这种划分，扩大了我们研究的领域与研究的视野。

1）认为自然系统应该包括气候、水土地、植物、动物、地理、地形、环境分析、资源、土地利用等。这是聚居产生并发挥其功能的基础，人类安身立命之所。自然资源，特别是不可再生资源，具有不可替代性；自然环境变化具有不可逆性和不可弥补性。他将自然系统研究定位在与人居环境有关的自然系统的机制、运行原理及理论和实践分析。关注区域环境与城市生态系统、土地资源保护与利用、土地利用变迁与人居环境的关系、生物多样性保护与开发、自然环境保护与人居环境建设、水资源利用与城市可持续发展等方面。

在这个方面，对泸沽湖人居的研究，就应该将视野的着力点首先放在"人居的自然方面"。

2）将与人有关的划分为两个系统。一是人类系统，研究作为个体的人，侧重于对物质的需求与人的生理、心理、行为等有关的机制及原理、理论的分析。二是社会系统，这个空间是人与人共处的居住环境，是人群活动的场所，这就产生了社会方面——人们在相互交往和共同活动的过程中形成的相互关系。他将人居环境的社会系统定义为"是指公共管理和法律、社会关系、人口趋势、文化特征、社会分化、经济发展、健康和福利等。涉及由人群组成的社会团体相互交往的体系，包括由不同的地方性、阶层、社会关系等的人群组成的系统及有关的机制、原理、理论和分析"。

在这个系统下，研究应该关注人的活动所带来的社会的发展和变化。"人的活动贯穿在社会的各个方面。社会生产是人改造自然界的活动；人们为了生产物质生活资料而结成的生产关系，是生产的社会形式"。的确，人居环境科学理论超越以前的民居与聚落研究理论的最大不同之处就在于，不仅要研究聚落"空间"以及其"实体"的方面，还要讨论人及其社会活动产生的变化动力。

他认为，合理组织各种空间去满足人的生活需要以及进行分工协作的、从事不同的活动需要。人居环境在地域结构和空间结构上要适应"人与人"的关系特点，其中包括家庭内部、不同家庭之间、不同年龄之间、不同阶层之间直至居民和外来者之间的种种关系。这种合理空间最终促进整个社会的和谐幸福。人居环境建设应强调人的价值和社会公平。

各种人居环境的规划建设，必须关心人和他们的活动，这是人居环境科学的出发点和最终归属。

因此，针对少数民族人居，我们的研究将文化纳入到了研究的范畴。特别是泸沽湖摩梭文化在人居中重要的支配机制，那么，将文化作为人与人的存在方式的研究，可以深入理解与展望泸沽湖人居的现实与发展。

3）人居环境的居住系统主要指住宅、社区设施、城市中心等，人类系统、社会系统等需要利用的居住物质环境及艺术特征，实质上，是指人们的居住形态。在他看来，居住形态是成促进社会发展的一种强有力的工具。

泸沽湖聚落首先被视为特定人群的公共场所，也是一个生活的核心地方，是摩梭人共同生活和活动的场所，所以泸沽湖人居环境研究的一个战略性问题就是摩梭人是如何安排聚落系统和所有其他非建筑物及类似用途的空间。搞清他们为生存而精心安排的空间系统的发生规律。

4）人居环境科学中的支撑系统，是基于"技术"的系统。包括为人们活动提供支持的、将人工和自然联系起来的系统。它将聚落连为整体，并提供技术支持保障，包括文化、社会、经济等方面。它对其他系统和层次的影响巨大。

泸沽湖人居中的支撑系统主要是以农耕技术为平台的联系体系，它根植于人们利用改造自然的景观现象中。在摩梭文化体系中其社会结构、制度、组织体系，也是其人居的支撑系统的构成要素。同时，在聚落系统中，或许体现为将聚落组成起来的系统要素，如传统交通方式、促进聚落经济职能分工的要素等方面。对于这方面的论述，本书将结合前三部分的论述进行，不单独列为一个部分。

2. 人居环境的层次观。人居环境科学理论认为，不同层次的人居环境单元，不仅在于居民量的不同，还带来了内容与质的变化。应有空间划分的统一的尺度标准，才能对人居的类型和规模进行划分。吴良镛先生同意道萨迪亚斯的主张将人居空间划分为五大层次 [14]，道氏以自身丰富的实践经验为基础，经过长期的思考和归纳，提出人类聚居的分类框架，即根据人类聚居的人口规模和土地面积的对数比例，将整个人类聚居系统划分成 15 个单元，从最小单元——单个人体开始，到整个人类聚居系统以至"普世城"结束。同时，他还指出：15 个单元还可大致划分成三大层次。

在本书中，遵循人居环境科学的理论，建构泸沽湖人居研究的空间层次：横断山（藏彝走廊）地区——泛泸沽湖区域——聚落圈——聚落群组——自然村——院落——建筑单体的空间层次，并努力梳理地理空间与文化空间之间的联系，这是研究自然、文化、聚落要素在人居系统中发挥作用的尺度标准。

1.3.2 人居环境科学的启迪

1. 研究中心的转变。以往的研究理论中，虽然广义建筑学关注的范围与对象有较大突破，但总的来说其研究的主体仍然是建筑空间，还是没有摆脱建筑—聚落中心论的传统学科的影响。吴良镛先生提倡"广义建筑"作为建筑学科所做的拓展，并把它归于人居环境科学群之内的组成部分。

2. 人居环境科学是将学科的注意力放在"人"的身上。"人居环境的核心是人，人居环境研究以满足'人类居住'需要为目的"。不难看出，建筑研究一定要与人的需要的研究相结合。

3. 将自然界纳入了研究视野。比较以往民居研究，广义建筑学研究的范围已经拓展到了除单体之外的一切人工空间，但我们不难看出，这个研究范围排除了自然空间。现象学者有这样一个例子：研究林中草地怎样不谈及草地外的树林。大自然是人居环境的基础，人的生产生活以及具体的人居环境建设活动都离不开更为广阔的自然背景。

4. 人与自然和谐共处作为最高目标。以往研究仅从人的利用角度去谈建筑现象，更重视的是人怎样改变自然环境，为人所用，即便是论及人与自然关系时，也是将人的利益放在首位。人居环境是人类与自然之间发生联系和作用的中介，人居环境建设本身就是人与自然相联系和作用的一种形式，理想的人居环境是人与自然的和谐统一，或如古语所云"天人合一"。

5. 社会系统的研究有了新的角度。社会系统不再是独立于研究主体之外的对象，而是将社会作为人居的运行机制加以研究。

6. 重视环境对人产生的影响。这有利于认清自然生态对人居建设的重要性。

1.4 泸沽湖人居环境研究理论范畴与适宜性理论

1.4.1 泸沽湖人居研究的范式的确立

1. 自然系统的研究。研究目的在于回答关于气候、水土地、植物、动物、地理、地形、土地利用等方面的问题，理解聚居与社会系统基础。泸沽湖自然系统研究定位在与人居环境有关的自然系统的机制、运行原理及理论和实践分析。但是，泸沽湖自然系统，也应放在它所处的更大的地理环境中去考量，才能真正从自然系统的角度建构研究框架。在这个部分，我们建构了横断山自然系统研究的范式，试图为泸沽湖自然系统研究提供理论框架。

2. 文化系统的研究。关注泸沽湖摩梭人的生存活动与社会的发展和变化的关系。研究应涉及人的生活需要而进行组织各种空间的活动。摩梭人居环境在地域结构和空间结构上是怎样适应内部成员之间及与其他民族之间的关系特点。因此，我们以文化的视野，去研究摩梭人的合理空间安排，最终促进整个社会和谐幸福的发生规律。那么，将文化作为人与人的存在方式的研究，可以深入理解与展望泸沽湖人居的现实与发展。

3. 居住系统的研究。泸沽湖居住系统空间范畴是其聚落空间及居住形态。自然、文化通过其机制运行，对自然的响应以及自身需要，组织聚落系统和建筑物及公共空间。本书中对该系统的研究，放在两个层面上进行。首要是厘清横断山区域的居住类型与另外两个系统的关系，为泸沽湖的聚落系统类型研究提供理论框架。

但以上三个系统并不是独立进行的，每个系统与另外两个系统之间的关系，也是人居研究中必须厘清的问题。

1.4.2 现代性规划理论的反思

有学者在论述藏族聚居时提醒我们："我们也应理智地看到其中与现代生活不相适应的、不尽科学的地方……诗意不可以贫穷为代价，只有不断提高生活质量，才能保证诗意地栖居"[15] 其关键在于西南少数民族在"现代化"的进程中有何受益？同时也会丧失什么？

齐格蒙特·鲍曼（Zygmunt Bauman）把现代性当成一个时期，"人们反思世界的秩序、人类生存的秩序、人类自身的秩序，以及这三个方面的关联。"[16] 以他的观点，摩梭人生活的改变是"思"的事情，是"关切"的事情，是意识到自身的实践，是一个逐渐自觉的"实践意识"。在他看来现代性不仅是一种思想、一种观念、一种精神，更是一种将观念、思想、精神付诸现实的一种实践。那么，摩梭年轻人对现代化生活方式的追求就可以看成是这种观念的实现过程，他所追求的全新的生活方式将以一种"观念"的方式进入他们的文化内部，从而改变他们生活的根本——这就是现代性转变。但是，现代性的实践（社会的整体转型）必然会带来社会的分裂。他认为，主要的分裂发生在现代性的社会存在形式与文化形态的现代性之间。

这样说来，现代性就是社会存在与其文化之间紧张的历史。现代性的出现站在文化的对立面。其注重分析理性的作用，可能导致在社会理论建构上强调的重点和关注的焦点等方面的差别，并导致我们对于泸沽湖地域在核心解释、规范概念和最终目标的差异。

规划理论是典型的现代性工具。其作为改变与改善社会的理性力量，基于启蒙理想，践行启蒙转型，有一种强烈介入时代与现实的意识。其对"现时空间"的否定理论试图通过"理性"建构一个"空间"来认知一个"存在空间"。的确，现代性规划对"城市"的贡献已有普遍共识。这种规划理论，恪守启蒙理想，笃信理性，坚信理性可以超越文化的差异，成为创造人类聚居的基础。这种启蒙理性可以通过调节各社会集团相互冲突的视野和信念，成为"理想"聚居的理论基础。理性规划穿梭于现实与理

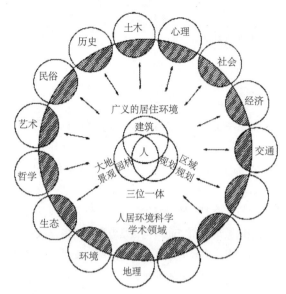

图1-8 开放的人居环境科学创造体系示意——人居环境科学的学术框架

（资料来源：吴良镛.人居环境科学导论.中国建筑工业出版社）

想的不断交互中，通过"规划师的英雄化的态度，观照瞬息万变的现实、偶然，将启蒙性理想付诸超越性实践"[17]。可见，现代性理性以批判的态度"粉碎异化的洞见"，以及现实生活千变万化的可能性。

这是一种蕴含道德主张的推论。它相信"描绘现实"与指出"社会应该是怎样"是同一个东西。是一种规范性的社会理论，这种理论将事实判断与价值判断混淆在一起了。可见，现代规划理论最显著的特征是它的批判性、建构性和实践性。德国社会学大师马克斯·韦伯称其为"合理性理论"——其关键是"理性"控制着整个城市的生成。

那么，在面对泸沽湖这样拥有自身强烈的文化价值观的人居系统，应该有怎样的理论体系，来描述泸沽湖人居与指导"地方"的发展实践？

1.4.3 泸沽湖人居研究与相关学科

我们应该进行融会贯通的综合研究，即从泸沽湖人居的实际问题出发，找到与解决问题相关的、实际的、基本的、有限的多学科交叉的结合点，建立开放性的研究系统，才能解决复杂的问题。要抓住泸沽湖人居现实问题的核心，先采取小范围学科交叉，不要等量齐观，以便突出重点（图1-8）。

本书以文化经纬为研究框架体系，建构泸沽湖人居研究层级化研究体系。本书将针对泸沽湖人居不同的问题，结合地理学、文化学、生态景观学、建筑学进行论述。

1. 自然地理学、人文地理学与泸沽湖人居环境研究。第二部分中，将人居科学与地理学相关理论的结合研究，从新的角度审视横断山地区人居环境的五大系统。在人居的自然系统中，应用地理学的理论体系以及对横断山研究的成果，划分出综合自然要素的空间区划及各自然要素的空间规律，构建起横断山区空间的层级。便于在另外两个系统中对应研究，找到人们利用自然的活动规律。在文化系统中，以文化地理关于文化与空间相关理论为框架，运用藏彝走廊的研究成果，可以总结出横断山地区文化的空间区划以及分布特点。将居住系统放在横断山地区来考量，可以看到自然和文化共同形成的不同生计方式，是形成居住类型的主要原因。横断山独特的居住模式，是泸沽湖聚落类型的上层决定要素。

总的来说，人居科学与地理诸学科的结合，可以树立人居环境空间分布的区域观，揭示人居环境区域空间分布的规律，探索人对自然改造利用过程的现象。

2. 文化人类学方法与泸沽湖人居环境研究。第三部分中，结合文化人类学理论，重点讨论人居中文化的运行机制，通过对人居环境文化社会的研究——对社会结构、社会演进、文化功能等方面深入研究，解释作为群体的人的控制力构成与变化的原理。

3. 生态景观学与泸沽湖人居环境研究。第四部分中，结合生态景观相关理论，有助于将泸沽湖自然景观进行类型学研究，探索人们改造自然景观的过程与规律。试图用生态景观的理论解释泸沽湖自然与人文景观可见的视觉现象，目的在于认识人利用与改造"地方"的方法与演变规律，探索其发展中传承的途径。

4.建筑学与泸沽湖人居环境研究。在第五部分中，结合建筑类型学与自然、文化研究的结果，划分泸沽湖聚落类型，从聚落空间分布、职能分布、聚落形态、建筑类型等方面，解释泸沽湖居住系统，进行深入研究。

1.4.4　研究方法与技术路线

本书的研究方法：提出问题——借鉴理论——找出多个基本问题——探索解决问题的基本工作纲要——形成综合研究的纲领。

关于泸沽湖的学术设想经历了经验实证与抽象推理的过程：事实——思考、事实——推理、事实——逻辑的研究。将各学科的成果作为经验研究：即以研究成果、判断等经验为基础，对泸沽湖人居环境事实提出假设；用经验实证的方法，验证关于聚居与其他事物的假设并提出理论命题。运用各学科的理论验证理论假设，将理论假设回归人居事实进行实证；反馈并进行理论修正。

1.4.5　研究框架

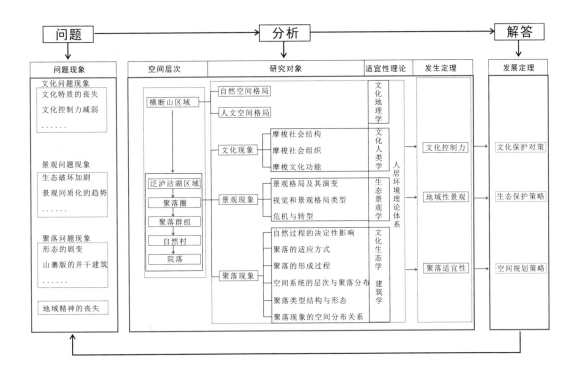

1.4.6　概念

现象——本书中"现象"一词在一般情况下是指任何可观察到的事件。例如"人居现象"是指人居研究中相当重要的原始资料。

本书中"现象"一词还具有特定含意。包含有哲学家伊曼努尔·康德的定义，它认为"现象"与"本体"在纯粹理性批判中是对立的。我们所身处的世界是由现象组成，与独立于我们经验的世界是相对的。根据康德的解释，人类无法了解物自体，仅能了解那些由我们提供的经验组成的世界。

现代性——在本书中，是指启蒙时代以来的"新的"世界体系生成的时代。一种持续进步的、合目的性的、不可逆转的发展的时间观念。

　　"现代性设计"也就是如马克斯·韦伯所说，是按客观科学规律、普遍化道德与法律以及审美的艺术等方面，去合理地组织安排人们的日常社会生活。其基本是启蒙时代兴起的理性思想，通过现代性设计不断推动社会向着"既定的理想目标发展"。

　　文化——本书主张采用存在主义的观点：文化是对一个人或一群人的存在方式的描述。人们存在于自然中，同时也存在于历史和时代中；时间是一个人或一群人存在于自然中的重要平台；社会、国家和民族（家族）是一个人或一群人存在于历史和时代中的另一个重要平台；文化是指人们在这种存在过程中的言说或表述方式、交往或行为方式、意识或认知方式。文化不仅用于描述一群人的外在行为，文化特别包括作为个体的人的自我的心灵意识和感知方式。一个人在回到自己内心世界时的一种自我的对话、观察的方式。

　　文化演进——人类社会的创造发明长期积累、逐渐变化的过程，是基本的文化过程之一，包括有"文化"与"演进"两个基本概念。这个概念用于人居环境研究，可以将研究对象在空间现象与时间现象上统一起来讨论。本书标题中使用的"文化演进"包含有如下意思：长期的积累与在未来逐渐变化的过程。

　　横断山与藏彝走廊——两个概念都指向基本重叠的区域。但是，书中使用"横断山"主要指该区域的自然地理空间属性，是指自然地理空间要素形成的区域，大致在东经97°（98°）~102°与北纬23°~33°之间。在此范围内，主要有六大山系和六大河流；使用"藏彝走廊"这个词语时，主要指该地带空间的人文属性。藏彝走廊是指藏缅语族各族南下与壮侗与苗瑶两语族北上并相互交融的地带。

　　景观——本书的"景观"是人地关系复合中的视觉现象。将景观看成是一个自然或人文过程的显现，而非单一的"景观本体"或"科学过程"。景观研究的领域可以划分为自然部分与人文部分。自然景观研究的是地理与生态过程的视觉现象；人文景观是人们利用自然与自身文化过程的视觉体现。

　　全球化——全球化是个进程，是指一个体现社会关系的空间组织变革的过程，此过程可以根据其广度、强度、速度以及影响来衡量，并产生了跨大陆或区域间的流动与活动、交往与权力实施的网络。抛开技术进步因素，全球化是资本的全球化，也是关于资本之"主义"的全球化，即利润至上观的全球化，带来的不是我们预期的混合文化，而是一个日益趋同的世界。

第2章
横断山（藏彝走廊）地区人居环境文化与自然的复合格局

　　本章提出从空间与时间的角度，将横断山区域看成是人居环境的一个完整区域。它是反映文化变迁的一种人居类型。尝试将地理空间分区与文化空间分区尽可能结合在一起，从中找到能包容自然景观与人文景观的"空间现象"，建构自然与人文在空间上的分布规律。

　　书中提出横断山区的生态多样性与藏彝走廊的文化多样性相互关联的价值。生态多样性意味着自然环境复杂性，需要我们探索不同生态环境下的人与自然共生的关系。文化多样性意味着人们生活方式的多样性，对理解其文化的运行模式有重要的意义。

　　在本章中还建立了一种研究范式，其主要成果在于界定了以下三章对泸沽湖文化演进研究的主要内容：文化本体研究；自然地理格局下的景观现象研究，即自然地理要素的生成原理与人对其利用的现象，为自然生态的保护与利用提供线索；聚落及建筑的研究，涉及文化—聚落类型以及建筑类型变迁规律。

以往关于横断山区人居的研究大多停留在地域建筑研究上面，不能从总体层面去解释横断山人居发展的发生规律并展望发展方向。主要的问题症结在于缺失统筹兼顾的研究视野。本章试图找到解决问题的关键——通过对文化地理相关理论与研究方法的梳理，将问题集中在自然地理条件、文化、居住模式这三个方面。这或许是横断山人居环境研究有别于其他区域的关键点。

本章试图找到对泸沽湖研究有指导性框架的理论成果，作为泸沽湖研究的区域性空间的概念。因此，希望通过对横断山区域（学术界称为藏彝走廊）少数民族人居环境展开框架性的研究，作为泸沽湖人居研究的定位。这样，一是可以指导泸沽湖的调研与分析，深入解析泸沽湖人居的发生定理。二是可以通过泸沽湖研究成果，印证横断山人居环境的命题，反馈与校正关于地域性区域性人居发展的理论体系。

2.1   藏彝走廊地域建筑研究的现状

2.1.1   以"西南"为区域范围的相关研究

戴志中、杨宇振在《中国西南地域建筑文化》中，首先将"西南"在空间上和文化上进行理解和界定。他们比较各种论述，将其划分为"狭义"西南观与"广义"西南观两种观点。狭义的"西南"概念：沿袭了自《史记》《汉书》《后汉书》中《西南夷列传》的概念，将"西南"界定在"巴蜀西南徼外"的川西、云南、贵州等地区；广义的"西南"：提出了"西南观"的概念，试图结合历史人文与自然地理的共性与差异性，划出一个包含川、藏、滇、黔为主的空间领域。

在文章中作者首先提出"任何一种自然空间的划分事实上都是一种人文现象的划分，应该兼顾人的活动与自然地理的共性——对于'西南'的界定应该从地域文化的角度出发，综合自然地理因素又兼具历史的特点，形成一个视野宽阔的'西南'概念"[18]。他们界定的范围试图超越刘敦桢先生在对西南诸省古建筑进行调查时，对于西南的定义：借用以为西南几省之含义，在地理上指定了一个区域，即东经93°~113°，北纬21°~34°之间。

最后，他们借用童恩正先生在其《中国西南民族考古论文集》中对于"西南"一个较全面的描述：区位是位于亚洲大陆的南部，包括四川、云南、贵州三省和西藏自治区；范围：西部的青藏高原，南部的云贵高原，北部的四川盆地；地理特征：海拔高度悬殊，动植物的垂直分布差异很大，物产丰饶；相邻关系：北接黄河流域，南与印度、不丹、缅甸、老挝、越南等国为邻，是连接亚洲大陆腹地与印巴次大陆及中南半岛的枢纽。

作者从更宽广的范围明确地表达了"西南"的空间领域与地理生态环境特点的同时，考虑了西南地域与周边的邻接关系，突破了行政区划的界定，接受了"西南"是"连接亚洲大陆腹地与印巴次大陆及中南半岛的枢纽"的观点，从而形成了一个较为完整的"西南"概念。

但是，作者认为具体的边界并不十分明确。并将边界模糊的原因归结于文化边界的模糊性，"因为这些边界往往处于不同文化特质的边缘，具有文化的过渡性和渐变性，所以无法如划分行政区那样将其分隔开来。比如在黔、湘、桂三省交界处的侗、壮、瑶等少数民族，多民族杂居在一起，有着类似的历史演化背景，其间区别很难截然分开"。

因而可以说本书划定的"西南"，是一个"明确又模糊的区域概念，明确是有相对清晰的空间领域，模糊则是其边缘的渐变性"。

不可否认，西南具有独特的地理空间特性。但是西南的文化有可寻的脉络，即在相对空间环境中形成的地域文化具有相对的一致性，即从生成发展原因上看来，对应其他文化体系来说具有近似特征。在西南地理界线划定已有约定的同时，有不少学者提出了建立"西南学"——一门地域文化学，将"西南"研究作为一门学科，研究西南自然生态与人文生态，从学术的角度出发将观察的视角从"中国的西南"

转换为"西南的西南"而至"世界的西南"。

这种划分方式，虽然考虑到地理的要素，但首先源于"行政区划"，这是一个不争的事实。在四川、云南、贵州三省和西藏自治区内，包括西部的青藏高原，南部的云贵高原，北部的四川盆地的地理范围，不仅是世界典型的生态多样性地区，而且也是典型的文化多样性地区——这个地区孕育了丰富的历史文化，同时也保留了体系清晰的少数民族文化。如果要对其包容的文化进行深入研究，就不得不对"西南"的范围进行进一步的拆分、针对具体文化（历史文化或是现状文化）进行进一步的划分。

文化区划：作者也考虑到这个校正区域边界的问题，提出文化的进一步分区。

2.1.2　以"西南高海拔山区"为区域范围的相关研究

毛刚在《生态视野西南高海拔山区聚落与建筑》中提出，围绕着一个民族的外部环境——自然与社会环境，是一个纷繁复杂的物质与精神的随机组合。每一个民族要得以生存，就必须凭借其自成体系的文化，向这个随机组合体索取生存物质，寻找精神寄托，以换取生存延续和发展。于是原先没有系统的随机组合环境，经过文化的加工，形成了一个与该民族相应的系统的人为外部环境。这个经由特定文化加工并与特定文化相适应的人为外部环境，就是该民族的生存生境 [19]。

生境的概念是生态学与人文地理学结合形成的定义。一个民族的生境应包括自然与社会两大部分，界定一个生境应从自然地理与文化圈这两个内容上入手，以此理论进行地域文化的分类。它在建筑史学上同样具有价值：一方面可以清晰地看到不同地理格局的不同聚居方式，另一方面使因文化差异而产生的不同社会活动表现出来。而两者又是相辅相成的，在更原始的状态上，自然地理是造成文化差异的直接因素，随着生产力的提高、文化的传播与交流，社会活动开始相对与自然地理疏离，并按照一定的文化价值取向有意识地改造自然。但这并不意味着可以脱离自然环境，从进步的意义上讲，社会活动和自然在更高一些的层次上应相互融合。

西南高海拔山区是一个跨省、跨行政辖区、跨越多个民族聚居区的地理区域。在这个区域内因海拔的高低不同，而形成了垂直相异的气候分布和生态分布，由此而形成不同的居住形态类型。因地形的局部差异而形成平坝聚居和山寨聚居，因种族的不同而形成血缘族群聚居，因宗教文化取向相异而形成不同的社区。总体上，聚居区的划分与地域文化的划分关系密切，若用人文体系和地理体系结合量度分类，按海拔高度从北到南的跌落可分为 6 个文化地域圈。

藏东南山区：这一带是西藏山脉最集中的地区。在西藏的东南部，主要山脉有喜马拉雅山脉东段，念青唐古拉山脉的伯舒拉岭，唐古拉山脉的他念他翁山以及芒康山北段。

香格里拉——以中甸坝为中心的迪庆地区：藏东高山峡谷区以南，青藏高原南延部分，横断山脉腹地，位于滇川藏三省区结合部，金沙江、澜沧江、怒江"三江并流"之处，就是云南的迪庆藏族自治州。

丽江地区：在横断山系的南段和部分中段，辖丽江市、宁蒗、巨甸、永胜等县，境内金沙江穿流而过。

大理洱海地区：从丽江沿横断山系的云岭南下三百多公里，便进入了横断山脉末端与云贵高原交接处的点苍山大理地区。

攀西地区：攀西地区地处四川省西南边陲，包括攀枝花市、西昌市及其腹地凉山彝族自治州共 21 个市县，面积 6.67 万平方千米，人口 430 万。

川西北高地：川西北高地是一个融高山、亚高山、高原、河谷等复杂地形地貌为一体的地理单元，系青藏高原东缘部分，即青藏高原向四川成都平原跌落的过渡地带，也是横断山脉东侧民族的"聚居走廊"，包括四川省阿坝藏族羌族自治州和甘孜藏族自治州。

研究者提出，喜马拉雅山脉东段、念青唐古拉山脉的伯舒拉岭、唐古拉山脉的他念他翁山以及芒康山共同构成由西东走向转为北南走向的横断山脉，在南端的攀西大裂谷与大凉山"聚尾"，青藏高原经达马拉山、芒康山、沙鲁里山、大雪山、邛崃山、岷山而降至成都平原。

作者把青藏高原向东南低地跌落的皱褶地带定义为西南高海拔山区，其区分原则首先是基于自然地理的局部特点："在地理上有山脉和地质构造的关联性，在资源和生态上存在着明确的共性，气候与生态的立体垂直格局造成了聚居生境上的相似性和地域文化的同构性"。但是，作者根据经验的划分并没有其他学科研究成果的支撑。

在文化方面，作者认为："从青藏高原东南山区沿横断山系，依次跌落至南边云贵高原和成都平原中的各地域文化圈，一直以来执行着农牧兼备的多元经济类型，愈往南下农业耕作（特别是稻作）文化就越发达。这一条基本呈现南北走向的自然地带，既是精彩激荡的文化走廊，又是一系列沿山脉走向展开的民族走廊，特别是宗教文化的传播、冲突和衍化使该地以横断山脉为纽带形成了一个特定的人文地理带和高海拔山区民族聚居群落"。作者指出，它们既是一个整合的自然地理板块，更是一个整合的经济地理和人文地理板块。值得商榷的是：我们看到，横断山区地理条件的多样性，造就了从游牧——农牧兼备——农耕的生计类型，而文化的发达程度，并不随着生计方式的变化而有高低之差。

因此，真正解析地理与文化之间的关系，就应该借助文化地理的相关研究方法与已有的研究成果，将建筑在空间上划定一个具体的区域。借用文化学与地理学的相关概念来研究"建筑文化"即建筑中体现的文化要素。

应该找到一种方法，将自然地理与文化在空间划分出能进行共时与历时研究的区域。划定界线的确困难，关于文化学科研究空间的划定，通常是出于"文化"对应的区域，而自然地理往往不包含文化研究的空间。我们试图寻找到共同的"边界"来界定空间的范围，找到一种能框定建筑文化的空间区。

可以看到，目前关于这个片区的研究，仅仅停留在建筑的概念下，涉及生态学与建筑文化的局部内容。人居环境科学研究的开放性，要求以"融会贯通"的知识、庖丁解牛的方式，解构我们面前的人居对象的复杂性。

针对横断山区域人居环境的特殊性，首先是特殊地理环境与民族文化的丰富特点，我们认为，通过文化地理学的理论与方法的结合，可以为地域人居现象问题找到解决方法。

2.2 适宜性理论——人居环境研究与人文地理学

2.2.1 文化地理学的理论体系

对于近代地理学的建立和发展，德国地理学家做出了突出的贡献。在18世纪德国哲学家和地理学家伊曼努尔·康德（Imma—nuel Kant，1724~1804年）于1756~1798年间在东普鲁士的哥尼斯堡大学讲授世界上第一门自然地理学课程。他把地理学当作空间分布的科学，也就是研究世界各地之间的异同。康德把地理学和历史学作了比较，认为这两门学科都注意变化，可是其侧重点不一样。历史学注意不同时间的差异与变化，而地理学注意的则是各地区之间的差异与变化。所以，如果说历史上的事物一再重复出现，而其间没有差异，这就不需要历史科学；同样，如果地球上各地方的地理现象都是一样，这也就失去地理科学存在的依据。

根据康德的见解，可以说历史学家注意的是事物在时间上的差异与变化，人们通过对所研究的事物在时间上的不同特点，通过比较，找出从一个时期到另一个时期的异同与变化的原因。地理学则是注意事物在空间上的差异与变化，通过空间上的对比来研究其分布特点，从而找出格局的规律。因此，历史学家研究事物，注意的是"what"、"when"和"why"，即首先注意的是什么历史事件，其次是事件发生的时间，再次是发生的原因。地理学研究地理现象，注意的是"what"、"where"和"why"，即首先是什么地理现象，其次是发生的地点，再次是发生的原因。可见，这两门学科的主要差异，在于历史学强调研究"何时"，而地理学则强调"何地"。

地理学与历史学的差异也表现在其学科内部的划分上。历史学往往以时间作为分科的依据，如将世界史划分为：上古史、中世纪史、近代史和现代史。而地理学往往以空间来划分研究领域，如按大洲可分为亚洲地理、欧洲地理、美洲地理……如按国家可分为中国地理、美国地理……如按地区则可分为东亚地理、南亚地理……在历史学和地理学中还可存在着相同的划分方法，即称为系统法，或专题法。例如，历史学可分为政治史、经济史、军事史、文化史等。地理学中可分为自然地理、经济地理、人文地理，以及水文地理、土壤地理、植物地理等，同时也有以地域为单位的区域地理等。在人文地理学中又可分为：人口地理学、聚落地理学、文化地理学、政治地理学、行为地理学、旅游地理学、历史地理学等。

据以上所述，康德比较着重地理学所研究的事物在空间上的分布特征。按他的逻辑分类法，即按时间来对事物进行分类和描述的是历史学；按地区来对事物进行分类和描述的是地理学。应当指出，在近代地理学的初级发展阶段，由于康德的地位及其对地理学的科学阐述，他对地理科学的地位确立与地理科学的发展起着极大的推动作用。但是，随着科学的发展，地理学不仅研究地球表面各种自然的和人文的地理现象在空间上的静态分布，而且也研究其在时间上的变化与发展。因为任何一种地理现象的存在，都有其变化与发展过程，所以历史的、发展的观点也不单纯为历史学所专有，也是地理学中重要的观点和方法。历史地理学就是地理学中一门以历史发展的观点来研究地理现象的重要分支学科。

在康德以后，19 世纪的德国有二位伟大的地理学家，一位是亚历山大·冯·洪堡（Alexander Von Humbold，1769~1859 年），另一位是卡尔·李戴尔（Carl Ritter，1779~1859 年）。洪堡是世界著名的科学家，他对自然科学非常感兴趣。在 1797 年，他得到西班牙国王的允许，乘船到美洲参加长达 5 年之久的考察工作，足迹遍及墨西哥和安第斯山，这对他的科学成就有重要作用。在他 60 岁时，又接受沙皇邀请到西伯利亚和中亚作矿产资源的考察。但他的兴趣主要还是在自然地理方面，特别是对气候、地貌和植被做了深入的研究。早期的地理学家大多是记录自然界的各种现象，很少注意其相互关系及存在于该地的原因。但是，洪堡则很注意地理现象之间的因果关系，并试图解释这些自然现象的空间分布原因。在他的著作中，他相信人也是生态系统中的一个组成部分。晚年，他总结了一生调查研究工作，写出共有 29 卷的巨著《宇宙》（Cosmos）。在该书中，他对气候和植物地理在地面分布的相互关系作了理论上的概括，并提出植物的水平分布和垂直分布的规律性，这对地理学的发展起了重要作用。因而，他被认为是现代自然地理学的奠基人。

李戴尔与洪堡不同，他主要是位书斋学者，虽然他受到洪堡自然地理的感召，但由于他在哲学与历史学方面的素养，所以工作主要偏重在人文地理方面，特别注意人文空间行为的规律。在 1817 年，他的《地球学》（Erd kunde）第 1 卷出版了，因而名声大噪。1820 年起，他受聘于首先建立在柏林大学的地理系，并任系主任，直到去世。他善于讲演，在教学中培养了许多有名的地理学家。到 1859 年，他的《地球学》共出了 19 卷。他特别注意环境中的人文现象以及人与环境关系，如在他的著作中提到"……地理学是科学的一个部门，它把地球作为一个独立的单元，研究它所具有的特征、现象和关系，并说明这个统一的整体与人及人的创造者的联系。"虽然在他的著作中对于人与环境关系存在着当时流行的目的论的色彩，但从总体说来，他被认为是地理科学中现代人文地理学的奠基人。

洪堡和李戴尔不仅为现代地理学的发展奠定了基础，而且也为地理学的两大学科——自然地理学和人文地理学——确立了科学基础。自然地理学属于自然科学，人文地理学属于人文科学。虽然两者的属性不同，但是在地理现象上则有相互密切的联系。因而，地理学具有特殊的科学属性，它既属于自然科学又属于人文科学，也可以说地理学是介于自然科学与人文科学之间的特殊学科。

在世界上，一般对地理学大都划分为系统地理学与区域地理学。在系统地理学中又分自然地理学与人文地理学。在区域地理学中，既有区域自然地理学与区域经济地理学，又有两者结合在一起的区域地理学。在自然地理学中可以分出普通自然地理学、地貌学、气候学、陆地水文地理学、海洋地理学、土壤地理学、植物地理学、动物地理学等分支学科。广义的人文地理学又可分为经济地理学与人文地理学（狭义的）。在经济地理学中包括工业地理学、农业地理学、运输地理学、商业地理学、旅游地理学等；在人文地理学中包括人口地理学、聚落地理学（或城市地理学和乡村地理学）、文化地理学、政治地理学、行为地理学、历史地理学等。此外，按地理学所采用的技术与方法，还有地图学、计量地理学（也称数量地理学）、遥感与图像处理。在我国，近期常采用三分法，即将地理学分为自然地理学、经济地理学和人文地理学。以上只是地理学的大体分类。尽管这种划分在学术界还有不同的见解，以及所列的各分支地理学并不很完善，但足以说明地理学是一个十分复杂的体系，并且可以看出地理学与自然科学、人文科学中的各分支学科有着广泛的联系。这也可以说是地理科学所具有的特性。

文化地理学是人文地理学中的一个分支学科。它研究的是文化现象在空间上的组合。要了解文化地理学的内容和范畴，首先，应当对文化这一术语有所了解。社会学家、历史学家、人类学家以及其他一些人文科学家对文化提出过许多不同的解说和定义，有广义的，也有狭义的。即使在同一门科学中，不同的学者对文化的解说也持有不同的见解。

1. 文化地理学中文化的定义

一般认为，所谓文化，不仅指通常所说的"狭义的文化"，即精神文化，而且也指人类学中的"广义的文化"，即与自然相对应而言的人类文化。当然广义的文化也包括狭义的文化在内。文化是人类社会生活的产物，没有社会也就没有文化，所以文化是后天形成的，是非遗传的。同时，文化是随着人类社会的发展而不断进步的，不是停滞的。在发展过程中，人类通过文化既利用自然和改变自然，同时又受自然的一定制约。可以说，文化与自然的矛盾是人类进化的基本动力之一，同时也是人类与环境矛盾的一种表现。人类的历史也就是文化与自然矛盾关系的发展与演变过程。人类的进化既是文化的创新与成长过程：也是与自然的相关的扩展与深化过程。此外，文化还存在着层次上，或结构上的差别。一般认为文化有三个层次：第一，物质方面的层次，即物质文化，指的是人类的一切物质产品；第二，心理方面的层次，即精神文化，指的是人的思想，意识形态和传统；第三，上述二层次的统一，即物化了的心理和意识化了的物质，称之为制度文化或行为文化，指的是理论、制度和行为，在制度方面有政治制度、经济制度、法律制度以及教育制度等。这三个层次并不是孤立的、彼此毫无关系的。精神文化是行为文化的内化产物，它反过来又指导、支配、发展和制约人类行为。物质文化是行为文化的外化产物，它反过来又要求行为文化与其相适应。这三种文化的相互影响与制约形成文化发展的内在机制。

由此可见，自然条件或自然环境与文化，特别是物质文化有着密切关系，并且通过物质文化与行为文化同精神文化发生联系。

同时，由于各地的自然条件不同，历史发展过程的差异，以及不同的文化背景的影响，因而世界各地的居民形成不同的文化集团。随着时间的进展，各种文化不断地相互交流与辐合（Convergence）。

人居环境科学与文化学结合，就是通过研究横断山各地文化在空间上的分布，以及各种文化的差异和变化与地理环境之间的关系和表观，来揭示这个地区人居环境发生发展规律，从而遵循原有轨迹发展人居环境。

2. 文化与地理环境之间的关系

可以农业地理为例来说明。横断山区域，可以看到农业景观随地理环境变化而改变。特别是随垂直海拔的变化，农产品分布也发生了明显的变化。

　　农业是物质文化的一部分，它在横断山各个文化发展历程中上起着重要作用。农业的出现不仅满足了各族人民的基本生活，更重要的是它提供了剩余的产品，使一些人可以脱离生产，致力于文化的其他方面的发展。

　　如小麦主要分布在温带，特别是北半球的美国、加拿大、中国、俄罗斯和其他欧洲国家，以及南半球的阿根廷与澳大利亚的平原地区。这说明小麦的种植与气候、地形和土壤条件有关，即气候温和，地形平坦、土壤肥沃等条件，有利于小麦的生产。相反，如气候过于干旱，或过于湿润、地形崎岖、土壤贫瘠都不利于小麦的种植。因此，小麦的分布区与中纬度的温和气候，平坦的地形，肥沃的草原土壤之间存在着明显的相互关系。但是，仔细观察，实际情况并不完全如此。有些地方的气候、地形和土壤条件并不有利于小麦的种植，但通过科学技术的活动，使自然条件得到改善，从而使小麦获得较高的产量。例如，在气候干旱的缺水地区，通过对地面水和地下水的利用，以灌溉方式弥补了降雨的不足，或者培育出耐旱的小麦品种以适应较干旱的气候。在地形坡度较大的地方，可以采用修筑梯田的办法来保水、保肥，并便于机耕等，以克服陡坡的障碍。土壤贫瘠则可通过施用有机与无机肥料以满足小麦生长和发育的要求，获得较高的产量。所以单从自然条件考虑，就无法解释一些现象。例如彝族所在的中高山区并不利于小麦生产，但是他们却用垒石堰的办法使坡地变成梯田，防止了水土的流失而取得小麦高产。

　　对农产品的分布不仅应注意其与自然环境的关系，也应注意其与文化环境的关系。这就形成了人们改造后的农业景观。所以，对农产品的分布除注意与土地及气候条件的关系，还要注意研究其受文化诸因素影响的关系。因为各民族对食物往往有各自的偏爱与禁忌，这些文化特征往往对粮食作物的种植与分布产生很大的影响。例如，摩梭人传统的粮食以玉米、土豆、青稞为主，这就形成了特殊的农业景观，这些对食物的传统偏爱当然会影响各种粮食作物的分布，即使在自然条件并不适合的地方，人们仍愿付出一定的代价来种植他们所喜爱食用的作物。当然，经济效益也是一种影响作物分布的重要因素。摩梭人原本并不喜欢吃大米，因此，没有去发展与稻米有关的农业技术，但随着旅游开发，为了满足游客的需要，他们从丽江引进了生产稻米的技术，在泸沽湖形成了新的农业景观。这种现象在横断山很多地方可以看到。由于生活条件的变化，为旅游市场提供农作物可获得更多利润，遂把低海拔的农作物推向更高的地带。从上述例子中可以看到，在今天横断山很多景观现象的分布是反映出自然、经济以及文化各因素的综合作用的结果。

　　3. 借助文化地理学所研究的主要课题来研究人居中文化的空间分布现象。横断山区域人居研究的主要方面首先是文化在怎样的空间范围中分布的。可以借鉴文化地理研究所提出的五个方面，即文化区、文化扩散、文化生态学、文化综合作用（或文化整合）与文化景观，来进行深入研究。这种划分反映地理科学研究问题的独特观点。地理学研究任何地理现象总是首先着眼于它的空间分布，这种观点意味着人居研究要注意人和人所创造的景观在目前的空间分布与组合情况。

　　分布现象的命题应包括人们住在什么地方？这里有哪些作物生长？这个聚落的位置在什么地方？就是说要了解人居景观现象在区域上的位置和范围。为了研究其分布原因，首先是把这些现象填在地图上，这样就使分布现象形象地表现出来。

　　进一步探讨的问题就是以时间为轴线的演变问题，这点对人居的文化研究来说特别重要。因为任何人文现象总是一定历史时期的产物，与自然现象相比，它的变化是较快的，不但有其兴衰，而且还有其产生和灭亡。可以说人居的文化现象的空间分布只是其当下在空间上的表现。例如，一种藏传佛教总有起源的地点，然后向外扩散，形成一定的范围，可是其范围并不是固定的。随着历史的发展而有所扩大或缩小，甚至有的还与当地的宗教结合形成新的流派。所以，对任何人文现象，如果不了解其在时间上的变化就无法理解其当前的地理的分布，更不用说预测将来的发展。因而，历史的观点对人居来说同样是重要的。

总的看来，人居的文化研究应注重借用以下几个文化地理的概念：

文化区的概念。人居研究要了解人居文化现象的现状分布。划分人居的文化区不仅要了解其历史的发展过程，还要了解它的背景，及影响其分布变化的各种因素。当然，这些因素既包括自然方面的因素，也包括人文方面的因素。这样的文化区就是从地理空间分布的观点，研究文化现象的体现。

文化扩散的概念。用历史发展的观点研究人居的文化现象在空间上的发展过程，研究自然环境诸因素与文化现象分布的相互关系。

文化生态学就是研究特定人居中文化分布现象与自然因素的关系。

文化综合作用是研究人居单元中除自然环境诸因素以外的诸人文环境因素与文化现象分布的相互关系。

文化景观实质上是有形的物质文化现象在空间上的表现，它既是历史上遗留下来的各种文化现象，又反映了各民族独立的文化传统。

以上虽然指出人居研究借用文化地理研究的各种主要课题与观点的联系，而在研究任何人居的文化现象时又都脱离不开区域的观点、发展的观点、生态的观点这三种地理观点。

1）文化区

文化区是指某种文化特征或具有某种特殊文化的人在地球表面所占据的空间。文化区一般分为两类，即形式文化区和机能文化区。但也有人把乡土文化区作为第三类文化区的。

（1）形式文化区。这是指具有一种或多种共同文化特征的人所分布的地理范围。地理学的做法是根据调查或收集资料标绘在地图上，绘出某种语言、某种宗教或某种艺术在地图上分布的范围，在确定其具体的边界后，就成为某种文化特征的分布区。如纳西语分布区、藏传佛教分布区、纳西古乐分布区等，都是以某一种文化特征作标志而划分出来的文化区。但是，往往更普遍的是以多种相互关联的文化特征为标志而划分的文化区。如藏族分布广，由于居住地的长期分散，其彼此在文化上就有了地区差异，因此可根据语言、宗教、经济类型、社会组织、居住的形式来划分出不同的次文化区。

这种多文化特征的现象是一个很普遍的文化分区现象，在国外也很常见，例如美国东部沿海由殖民时代而开始形成的三个传统文化区：即新英格兰区、沿大西洋岸中部区和南方区。这些文化区都是根据每个区在经济、方言、宗教和种族方面的差异而确定的。每个文化区都有一个核心，因此，其文化区就是从核心区开始，向外逐步扩散，最终占据了比原来大得多的地区。

在新英格兰西南的费城和巴的摩之间是沿大西洋岸中部文化区的核心。在这里进行殖民的民族比新英格兰复杂得多，除英格兰人外，还有苏格兰人、爱尔兰人、德国人和瑞典人，以及中欧和北欧其他国家的人，这些移民大多是贫苦的农民。由于这里土地肥沃，又有经验丰富的欧洲农民，遂使这里成为重要的农业地带，也是后来成为中产阶级农场集中地区。由于移民来自中欧和北欧的新教地区，所以新教的各种派别，如教友派、路德宗、门诺派、长若派，以及德国与荷兰的其他一些改革派几乎都可以在这里找到代表。虽然移民在种族上与宗教信仰上是极其复杂的，但是他们汇合在一起形成了新的文化，所以一般称之为"熔炉"。于是美国大部分农村地区的农业文化都由这里开始向各地扩散。

美国东海岸的南部，即华盛顿城以南的地区，在这里进行殖民活动的多数是英国人。在密西西比河口及沿岸为法国人。由于这里气候炎热，雨水充足，多利用从非洲贩来的黑奴经营种植园，进行经济作物的种植，其中有烟草、甘蔗，后来主要是棉花。由奴隶参加劳动的种植园形成土地贵族制度。在文化特点上不仅有英国成分，也具有法国及非洲的一些成分。

上述美国东部的三个文化区是由于移民来源不同、宗教不同以及与当地自然特征相结合形成不同的经济文化区。这些都对文化区以后的发展带来影响。这三个文化区的特征随着美国独立后不断地向西部扩展，也把这三种文化特征带到美国的中部和西部。

各文化特征在空间上都有一定分布区，但是却没有两种文化特征在空间上具有完全一致的形成分布区。因此，一个地区是属于一个形式文化区、两个形式文化区，或是几个形式文化区，则主要取决于地理学家所确定的文化特征，也可以说地理学家在划分形式文化区上存在一定的任意性。摩梭人定为纳西族，在语言等文化特征方面有很多类似的地方，因此，这两种人在这些方面又属于同一个形式文化区。但深入研究表明，其文化特征的细分与组合方式有很多的差异性，究竟将它们归属于一个形式文化区，还是分属于两个不同的形式文化区，则完全看研究者们在划分形式文化区时所选定的以哪一种文化特征为依据而异。当然，选择某种文化特征也不完全是任意的，往往要以研究的目的而定。因此，一个地区可以划分为多少个形式文化区，则以所确定的文化特征的标准为转移。

在文化区内总有一个核心，这里是该文化特征表现最突出的地方，往往是宗教或者是文化的政治中心。在核心以外，其代表性特征往往随着与核心的距离增加而逐渐减弱，直至最后消失。在消失的地方，可以说就是该形式文化区的边界。但实际上，藏彝走廊中很多文化区这种减弱和消失过程大多是缓慢的和不明显的，通常边界不是一条线，而是具有一定宽度的带，所以往往确定其边界不容易，如藏族各文化区的分界线。

但也有明显的形式文化区边界的地方，这种情况大多是由于某种自然障碍和人为因素而造成的。例如山脉和政治边界阻碍了两边人员来往与文化的交流，使某种文化特征到此就截然中断，泸沽湖就是一个明显的例子。但是，文化特征的空间分布是不断变化的，其边界往往受到各种因素的限制，而且有一定的保守性，所以当其边界受某些因素影响，文化特征空间变化的因素消失以后，仍然可能保持原有的特征。藏彝走廊中还有多种文化特征的形式文化区，例如大小黑水河沿线的藏族，就有明显的羌文化的物质文化特征，在各个文化特征的形式文化区的重叠地区（即多文化特征的形式文化区）以外的地区，即形成为其多文化特征形式文化区的边界区，因此，这种文化区比单一的文化特征的形式文化区的边界要宽得多。

（2）机能文化区。文化地理学中机能文化区的含义与形式文化区是完全不同的。形式文化区的形式是指作为划分文化区的文化特征在其分布区内是均匀的。与机能文化区相比，形式文化区不如它具体，可以说是抽象的。机能文化区的划分与形式文化区不同，它不是根据文化特征在空间上的分布，而是根据政治上、经济上、社会上，某种机能，或机制而组织起来的地区。例如，一个聚落、一个政治体系区域、一个教区都是一个机能文化区。机能文化区都有一个节点，或中心点，它在机能上起起着协调或指导作用。土司所在的地方，就是机能文化区的中心点，并以此发射形成区域。

机能文化区一般具有明显的边界和执行机能的机构。例如，历史上泸沽湖就是一个机能文化区，其土司主所有的土地就是功能文化区的范围。该区域的农业活动由土司主持，他把这块土地组织起来作为一个明显的空间单位进行农业生产活动，其中心点在永宁，除了农民的家庭住房以外，还包括为农业活动而修建的各种设施，如仓库、工具棚和畜圈等。农场的边界则用栅栏、篱笆林带或灌木丛明显地标志出来。

但是，并不是所有机能文化区都有固定和明确的边界。例如，摩梭人用于辟邪的"纸马"（木版印刷）的机能文化区，其中心点就是以各大寺庙为中心，它的边界就是它使用的范围。按时印好的纸马通过运输系统分发到各个村落及相邻的其他民族聚居区，甚至有的"纸马"形态通过文化传播途径到另一文化区用纸型再次印刷出来。这样，该纸马的流行区在地图上确定地点比较容易，但划出范围就十分困难。在这种情况下，则用矢号表示其流向是合适的。

机能文化区有的是彼此相互重叠。仍以纸马为例，如有的纸马是多民族使用的，有的则属于单一民族或者甚至是局部人群中使用的，纸马中有的题材的使用对象比较广泛，包括各种层面和有兴趣的人群，有的可能是宗教人士专用的，使用的辐射面就很小，在图上标示的文化机能分布区就因此是相互重叠的。在流行广的纸马的分布中套有许多大小不同的分区。另外，与纸马类似的物品如"龙达"、"擦擦"又有不同程度的相互重叠。

人居研究中要重视文化分区的现象与历时的研究，这不仅是文化保护的具体举措，上溯到世界层面上来说，这也是文化多样性发展的有效的方法。

（3）乡土文化区是地理学家提出的第三类文化区之一，有学者称其为"感性文化区"。这是一种在居民头脑中存在的一种区域意识，而且这一区域名称也被其他人广泛接受和使用。

地理学家在研究美国东南部文化时，他们发现有一种乡土文化区，称为"狄克西"（Dixie）区，它比传统的南方地区要小，这是一个具有历史与文化含义的地区。"狄克西"是美国南北战争时，南方相当流行的一首歌曲，出征的士兵多唱这首歌曲。虽然南北战争已过去百年，但是 Dixie 仍给人留下深刻影响，至今许多南方企业的名字仍沿用"狄克西"。它成为狄克西乡土文化区的标志。在原南方的核心区，狄克西出现的次数很多，而到其边缘地区，则出现的次数逐渐减少。

乡土文化区划分标志有的以环境特征作基础，有的则以政治、经济、社会和宣传方面的特征为基础。乡土文化区的边界有点类似形式文化区，就是其边界不太明显。其实，乡土文化区与形式文化区不一样，即并不具有显示形式文化区所具有的文化一致性。它与机能文化区的差别在于虽然有的中心点也落在同一个城市，但是该城市并不具有组织上的机能。这种在居民思想中存在的，并为广大民众所接受的文化区，研究文化地理的地理学家往往给予特别注意。

藏彝走廊的人居环境中乡土文化区的划分，有利于打破民族的概念，研究由历史沉积下来的"意向"而形成的文化分区。

2）文化扩散

文化区，不论其属于哪种类型都是其历史发展过程在空间上的现实表现。换句话说，文化区是文化在某一时期扩散的产物。因为思想意识、发明创造和对事物的态度等文化特征在空间上的分布总是在不断地发生变化。每个文化要素大多是起源于一个地点，但是也有首先出现于几个地点的。不论是起源于一个地点或是多地，在出现后总是向外扩散或传播。这种文化扩散现象，除以自身的力量向外传播外，在历史上往往通过民族的迁移、战争和征服而带到新的地点，带给新的人们共同体。在现今的藏彝走廊各民族的社会中，也可以看到，有的文化要素传播得快，有的传播得慢；即使同一种文化要素在其不同的扩散过程中，其传播的速度也不相同；还有的文化要素在传播中可以见到在某地区很难通过，甚至在分布上出现截然终止的现象，这些都是人居研究非常感兴趣的课题。不同的人群，接受文化的程度有不同的方式，因此，人居发展，应尊重人们各自的方式。

瑞典的著名地理学家哈盖斯特朗（Torsten Hagestrand）对文化扩散的研究做出了杰出的贡献，引起世界地理界的关注，他为文化扩散的分类与过程奠定了科学基础。他认为，文化扩散可分为两种类型：扩展扩散和迁移扩散。

（1）扩展扩散。这是指思想或某种文化特征在空间上通过该地的居民从一个地方传播到另一个地方，如同滚雪球那样，随着这种思想接受的人越来越多，其空间分布也越来越大。在历史上，农业新作物或品种的扩散就是这方面的例子。例如占城稻，又称占禾或早禾，原产越南的中南部，最早传入我国福建地区。占城稻有很多优点，如耐旱、穗长而无芒，粒差小，对土壤适应性强，生长季短，从播种至收获仅 50 余日。因该稻原为热带品种，经多次移植试验才得以成功，它为我国长江以南与淮南地区的双季稻和稻麦两熟制提供可能，所以从福建向北传播，到北宋真宗时已进入淮南地区。又如，棉花是从南方和西北两路传入中国的。在东汉时在海南、云南已有种植，南北朝时西北地区已出现棉花。但是，我国的中原地区直到宋末元初才有种植。因为很多农作物的传播有适应当地水土的过程，加上古代交通不发达，信息传递较慢，所以传播较慢。

在扩展扩散中还可以进一步划分为三种不同类型：传染扩散、等级扩散和刺激扩散。

传染扩散：这是指事物的传播是通过已经接受这种事物的人同正在考虑该事物的人之间的接触进行的，这种过程称为传染扩散。这种扩散的特点类似于某些传染病的传播一样，是通过人的直接接触而传播的。因为这种扩散需要直接接触，所以其范围在短期内只限于局部地区。

这种传播是通过各种时空的社会网络，形成了面对面的个人之间的接触机会，促进信息流通的个人间的这种直接接触就形成了"传染扩散"。一般说来，每个人对新的事物的敏感性是不一样的。有的人想尝试新鲜事物，而有的人则比较谨慎，只是在大量接触以后才接受，当这类人最后接受新鲜事物时，可以说，新鲜事物在该地区已接近饱和状态。

观念和社会改革的传播只有在相当数量的人群和社会集团愿意接受时才能予以实现。

等级扩散：与传染扩散不同，它的传播不取决于人们的接触程度。例如，新的消费品往往首先被较大的居民点采用。因为这些居民通过直接的观察或广告的宣传往往有更多的机会获得这方面的信息。所以，信息灵通和商品的供应条件往往有利于这些居民获得这类产品；然后，这类产品接着就向小一点的居民点传播，再向更小的自然村传播。这种现象称为等级扩散。从公共信息系统的结构等级扩散过程来说，其中心是按重要程度来确定的，最重要的中心只有一个，因而也就是整个系统的中心，而越是低一级的中心其数量也就越多。

地理学家研究的例子之一就是电视网络，这一公共信息系统本身在一个时期就是件新事物，它的发展取决于企业家。电视台的传播是个人或公司愿意冒险，把大量资金投在电视台的设备与设施上。可是这种愿望只限于潜在的市场，所以首先出现在大城市。随着第一个电视台的成功，企业家才开始向较小城市投资。这种等级扩散现象也出现在城市的购物中心上。购物中心需要大量的资金，并且需要公司内外大量人员的合作，所以这种中心大多只有少数公司才能开办。地区购物中心首先于 1949 年出现在美国西北部的西雅图，由于其成功而得到迅速发展。在前 5 年，首先在美国西海岸、中西部和东北部的大多数的特大城市出现。到第二个五年结束时，基本上每个百万人口的城市都有了这类购物中心。到 1970 年，虽然购物中心还未出现在紧靠特大城市的地区，或南方与中部大平原的某个人口较少的城市中，但在美国大多数城市中都出现了购物中心，只有少数例外。这类现象的传播似乎主要取决于城市的大小，而不取决于地理位置。这点与传染扩散不同，传染扩散的关键在于地理空间上的相邻程度，而对等级扩散来说，距离的作用是不大的。

在城市或地区内部，传染扩散可能是某种新鲜事物为某一集团或阶层的人先接受，然后再向其他集团或阶层的人传播。在横断山流域，这种文化传播的现象是观念传播的主要形式。

刺激扩散：这是指人们在接受某一外来的新事物时，由于种种原因无法原封不动地照搬，不得不加以改变，以至于接受新事物的思想，而摒弃其具体事物。在今天，广播、电视已经进入居民日常生活的时代，加上电话、航空等手段，信息传播的速度是过去无法比拟的。人们远在千里之外，不但可以迅速了解到新的事物的出现，还可迅速看到或得到这些新的事物。这对人们的刺激作用是很大的，它刺激其他地方的人们创造出各种各样的，甚至更高层次的新事物。

（2）迁移扩散。这是指具有某种思想、技术的个人或集团从一地区迁移到另一地区，结果把这种思想或技术带到新的地区。这种扩散方式与扩展扩散相比要快。因为迁移扩散是随着人的流动而传播的，特别是当迁移的路线比较长或越过高山、沙漠或海洋等空间时，就更加突出。这样在空间的分布上，造成新的分布区与原分布区互不相连。很多重要的文化现象就是通过移民活动而扩散到各地的。藏彝走廊的迁移扩散是文化传播的最重要的一种方式，它在民族变迁过程中，形成了丰富的文化变迁的线索。

地理学家研究的一个著名的例子是美洲基督教的分布。哥伦布于 1492 年抵达西印度群岛，随后西班牙和葡萄牙人便在墨西哥以南的新大陆上开始殖民活动，结果把西方的天主教带到这块新大陆上。但是，在墨西哥以北的现在的美国和加拿大，由于过去是英国人的殖民地，结果把基督教的新教中各派别也带去了，因而，目前美国和加拿大两国则成为以基督教的新教为主。不仅宗教是如此，在生活方式和社会制度方面也往往随着移民而带到新的地区。例如，澳大利亚原是一片人烟稀少和文化后进的当地人所居住的地方。1770年英国航海者第一次探测澳大利亚之后，英国开始把那里作为罪犯流放地，后来成为它的殖民地。结果英国人大量迁往，如今英国移民后裔约占澳大利亚人口的95%。而当地人反比原先的数量大大下降。现在澳大利亚是英联邦成员国，不但在生活方式上，甚至在一些政治制度上也与英国诸多相似。

思想、技术、创造和发明这类文化现象的传播就如同投入池塘中的石子所产生的波纹一样，向周围逐渐扩散开来。在其扩散过程中，可以看到石子激起的波纹逐渐减弱，以致到最后全部消失。也就是说，文化现象在一地开始出现后，在其扩散过程中，随着时间和距离的延长而衰减，一般说来，离起源地或中心越近，这种文化现象越强烈，越远则越弱。这种现象可称之为距离衰减现象，或时间—距离衰减现象。

这是理想的情况，但是横断山区域文化现象的传播还受到许多自然和社会因素的影响。阻止文化传播的障碍，称为吸收屏障。例如，泸沽湖长期阻止汉族农耕技术的进入，因为土司反对汉族的生活方式，所以，土司的政权边界就成为一种不让代表先进技术的汉族农耕技术通过的吸收屏障。可是，完全不能通过的吸收屏障是很少的。更普遍倒是某种程度的可通过的屏障，这可称为可渗透屏障。历史上，加拿大的政府已采取措施降低美国文化对加拿大人的影响，政府要求，在加拿大出版的外国杂志中，应包括一定分量的有关加拿大的题材。这是因为加拿大虽然在领土方面是世界第二大国，但人口只有美国的1/10，而大多数居住在与美国相毗连的边界附近的居民与本国的联系往往不如与美国的联系紧密。加上使用共同的语言，在广播、电视方面受到美国的强烈影响，以致加拿大经常自称他们对美国所发生的事物的了解要多于对加拿大的。因此，加拿大的边界也是一种可渗透的边界。

文化事物的传播除去个人接受与否外，其速度的快慢还取决于该文化事物的复杂程度与花费多少。

一种新事物或一种新思想的传播有时间上的渐增特征，即开始的一段时间内，接受它的人数增长得比较慢。随后，就会有一个相对速度较快的阶段，即接受它的人数迅速增加。到对此事物或思想比较敏感的人已大都接受时，其接受速度或接受的人数又会大大下降。这时就达到该事物或思想的饱和程度。其曲线在空间上呈S形。一种观念的流行往往明显地表现出三个阶段的传播速度。在第一阶段，由于人们的理解，社会的接受和实际效益的体现都需要时间，所以接受的人数增长较慢。到了第二阶段，有了开始阶段少数人的实践，其优点已明显地显示出来，同时社会的阻力已很小，加上在小范围的实践，产生扩散上的邻里效应，遂使接受的人数急剧增加。第三阶段，接受的人已达到最大限度，或许因为狂热已过去，所以增长又转为停滞状态。

3）文化生态学

生态学（Ecology），这个术语最初是指生物与环境的关系。它由两个古希腊字 oikos 和 logia 组成。按词义，前者指的是"住所"或"生境"，后者指的是"信息"或"学说"。二词相连成为关于"生物住所的学说"。所以生态学原是生物学领域的一门学问。其研究的内容分动物与植物，所以有植物生态学和动物生态学；按对象有个体与群体之分，所以又有个体生态学和群体生态学。文化是人类创造的，人与文化也就是人与生活方式，总是分布于一定的地理空间范围内。

世界上存在着多种多样的文化，而这些文化又都与其所在的地理环境产生不同程度的相互影响。文化地理学家的重要任务之一就是研究文化与自然环境之间的相互作用与影响。环境一般分自然环境、经济环境和社会环境，文化生态学偏重于文化同自然环境的关系。自然环境包括气候、地貌、水文、土壤、植被、动物等要素。

文化地理学说中，有两个概念容易相互混淆——文化生态学往往与人类生态学有密切的关系，其至有人把这两个术语交互使用。其实，这两个术语是不同的，各有特定的含义。人类生态学中的人类是指文明社会以前的人类，它研究的是无文化时期原始的人群与自然环境的关系；而文化生态学是研究有文化的人群与自然环境的关系。所以，这两种人与自然环境的关系是不同的，适应的方式也不一样。例如，在早期采集与渔猎时期人利用自然物，即靠天然的动植物为生。利用自然物或经简单加工的石器作工具，过着茹毛饮血的生活，这时期人与环境的关系是简单的、直接的。在文明出现以后，人类依靠集体的智慧与经验的积累，对自然界与自然物施加较大的影响。因此，人类往往是通过文化来利用自然和适应自然，人类与自然的关系就不再是简单的、直接的关系了。例如，人类的食物不再依靠采集和捕获野生的动植物，而主要是依靠栽培的农作物和放牧的牲畜；人类抵御寒冷不再靠洞穴中的火和遮身的兽皮，而是靠房舍与衣着。可以说，人类生态学与文化生态学这两门学科是有联系而又有区别的。文化生态学与人类生态学的区别在于，人类对环境的利用与影响是通过文化的作用而实现的。可以说，人类的文化越发达，人对环境的利用也越广泛，其影响也越大。可是，环境与文化的关系绝不是单纯接受其影响，而是相互影响的，各种影响都是双向的，有来也有往。文化地理学要研究的是人通过文化与环境的双向作用与影响。

人通过文化与环境的关系，也就是人与地理环境的关系（可以简单称为人地关系），是地理学研究的一个重要的任务。从地理科学的发展来看，围绕着这一任务形成各式各样的观点，归纳起来可以分为：环境决定论、可能论、适应论、生态论、环境感知和文化决定论。

(1) 环境决定论。原称地理环境决定论（简称决定论），它是把自然环境作为社会发展的决定因素。最早，法国的孟德斯鸠（Montesguien，1689~1755 年）在其所著的《论法的精神》（1748 年）一书中就强调说："气候的王国才是一切王国的第一位。异常炎热的气候有损于人的力量和勇气，居住在炎热天气下的民族秉性懦怯，必然导致他们落在奴隶地位……"。后来英国学者 H.T. 巴克尔（Henry Thomes Buckle，1821~1862 年）在其《英国文明的历史》（1857 年）一书中提出："高大的山脉和广阔的平原(如在印度)，使人产生一种过度的幻想和迷信"。"当自然形态较小而变化较多(如在希腊) 时，就会使人早期就发展了理智"。德国的地理学家拉采尔（Friedrich Ratzel，1844~1904 年）深受当时 C.R. 达尔文（Charles Robert Darwin，1809~1882 年）的进化论的影响，他认为"人和生物一样，他的活动、发展和分布受环境的严格限制，环境以盲目的残酷性统治着人类的命运"。美国人森普尔（Ellen Churchill Semple，1863~1932 年）接受其思想，并在其所著的《地理环境的影响》（1911 年）一书中加以宣扬和发挥，在美国地理学界影响很大。但是在 20 世纪 30 年代以后，对于决定论中过分强调环境在人的事物中的作用，受到许多地理学者的批评和非难。他们认为，不同地域的人类社会不仅受到自然环境的影响，而且也受到社会、历史诸因素的影响，地理环境并不起决定性的影响。

(2) 可能论。可能论也称或然论。它是指人与环境的相互关系中，环境包含着许多可能性，至于哪种可能性能够转变成现实性则取决于人的选择能力。提出与支持这一观点的是法国地理学家 P.V. 白兰士（Paul Vidal de La Blache，1845~1918 年）。他认为在人与环境的关系中，除了环境的直接影响外，还有其他因素在起作用。也就是说人类生活方式不完全是环境统治的产物，而是各种因素的复合体。同样的环境为何伴以不同的生活方式，这是因为环境包含着许多可能性，它们的利用完全取决于人类的选择能力。所以 P.V. 白兰士在其《人文地理学原理》一书中提到"地理学……是理解我们周围的地域环境或我们所处的地域环境中的诸事实的相应性和联系性"。

从 20 世纪 30 年代以来，环境决定论在文化地理学中的影响下降，可能论则占了上风。当前可能论者的观点认为，人是人类文化的第一建筑师，自然环境在人与地的关系中，文化发展的作用在于提供多种可能性，人在一地如何生存和生活全靠人对环境所提供的多种可能性中所作的选择。这种选择受到人的文化遗产的指导。人为了满足其需要，在对环境提供的机会和限制做出选择时，其本身的文化水平越高，则供其选择的可能性越多，自然环境的影响与限制就越小；反之，自然环境的影响与限制就越大。

（3）适应论。适应论是英国人文地理学家 P.M. 罗克斯比（Pecy M.Roxby，1880~1947 年）提出的。他认为，人文地理学包括两个方向：一是人群对他们的自然环境的适应；二是居住在一定区域内人群及其和地理地域之间的关系。这里所说的适应与生物遗传上的适应不同，它是通过文化的发展而对自然环境和环境变化的长期适应。在这种适应中既意味着自然环境对人类活动的限制，又意味着人类社会对环境的利用和利用的可能性。

（4）生态论。与适应论同时提出的另一观点，是美国地理学家 H.H. 巴罗斯（H.H.Barrows，1877~1960 年）提出的人文地理生态观点。他主张地理学的目的不在于考察环境本身的特征和客观存在的自然现象，而在于研究人类对自然环境的反应。他在论及地理学时还提出："在自然地理创立以后，一种使之升华的强烈要求跟着就提出来了"。这个要求得到了及时的反应。所以他认为：地理领域的中心从极端自然方面稳步转移到人文方面，直到越来越多的地理学者把他们的论题规定为，完全论述人与自然和生物环境的相互影响。文化生态学是生态人类学的一部分。生态人类学侧重研究一个地区或民族的文化形貌与自然环境之间的关系，其主题是研究生态环境与区域群体之间的关系。

（5）环境感知。文化地理学家认为，人与自然环境相处中各种可能性进行选择时不是任意的、随机和毫无规律的，而是一定客观规律的表现，它受一种思想意识的支配，这种思想意识就是环境感知。每一个人都在一定的环境中生活，由于环境和原文化一背景的影响，在人们的头脑中必然形成一种印象。这种对环境的印象就是一种环境感知。它为环境中共同的文化集团内部的所有成员所共有。人们一旦形成一种环境感知以后，他对现实环境的认识和理解必然受其环境感知的影响，不可能十分准确地理解他的环境，因而在做出对环境的反应和决策时必然是以其不全面的理解为依据。要了解某一文化集团在其环境中的人地关系，为什么是现在这种情况，文化地理学家不仅必须知道环境情况，而且还要知道该文化集团成员对其环境的感知。

对环境感知方面研究比较多的是，关于自然灾害问题，如水患和旱灾，不同的文化集团对相同的灾害持不同的反应。例如，很多宗教认为，自然灾害是难以逃避的神的行为，他们往往希望用抚慰神的办法来消除这些环境灾害。所以，在自然灾害比较频繁的地方，往往也是祭祀这类神灵活动最盛行和对这类环境感知最浓厚的地方。

环境感知也反映在移民到达新的地方以后，对当地环境的认识上。因为，他们往往看到新居住地环境与其原住地的表面相似性方面，而对其差异缺乏足够的认识。例如，原住美国东部大西洋沿岸的农民，在他们向西部迁移，开发西部干旱地区大平原时，往往以原来的环境感知来看待西部气候，总是过低估计干旱造成的灾害，结果吃了大亏。这是由于他们在湿润的西欧与美国东部从事农业活动已有许多世代，形成了习惯，不能正确地理解新的地区的干旱气候条件。于是经多次错误与失败之后，才会纠正他们久已形成的环境感知，他们才逐步认识到平原气候的真实情况。

不同的文化在对待环境与自然资源的认识上也是不同的。例如，基督徒根据其教义认为：地球是上帝为人的使用而创造的。许多原始部族宗教却认为，许多自然物是圣物，所以成为崇拜和保护的对象。在对待自然资源上，随着文化发展会有不同的认识。例如，在狩猎社会时代，对猎人来说，重要的资源就是提供衣食的大型食草动物和当作武器的石块；在农业社会时代，对从事耕作的农民来说，重要的资源是地形平坦、土壤肥沃和可灌溉的土地；到工业社会，认为埋藏在地下的各种矿藏则是最有价值的资源。由于人对环境的感知随着环境的变化与文化的发展而不断地发生变化，它一方面受到环境的影响，而又影响着人对环境的认识和利用，所以，环境感知成为文化地理学研究的一个重要内容。

（6）文化决定论。某些文化地理学者观察到人从出现以后对自然环境带来的变化，从而把人作为自然的改造者。这反映了人地关系的另一个侧面，它与环境决定论完全相反，后者认为，自然环境决定和塑造了人，而前者认为人决定和塑造了自然。

关于人对自然环境的影响在古希腊的地理著作中就有反映，例如，公元前 2 世纪，阿加塔尔齐德斯在其《红海》一书中就对人地相互关系做过分析。直接关系方面，他举例认为，人们按照自己的需要和利益，改造和治理河流，利用周期性的洪水影响三角洲的形成。公元前 4 世纪，著名学者柏拉图对当时农业活动造成雅典周围肥沃土地的破坏感到悲痛，他提到："现在留下的与过去相比则像个病人的骨架，肥沃而松软的土壤全被消耗掉，留下的土地是不毛之地的框架"。

特别是近代，由于科学技术的进步，人类对自然界的影响已达到相当的程度，技术水平越高，社会对于地理环境的依赖性就越低。反之，技术水平越低，社会对地理环境的依赖性就越高。在人和环境的相互关系中，其主要的和主动方面的则是具有高度技术水平的人。

人类学的生态研究可以粗略地分为两大类：决定论和互动论。决定论有两种极端的观点，一是文化决定论，二是环境决定论。

前者认为文化决定了一个地区或民族的生产生活方式，进而最终决定了其现有的生态样式；而后者则截然相反地主张：一个地区或民族的地理环境造就了它们独特的文化形貌。互动论认为文化与环境之间是一种对话关系，文化和环境的重要程度因时因地而有所不同，有些情况下文化会比较重要，而另一些情况之下则是环境占主导。显然，我们也可以把互动论看作是介于环境决定论与文化决定论之间的一个理论，文化生态学正是基于这种互动论而产生的。

在人居研究中文化生态学的观点与主张，将我们导向思考人居中自然要素与文化要素的互动——即相互制约的影响。

4）文化的综合作用

一种文化要素的空间分布，除去受环境中的各自然要素的影响，还受其他文化要素的影响，这种相互作用是错综复杂的。因此，文化地理学在研究任何文化地理要素时，不能忽视其他文化要素的作用。只有把所需要研究的文化地理要素放在其错综复杂的自然和文化相互联系的背景中才能对其有充分的了解。

在诸文化因素中，宗教的信仰往往对人的行为带来明显的影响。例如，彝族在历史上遗留下的等级制度，在社会经济地位和社会角色方面有相当大的影响。历史上高等级的成员不能与低级的人共餐，更不能通婚。在等级之外的贱民，被认为是"不洁的"和"不可接触的人"，不许他们住在村子里面，也不允许参与宗教仪式。在这方面，文化地理学家可以看到这些文化方面的作用如何影响各文化现象的空间分布。

在研究文化要素间相互作用方面，地理学已不单纯运用定性分析方法，而且已跨入以定量来说明文化的空间分布的理论。在现实世界中，有很多问题和事物，它们所涉及的因果因素很多，在诸多因素中如果删繁就简，地理学家往往能排列出某个因素来研究其他因素的关系和作用。这种方法就是建立模型。当然，这种方法与自然科学在实验室里的实验方法有区别，它不能做实验，只能通过观察分析，设想在理想状况下，各文化因素的相互关系中主导因素的影响和作用。例如，19 世纪德国学者冯·杜能（Johann Heinrich Von Thunen）建立一孤立国的模型与理论来说明理想情况下围绕城市的土地利用与距离的关系，不同的土地利用类型成为以城市为中心的环形地带。在这里影响土地利用的因素是与这个城市的距离而形成的运输费用上的差别，尽管这个模型对复杂的情况下的因素分析有些简单，但该模型仍然为分析不同范围的农业土地利用提供了帮助。

由于对地理学性质的认识不同，各地理学家对模型和理论问题所持的看法也不相同。强调理论的学者往往把地理学看作一般法则研究的科学，其根本目的在于发现一般法则。虽然他们认为文化地理与经济地理一样均属于社会科学，但是却认为经济是决定性的作用，只相信人的行为基本上是由经济动力所左右。某些评论家认为，他们强调以经济定量方面的数据作基础，而推导出主要的文化因素的分析。前面所提到的杜能的土地利用模型很可能由此而受到批评。

以一般法则进行研究的社会科学方面的地理学，其中的核心是逻辑实证主义。它不采用自然科学的方法来研究人类。从此观点来看，知识是由分析现象的性质和关系，并由科学方法检验而得出的，这种知识才能为形成理论提供基础。而另一些提倡实证主义的学者，则把地理学当作对个别事例研究的科学。他们认为文化地理所研究的现象是不相同的，而且不适合进行概括，形成理论和法则。许多支持个别事例研究观点的地理学家，也把他们自己看作是社会科学家，他们的任务只是说明文化的空间变化，而不想把他们的研究成果应用到他们所研究的事物以外的现象上去。

2.2.2 地域人居环境研究的命题——适宜性理论的研究价值

人居环境科学借用文化地理学说理论的价值在于：以地理空间为研究单位，将文化现象与自然现象统一起来，才能厘清以"居住"为中心的地域人居环境的复杂问题。

作为人与自然的关系的一个方面，自然现象怎样纳入研究视野的命题。首先确定了适当的地理空间区划，这种空间划分的方式有别于对城市进行的人居研究，确定文化在空间中的地置条件，这样就可以将文化现象与自然地理条件对应起来研究，因此，自然地理现象是人居研究的首要问题。本章应用自然地理对横断山研究成果，试图建立自然空间现象研究景观模型，建构地域研究的第一个方面。

作为人与自然的关系另一个方面，人的研究怎样纳入研究视野的命题。文化现象反映了人利用与改造自然的方式。对文化的各个方面的深入研究，可解释人们建立的机制，来控制自己和传承共同的理念。对文化现象的研究，应建立在与自然地理对应的空间现象上，才能与自然地理研究成果产生关系的共振，克服空间与时间在文化概念上的混乱，也才能将历史文化、现状文化与自然地理的相互关系理顺，最终才能厘清人居环境的文化演进中各方面的问题。本章应用藏彝走廊文化研究的成果，试图建立文化空间现象研究模型，建构地域研究的第一个方面。

地域人居环境的中心问题是关于"居住"的研究。聚落、建筑研究是怎样纳入地域人居研究的命题。地域人居研究人通过各自的方式，认识与利用自然，建立起自己的生计方式——一种受制于自然条件，同时又是人们主动改造自然的生活状态。生计方式的不同，归纳起来就是建筑、聚落类型差异的根本原因。

本章试图就空间区划的确定、自然景观研究模式、文化现象的研究模式、居住现象的研究模式，来构建泸沽湖人居的进一步研究基础框架。

2.3 区域空间范围的界定

2.3.1 区域自然空间的划定原则

自然地理区域：自然地理区域是依据景观中的主要成分来进行定义和划分的，我们可以根据地形、排水特征、土壤、气候、植被状况以及土地利用方式等对自然地理区域进行划分。

自然地理亚区：将自然地理区域又进一步分解成一些更小的自然地理区域。值得注意的是，亚区尺度上的自然地理特征对环境规划中的许多问题有真正重要的意义[20]。

由自然地理环境的各个组成部分的物质组成与物质运动以及各项指标的地域分异，它们在某地域的组合就构成了与其他地域有别的地域性自然地理环境，或者构成了特定的自然地理环境类型。自然地理环境区划就是把占据不同地域的互相有别的自然地理环境类型——划分出来。

自然地理环境区划（简称自然区划），更多的是自然地理环境组成部分的区划，如地质构造分区、气候区划、水文区划、地下水区划、地貌区划、植被区划、土壤区划等。自然地理环境区划应具有下列基本特征[21]：

1. 区划中所划分的区域单位，由于其组成部分之间存在着空间上的相互联系而保持空间上的统一性和不可分割性。

2. 区划对象可以是各种不同的对象和现象，但必须是能够形成有规律的地域结合的"地域现象"。

3. 区划是一种独特的系统方法，可以根据区域的地理位置的共同性和它们之间的所有规律的地域联系合并在一起。但是，由区域的共同性合并在一起的各个对象或现象之间的相互联系，是在历史发展过程中形成的。任何区域都是历史发展的产物。因此，区划是反映历史上形成的对象和现象的地域联系的区域研究的系统方法。

4. 区划既可以自上而下划分，也可以自下而上合并。

任何区划对象都可以按照区域的原则，又按照类型的原则加以系统化。陈传康等于1993年提出的区划原则为：发生统一性原则；相对一致性原则；区域共轭性原则；综合性原则和主导因素原则。

自然地理环境区划的等级，就是上述空间结构的空间尺度等级。第一级是大自然区，据大尺度的（热量）地域分异划分出三大自然区；第二级是热量带和大自然区的互相叠置划出"地区"，相当于热量带内的高级"省"性分异单位；第三级是据地区内的带段性差异划分地带、亚地带；第四级是在地带、亚地带内划分出自然"省"；第五级和第六级相应地划分为自然"州"和自然（地理环境）区等。上述实际上是在地带性中分出的等级：带（赤道带、热带、亚热带、暖温带、中温带、寒温带、亚寒带、寒带）、地带（代表自然界水平分异的特征的土类和植被）、亚地带和次亚地带。与地域特殊性中分出的等级：大区（与基本地质构造单元紧密相关）、地区（也称自然国、地理国等，在构造地貌方面具有很大的确定性，如山地、平原）、亚地区（地势上表现清楚）、州（主要标志是地形）等的相结合[22]。

2.3.2　自然格局的划分——横断山区域的界定

狭义的横断山区：在怒江、澜沧江和长江上游金沙江之间，山系平行延驰于一狭窄的地带，高山峡谷相间。形势十分险要，是一向所指的狭义的横断山区，属于地质学上的"三江褶皱带"。

广义的横断山区：除上述区域外，还包括以下两个部分：东北部，自金沙江以东至大渡河、岷江之间。在此，地势结构中出现了高原，故又称为"川西高原"；东南部，自怒江以东至元江之间。并行山脉有向南散开之势。但无论东北部或东南部，峡谷与高山相间，南北走向之势仍相当明显。广义的横断山区，大致在东经97°（98°）~102°与北纬23°~33°之间。在此范围内，主要有六大山系和六大河流，自西向东排列如下（图2-1）：

伯舒拉岭——高黎贡山

怒江（萨尔温江）

他念他翁山——怒山

澜沧江（湄公河）

宁静山——云岭——无量山——哀牢山

金沙江——把边江（黑水河）——元江（红河）

沙鲁里山

雅砻江

大雪山——贡嘎山（大雪山）

大渡河

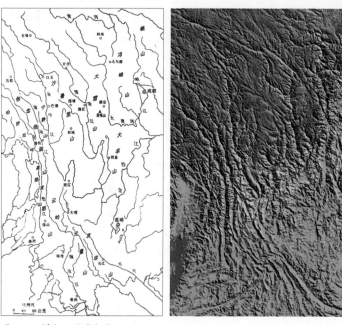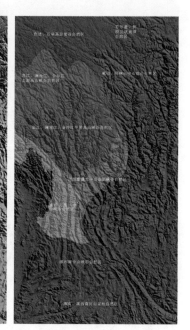

图 2-1 横断山区域与地形

（资料来源：左图：张荣祖 . 横断山自然地理 . 科学出版社，1997

右图：作者使用 global mapper 软件生成）

图 2-2 横断山区综合自然区划

（资料来源：根据 张荣祖等资料改绘）

岷山——邛崃山——大凉山

岷江

依循上述山系与河流的外围，大略可以勾出横断山区的分布范围（图 2-2）。

2.3.3 人文区域格局的划分——藏彝走廊的界定

文化区划有别于自然地理区划，应该在反映人居文化空间分布的现象的同时，包括文化演变的过程现象。

在 20 世纪 70～80 年代，我国著名的民族学家、社会学家费孝通教授在总结前人研究的基础上，就中国民族分布格局提出藏彝走廊与中国民族走廊学说。

将区域地理空间作为研究某个特定少数民族人居环境的研究方法有普遍意义。费先生指出，我国的民族走廊有三条，即西北走廊、藏彝走廊和南岭走廊，在全局中构成为两横一纵的态势。其中，藏彝走廊主要是藏缅语族各族的走廊，但此中也有壮侗语族与苗瑶语族各族的踪迹；西北走廊从国内民族而言，则主要是突厥语族和蒙古语族各族的走廊。当然，这两条走廊都有着汉语族的活动。这便是三条走廊中民族迁徙与互动的差异。但上述各族沿着走廊的移徙、停滞、对立、交融诸种现象，则是走廊中各民族活动的普遍规律，且往往由于走廊的开放性特征，使得这一民族间的频繁交往始终不衰。这种地理、文化交流的规律对人居环境的总结、对藏彝走廊的研究意义在于，从整个中国民族的走廊与板块及其互动的视角出发，研究区域人居环境的生成规律，从宏观的大局来把握区域人居环境的研究，需要从藏彝走廊的人类学研究成果中积累资料，以充实和完善民族走廊人居环境研究，提升必要而合理的关于西部少数民族人居研究的理念。

目前，中国民族走廊研究的重点应放在历史进入文明之后。藏彝走廊是藏缅语族各族南下与壮侗与苗瑶两语族各族北上并相互交融的地带。数千年来，藏缅语族各族的先民南下途中，有的滞留于走廊当中生息繁衍，有的走出走廊进入较高文明阶段。藏彝走廊中有若干通道一直与外地有着联系。如南方丝绸之路与茶马古道。这些走廊中的通道使不同的文明得以交流，并促进了彼此的发展。因此，在农业文明时代，民族走廊起着沟通内外、促进交流的重大作用。其研究成果对我们认识地域性人居环境的生成原理有示范意义。

目前，中国社会正经历现代化转型，这势必对中国的民族走廊的人居环境造成很大的冲击。民族走廊正在新形势下发生巨大的变化，而这些变化的前景究竟如何？这是摆在我们研究者面前必须认真对待并求得解答的问题。

2.4　地景模式——横断山区域的自然格局

2.4.1　区域自然地理格局与形成

对横断山地区区划的研究，早在 20 世纪 50 年代就开始了。传统划分区划的方法，是比较各个自然地理特征要素分布特征的地理相关法。地理学界广泛接受的是将本区划分为 5 个带和 9 个区(图 2-2)[23]：

1. 边缘热带季节雨林、半常绿季雨林地带 [滇南、滇西南间山盆地自然区（图 2-3）]

本地带位于本山区最南端狭窄的边缘，包括濒临国境线的金平、江城、西双版纳以及沧源的西南部。

2. 南亚热带季风常绿阔叶林地带 [滇西南中山峡谷自然区（图 2-4）]

本地带位于上一地带之北，其北界西起腾冲，大致通过施甸、风庆、云县、景东向东至哀牢山之主峰，向南包括盈江、瑞丽、陇川、梁河、龙陵、潞西、镇康、永德、沧源西北、耿马、双江、镇源、景谷、西盟、澜沧、普洱、墨江、红河、元江、以及元阳和绿春的北部。地带内山脉与大河相间。

3. 中亚热带常绿阔叶林、云南松林地带

本地带位于横断山区的中部稍偏南。行政上包括云南省的迪庆藏族自治州、怒江傈僳族自治州、丽江地区和大理白族自治州、楚雄彝族自治州、昆明的一部分，还包括四川凉山彝族自治州及攀枝花市。地带内山体与峡谷骈列的形势明显，但向南山势逐渐降低，在澜沧江以东出现较为开阔的谷地、阶地，河流两侧的山体显著变得低矮或为残留原面，河流切割程度也远不如本地带。

本地带划分为两个自然区：川西南滇北中山山原峡谷区；滇西北高、中山峡谷区。

1) 川西南滇北中山山原峡谷自然区（图 2-5）

本区地势起伏大于滇中高原湖盆区；地面海拔大多在 3000 米左右。境内山体多南北走向，安宁河以西的山地岩性坚硬，山势陡峻。盐源盆地四周，山地海拔多在 2900~3100 米间，岩性软硬相间，分

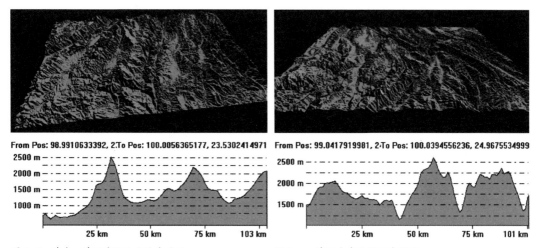

图 2-3　滇南、滇西南间山盆地自然区　　　　　　图 2-4　滇西南中山峡谷自然区
（资料来源：作者使用 global mapper 软件生成）　　（资料来源：作者使用 global mapper 软件生成）

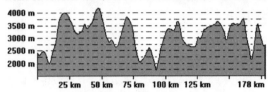

From Pos: 99.5080645876, 2 To Pos: 101.2308263531, 27.9031934329

图 2-5 川西南滇北中山山原峡谷自然区
（资料来源：作者使用 global mapper 软件生成）

From Pos: 98.5755605127, 26.To Pos: 99.6977264334, 26.4333141284

图 2-6 滇西北高、中山峡谷自然区
（资料来源：作者使用 global mapper 软件生成）

别形成山脊和斜坡。山地之间有断陷河谷盆地和地堑河谷如盐源、丽江等，在盆地和宽谷内，沉积物异常丰富，其中以洪积相和湖相的沉积最广泛，也有许多断陷湖泊. 如泸沽湖、邛海等。

2）滇西北高、中山峡谷自然区（图 2-6）

本区地貌为极为明显的高山深谷平行排列，地势北高南低，在深谷之间为残留高原面，海拔在 2400~3000 米以上，一般山体高达 4000 米，山峰高 5000~6000 米。受新构造运动的强烈影响，山顶和谷地相对高差达 2000~3000 米以上。如高黎贡山海拔 3700 米，怒江河谷 800 米，高差 2900 米，是横断山区河流下切最强烈的部分。河谷中几乎没有宽阔的盆地，山顶上也没有较大的高原面，但残存山顶面明显。

4. 青藏高原温带山地针叶林地带

本地带位于横断山区中部偏北。在行政区划上隶属于西藏昌都地区、四川甘孜、阿坝州的一部分。地势上属青藏高原向周围切割山地的过渡区。境内既保留有较大面积的高原面，也有较普遍的切割地形。西部和北部是以宽谷、盆地、缓丘为主组成的浅切割高原，海拔多在 3500~5000 米，是许多河流的发源地；东部以岷山、茶坪山、二郎山、大雪山南端为界，是青藏高原与四川盆地区的分界线；南部是地形切割程度较强的地形区，深切割沟谷地形占优势。自东向西分别排列着岷江、大渡河、雅砻江、金沙江、澜沧江和怒江，它们均属中下游地段。上游地形相对开阔，中下游切割地形显著。

按照自然地理特征的区域差异，本地带可划分为岷山、邛崃山中山高山自然区澜沧江、金沙江中游高山峡谷自然区和怒江、澜沧江、金沙江上游高山峡谷自然区。

1）岷山、邛崃山中山高山自然区（图 2-7）

本区为横断山区向成都平原的过渡带，由中山、高山和峡谷相间的地形组合，岭谷高差在 1500 米以上。切割较为破碎且陡峭的地形及其降水条件相对较好，使得区内侵蚀、堆积地貌相当发育，滑坡、泥石流等灾害频繁发生。地形的复杂性同时又导致了区内生物的多样性及自然环境条件明显的垂直差异性，因而本区也是横断山地区重要珍贵资源相对的集中区。

2）怒江、澜沧江、金沙江中游高山峡谷自然区（图 2-8、图 2-9）

本区为原始高原向深切割地形的过渡区，既保留有相对宽阔的高原夷为平面，又有切割非常强烈的深山峡谷。区内沿沙鲁里山走向发育有几条深切河谷，河谷自北向南切割程度越渐明显。河谷及其支流上游谷地切割较浅，河谷较宽阔，在海拔 3500 米以上发育了一系列构造盆地，河流下段河谷强烈下切，切割深度一般为 1500~2000 米，大都为峡谷：本区在海拔 4300~4700 米和 4800~5100 米保留有分布较广、保留完整的二级夷平面。宽度可达数十公里，在海拔 5500 米以上发育有现代冰川，海拔 5000 米以上有古冰川地貌的广泛分布。

3）怒江、澜沧江、金沙江上游高山峡谷自然区

本区为高山、峡谷与山原相间的地形组合，为北部高原与深切割谷地的过渡区，其北部与川西高原及藏东北高原毗邻，南部接三江流域中游流域，呈西南－东北向带状展布。区内自西向东分别排列有舒伯拉岭、他念他翁山、宁静山和沙鲁里山的北段，山体由南向北展宽。沿山脉走向发育的几条大河切割相对较浅，一般岭谷高差在 1000~1500 米。在海拔 3500 米、3800 米左右高度有分布普遍的宽谷盆地，海拔 4000 米以上则为开阔的高原宽谷，宽谷两侧为相对起伏 500~1000 米的缓丘山岭。在海拔 5000 米以上山地可见古冰川遗迹。

5.青藏高原亚寒带高寒灌丛草甸地带

本地带位于横断山区北部边缘，是青藏高原中东部高山灌丛草甸地带的一部分。行政区划上分属于甘肃甘南，四川阿坝、甘孜，青海果洛、玉树等藏族自治州和西藏昌都地区，是青藏高原中东部高山灌丛草甸地带的一部分。

地形上本地带处于横断山区强烈侵蚀切割的高山峡谷向西北青海高原及羌塘高原腹地的过渡地段，以浅切割的谷地及起伏和缓的丘状高原为主组成，而与其南部以深切谷地和分割山顶面为主的地带明显不同。本地带的河流有黄河的支流黑河、白河；大渡河、雅砻江以及通天河、澜沧江上游等。

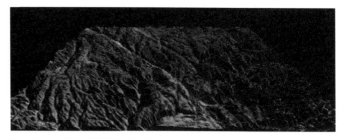

From Pos: 100.4879841239, To Pos: 102.2265510432, 31.6174045786

图 2-7　岷山、邛崃山中山高山自然区
（资料来源：作者使用 global mapper 软件生成）

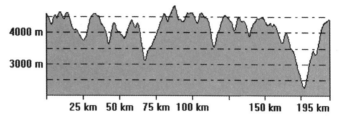

From Pos: 97.8327182836, 2?To Pos: 100.8673078154, 29.9578634284

图 2-8　怒江、澜沧江、金沙江中游高山峡谷自然区
（资料来源：作者使用 global mapper 软件生成）

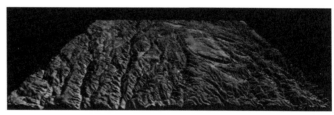

From Pos: 97.0898760544, 29.To Pos: 99.7135315872, 31.0168087338

图 2-9　怒江、澜沧江、金沙江上游高山峡谷自然区
（资料来源：作者使用 global mapper 软件生成）

从青藏高原延伸至本地带的东昆仑山支脉巴颜喀拉山及阿尼玛卿山在此山势已低，山体也较破碎。它与南北走向的横断山脉衔接过渡，就发生在本地带。整个地势为西北高、东南低。东部岷山西侧的支脉则为东北西南走向。海拔 5500 米以上的极高山很少，最高的雀儿山北峰海拔 5816 米，雪线海拔约 5100~5300 米，有现代冰川发育，为海洋型冰川分布的西北边缘，古冰川遗迹也断续可见。东部除果洛山的年保玉则（久治境内，海拔 5369 米）有现代冰川发育外，大多为海拔 4500~4800 米的高山，无现代冰川发育，古冰川遗迹分布比较局限。

本地带处河流纵剖面最高裂点以上，高原面保存较完好，在石渠色达一带为海拔 4500~4700 米，在阿坝附近海拔 4000~4200 米，至东部红原、若尔盖降至海拔 4100~3600 米。高原面地势起伏和缓，多由浅凹形谷地与浑圆的谷间地组成，呈丘状起伏，比高 100~500 米，称为"丘状高原"，是河流从夷平面下切的初期阶段。

黄河与长江的分水岭横贯本地带中部，分水岭东北部为黄河支流黑河及白河流域，在红原、若尔盖一带地势南高北低。上游段谷底海拔 2600 米，比高 200~500 米，河谷段较窄，河网发育，排水较好。中下游海拔 3400 米左右，广布着宽阔的谷地和洼地、冲积平原发育，地势平坦，沼泽成片。

分水岭西南属金沙江及澜沧江流域，还有大渡河和岷江流域。这里高原面海拔 4000~4200 米，与宽谷底部相对高差 500~600 米。阿坝县城附近河谷盆地宽达 3~3.5 公里，有典型的 3 级阶地发育，阶地面宽坦平整，是当地主要农田所在。雅砻江上游至通天河一带，河流大多自西北流向东南，多属浅切割河谷，比高由数十米至二三百米，谷地较宽，大河可宽达 6~8 公里，通常有两级堆积阶地发育。这里有较多的宽谷盆地，且多与断裂构造带有关，如玉树的巴塘盆地、竹庆盆地、色达盆地等。

按照自然地理特征的区域差异，本地带可划分为东部和西部两个自然区，即：若尔盖、阿坝丘状高原区和色达、石渠高原宽谷区。

1）若尔盖、阿坝丘状高原自然区（图 2-10）

本区东部若尔盖、红原一带为地势平坦、低缓，以堆积作用为主的高平原。黄河上游呈 S 形弯曲流经本区北部，其支流黑河、白河及贾曲等自南而北注入黄河。黑河与白河上游谷地海拔 3600 米，为浅切割谷地，除白河上游龙日坝等河谷盆地因地势低洼、疏泄不畅，有较多沼泽分布外，一般河谷狭窄、排水良好，沼泽面积较少。河谷间多为比高 300~500 米的低山，海拔约 3900~4300 米左右。在黑河、白河中下游有比高 70~150 米的丘陵断续分布，丘陵形态浑圆，坡度一般均小于 20 度，沟蚀现象很少见。丘间谷地及洼地宽广，海拔 3400 米左右，多成近南北向与丘陵相间排列，与构造线大致平行或成锐角相交。

黑河、白河中游谷地宽约 2~4 公里，下游谷地宽达 6~14 公里，注入黄河的河口外则为广阔的冲积平原，如唐克附近白河下游冲积平原宽达 20 公里以上，部分河段已无明显的河间谷地。这里谷地宽阔平坦、比降极小，河道迂回，曲流、河汊发育，古河道和牛轭湖断续分布在河道两侧，排水不畅的低洼地段沼泽景观十分突出。黑河有一级堆积阶地，高出河流平水位 4~8 米，阶地面上有旧河道、牛轭湖及凹洼地残留，沉积物较细。白河中下游有 3~4 级阶地，组成物

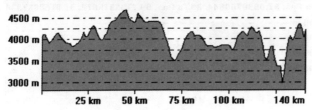

From Pos: 100.2509068168, To Pos: 101.7365912751, 32.2654158849

图 2-10　若尔盖、阿坝丘状高原自然区
（资料来源：作者使用 global mapper 软件生成）

质较粗，阶地面上也有古河道及洼地分布并发育着沼泽，黑河中游多闭流及伏流宽谷。闭流宽谷为无流、宽阔的长形凹地，宽 3~6 公里，长 10~40 公里，谷底低洼积水，几乎被沼泽占满。伏流宽谷为具有时显时隐水流的长形凹地，沼泽连续成片。

在白河下游有三、四列沙垄、沙丘，与河道平行排列，一般高 3~5 米 . 高者高达 8~10 米，长数十米到一二百米，以唐克至瓦切间分布较集中，这些河岸沙丘与河流改道就地起沙有关。

阿坝位于本区西部，地处阿柯河上游，是以风化剥蚀作用为主的起伏和缓

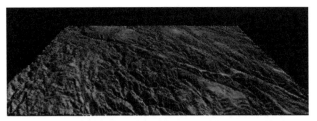

From Pos: 97.4059791307, 31.To Pos: 98.8442481275, 31.9868500490

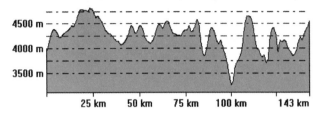

图 2-11　色达、石渠高原宽谷自然区
（资料来源：作者使用 global mapper 软件生成）

的丘状高原，呈低矮丘岗，比高 100~500 米，阿柯河流域从河谷阶地到山顶均有黄土覆盖，阿坝盆地宽达 3~3.5 公里，有 3 级阶地发育。

2）色达、石渠高原宽谷自然区（图 2-11）

本区主要为雅砻江及其支流鲜水河上游，还包括西藏昌都、青海玉树境内的通天河、昂曲和扎曲部分区域。这里地势起伏和缓，由浅凹形谷地与浑圆的谷间地组成，岭谷间相对高差约 100~500 米。丘状高原面和浅切河谷是两个主要的地貌类型。地势自西北向东南倾斜，主要干支流如大渡河上游左支多柯河、色曲、鲜水河、泥曲、达曲、雅砻江上游的定曲以及通天河谷地均受构造线走向及地势影响，由西北向东南流，它们与支流组合成典型的羽毛状水系或树枝状水系。大多为浅切河谷，自谷缘至谷底，深度不大，从河源以下逐渐由数十米加深到 200~300 米，谷坡和缓，风化层也较厚，谷底宽度自 100~200 米至 6~7 公里不等。一般河漫滩较宽阔，约占谷底 1/3，通常可见二级堆积阶地。

北部巴颜喀拉山走向逐渐从西向东，至呈西北—东南向，如莫拉山、布拉山、良奇山等。山地海拔一般为 4800~5200 米，个别高峰达 5700~5800 米。在极高山，如雀儿山附近可见古冰川地貌遗迹，如终碛垅、冰碛丘等，年保玉则之北，可见冰水漂砾。高山上可见融冻泥流及草皮滑塌等冰缘现象。

2.4.2　自然格局构成要素

2.4.2.1　地形形成的景观类型 [24]（图 2-12）

西部高山峡谷景观类型：本地形区大致包括金沙江与元江以西的地区，即地质上的"三江褶皱带"，高山深谷平行纵列的地形在本区表现得最为突出，青藏高原被强烈切割，基本上丧失高原形态的地段。三江褶皱带的地层褶皱紧密、断层成束。最紧密的地方，发生在北纬 27°与 28°之间（迪庆藏族自治州境内）。此处高黎贡山—怒江—怒山（碧罗雪山）—澜沧江—云岭—金沙江平行相聚在不及 100 公里的水平距离之内，怒江与金沙江之间仅有 60 公里，由此向北及向南，山脉与大河均逐渐展开，最后，当它们分别伸入青藏高原与云南南部时，均呈扫帚形散开（图 2-13）。

主要山系及大江从西向东为伯舒拉岭—高黎贡山、怒江，他念他翁山—怒山、澜沧江、宁静山—云岭—无量山—哀牢山、金沙江—元江。

西部高山峡谷景观类型，表现了在大地构造控制和新构造运动的影响下的高山峡谷和成层地形的特征。原来的夷平面以高原形态保存，只在三江的上游，即青藏高原部分面积较大，进入横断山区的

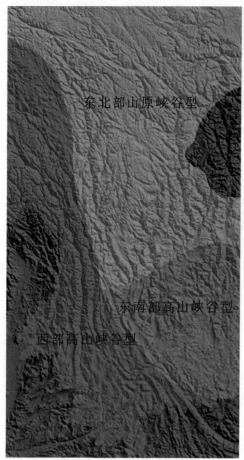
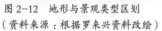

图 2-12　地形与景观类型区划
（资料来源：根据罗来兴资料改绘）

图 2-13　虎跳峡峡谷景观
（资料来源：作者自绘）

昌都地区和云南西北部，大多早残留状态，只能从平齐峰顶线、分割顶面或谷肩加以识别，只有少数地方以孤立高原面或盆地面出现。如芒康附近在云南南部，即山脉展开的扫帚形尾端，有多级夷平（剥蚀）面，但切割较破碎。峡谷中凡在宽敞的盆地地段，阶地和切割洪积扇均普遍发育，反映地面抬升的影响（图 2-14）。

东北部山原峡谷型。自金沙江以东，玉龙山以北的地区，主要包括四川西部及其毗连的云南西北部地区，在地形上是青藏高原的延伸部分。虽然山脉大河的形势如同三江地区，平行骈驰，走向也大体相似，相对高差也很强烈，但高原面的保存较金沙江以西宽阔，被金沙江北侧各支流切割而形成的峡谷与切割山原及山原上的山脉构成了本区地形的主体，从西到东，主要的山系和大河，为沙鲁里山、雅砻江、大雪山、大渡河、岷山—邛崃山、岷江，作为区西界的金沙江迂回曲折地流经本区的最南部（图 2-15）。

本地形区的平行峡谷与山岭之形势，比之前一地形区远为逊色，大河大山骈驰之势已明显宽展。同时，高原面的保存甚多，特别在稻城、康定一线以北，故称本地形区为山原峡谷区是恰当的。成层地形中山岭——高原面（剥蚀面）——谷地（阶地—盆地）的组合，是以高原面较宽为特征，但南部明显地逊色于北部（图 2-16、图 2-17）。

东南部湖盆山原型。本地形区大体上指元江上游与点苍山一线以东及金沙江"长江第一弯"至大凉山以南的云南东北部，实际上是云贵高原的一个部分，只因为地势上的特点表现了云贵高原与横断

图 2-14　怒江坝盆地景观
（资料来源：作者自绘）

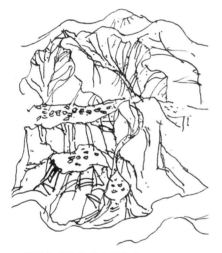

图 2-15　德钦河谷的成层地形景观
（资料来源：作者自绘）

图 2-16　古冰川地形景观
（资料来源：作者自绘）

图 2-17　理塘以东夷平面地形景观
（资料来源：作者自摄）

山区的过渡，从地势大轮廓上仍可视为本区的一部分。前两地形区的地形大势，在本地形区已消失，构造线也不明显，故山脉较短小，且不连续，但南北向的断裂仍存在：在高原面上有一列系南北向发育于断陷中的湖盆或宽谷，大致南北向的山势，依稀可见，主要的山脉与湖盆、宽谷自西向东有点苍山，丽江盆地—剑川盆地—洱海盆地，马鞍山—鸡足山，程海湖盆—宾川宽谷。

本区高原面保存完整，沿南北向构造线发育了许多盆地和断陷湖。高原面（3000米左右）上山脉不高，山势较和缓而破碎。盆地宽谷中堆积地形发育。本区东南界的地形与云贵高原的地形差别已不明显。

2.4.2.2 气候形成的景观类型

本区可分7个气候区（图2-18），各气候地域类型的主要特征如下[25]：

川西北高原亚寒带亚湿润气候区。本区包括四川若尔盖、色达、石渠等地，区内海拔在3400米以上。由于该区气温≥10℃，期间日数少于50天，种植农作物难以成熟，故以牧业为主，牧草生长良好。最暖月均温<10℃，年干燥度1.50左右，年降水量600~800毫米，暖季降水占全年总量的85%以上，降水强度较小，一般也少旱象。

区内海拔较低河谷，可少量种植青稞、小麦等喜凉作物与生长期短的蔬菜。

本区包括两个亚区：

若尔盖亚区：湿润状况较好，年干燥度低于2.00，下半年较湿润，干燥度稍高于1.00，牧业为主，兼有少量种植业。

阿坝—石渠亚区：湿润状况稍差，年干燥度接近2.00，下半年干燥度低于1.50，纯牧区。

川西东部高原温带亚湿润气候区。本区地处青藏高原的东部边缘，地势起伏较大，区内平均海拔在1500~3400米之间。贡嘎山主峰7556米。气候的垂直差异明显。气温≥10℃期间的天数在120~180天，最暖月平均气温12~18℃，年干燥度1.50左右，年降水量500~1000毫米。本区降水较丰沛，少暴雨。农作物以青稞、小麦为主，一年一熟。干暖河谷两年三熟，可种植小麦、玉米等，但春有旱象，本区是重要的林区。

本区包括三个亚区：南坪亚区：年干燥度大于2.00。作物两年三熟，部分一年两熟。马尔康亚区：除河谷外，年干燥度均不超过2.00。作物两年三熟为主。大金—丹巴亚区：年干燥度大于2.00。作物两年三熟，部分一年两熟。

川西西部高原温带半干旱气候区。包括金沙江及其支流的高山峡谷区。根据研究，大于10℃期间天数，河谷低地约150天，海拔较高处约50天。最暖月平均温度13~16℃，年干燥度在1.50以上，部分河谷高于4.00。年降水量约600毫米，部分河谷低于400毫米。干暖河谷长有喜干暖的灌丛，可种植青稞、冬小麦等喜凉作物，也能种植

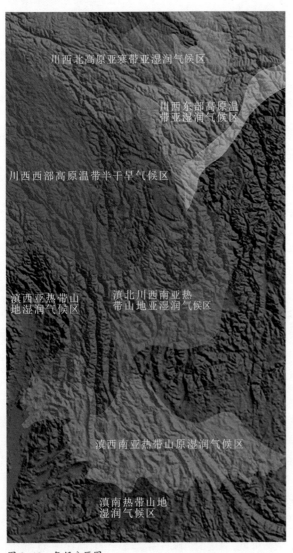

图2-18 气候分区图
（资料来源：根据张荣祖等资料改绘）

玉米等喜温作物，还有核桃、梨、石榴等干鲜果品。本区是横断山区北部重要的粮仓，谷坡以上有大面积森林分布。

本区包括三个亚区：雅砻江河谷亚区，年干燥度 2.00 左右，河谷作物可两年三熟。理塘—稻城亚区，年干燥度大于 2.00，一年一熟或纯牧区。巴塘亚区，年干燥度 3.00 以上，河谷两年三熟。

滇北川西南亚热带山地亚湿润气候区，包括中甸、德钦以南的地区。大于 10℃ 期间天数 180 天以上，最暖月均温 18℃ ~24℃。最冷月平均气温除海拔较高的地方外，大部分地区多在 10℃ 左右或以上，故有"四季如春"之说。年干燥度 1.50 左右，年降水量在 600~1500 毫米之间。海拔较低河谷，农业上如解决灌溉问题可以种双季稻。一般地区为水稻—小麦一年两熟，区内冬春干旱是严重的自然灾害（图 2-19）。

图 2-19　泸沽湖气候变化形成的景观
（资料来源：作者自摄）

本区包括四个亚区：昭觉亚区，大凉山与小相岭之间，稍有四季之分。年干燥度 1.50 左右，种植业多一年两熟。西昌—丽江亚区，山间河谷平坝为主，年干燥度大于 1.60。种植业一年两熟，海拔较低处也可两年五熟。金沙江河谷亚区，河谷地貌，年干燥度大于 2.00。一年两熟，部分可种双季稻并有棉花、甘蔗等经济作物。维西—保山亚区，年干燥度在 1.00~1.50 之间，海拔低处作物可一年两熟（图 2-20）。

滇西亚热带山地湿润气候区。东以怒山为界，西至国界。区内气温 ≥10℃ 期间天数超过 200 天，年干燥度小于 1.00，年降水量均超过 1000 毫米。海拔 1000 米左右的河谷可以栽培香蕉、菠萝、木瓜等经济作物。

图 2-20　多变的气候景观
（资料来源：作者自摄）

滇西南亚热带山原湿润气候区，包括腾冲、景东以南，澜沧、江城以北的地域。年平均气温 17℃ ~19℃，≥10℃ 气温的天数超过 300 天左右，最冷月均温在 10℃ 左右，年干燥度小于 1.00，年降水量 1000~1500 毫米，龙陵最多达 2185 毫米。适宜发展水稻、蚕豆、小麦、油菜和茶叶、甘蔗等，干旱河谷可大量放养紫胶虫。

澜沧、江城以南，至国界。以景洪为例，年平均气温 21.6℃，≥10℃ 气温 365 天，最冷月平均气温 15.5℃，年干燥度小于 1.00，年降水量 1207 毫米。适宜种植橡胶等热带作物，在有灌溉的条件下可发展双季稻冬作一年三熟。

图 2-21　河流景观
（资料来源：作者自摄）

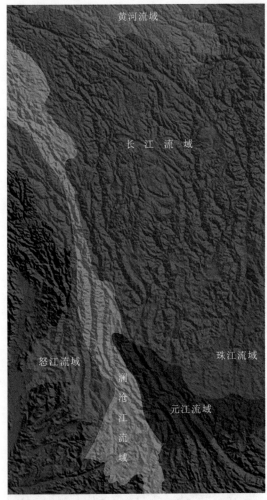

图 2-22　流域与景观类型
（资料来源：根据郭进辉等资料改绘）

2.4.2.3　河流与景观类型

枝状水系形成的景观类型。各河上游或河源段，位于本区北部原始高原向深切割峡谷的过渡区，地区比较平缓，谷地海拔多在 3400 米以上，谷地宽坦，集水面积广阔，支流众多，因而支流较长，水系多呈树枝状分布。如大渡河上游地区，较大支流足木足河、绰斯甲河、梭磨河等集中相汇，组成树枝状水系[26]。

"非"字形羽状水系形成的景观类型。各河干流河道均沿构造发育，怒江、澜沧江与金沙江流经深山峡谷，各地海拔多在 2000~3400 米，其间隔甚近，大河干流并列，呈"川"字形水网。干流两岸支流短小且垂直注入干流，呈"非"字形羽状水系。

对称树枝状水系形成的景观类型。各河干流和一、二级支流的局部河段，因受地势倾斜影响，支流往往集中分布在一侧，形成不对称的树枝状水系，如大渡河上游支流及中游小金川、金沙江支流乡城河、怒江上游等（图 2-23~ 图 2-25）。

2.4.2.4　湖泊形成的景观类型

断陷湖景观类型。断陷湖形成独特的景观类型，其可分为断陷湖和断陷堰塞湖，是由地壳断裂陷落而形成的景观现象。通常湖盆面积

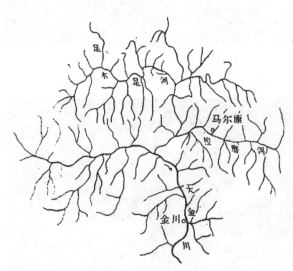

图 2-23　大渡河上游树枝状水系景观形态
（资料来源：横断山自然地理）

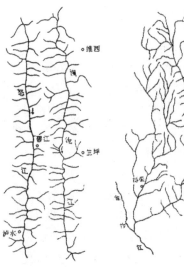

图 2-24　怒江和澜沧江羽状水系景观形态
（资料来源：横断山自然地理）

图 2-25　乡城河不对称树枝状水系景观形态
（资料来源：横断山自然地理）

较大，湖面呈狭长形或多边形的形态。由于断层岸较平直，岸边山体直抵湖边，断层崖或断层三角面明显，断层岸湖底坡度大，湖水深为特征，如泸沽湖（图 2-26）。后者湖盆由地壳断陷而成，但经后期的堰塞作用才潴水成湖。

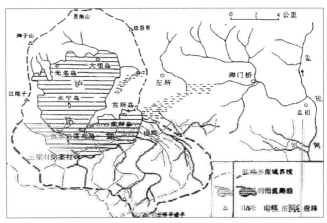

图 2-26　泸沽湖水系
（资料来源：盐源县志）

2.4.2.5　冰川湖景观类型

由冰川的挖蚀作用和冰碛物的堵塞作用而形成，又有冰碛湖、冰蚀湖和古冰盖残留湖群之分。四川省德格县雀儿山东北麓的新路海是我国著名的冰碛湖。冰蚀湖由冰斗冰川或山谷冰川挖蚀作用而形成，如四川省德格县的日母冬错、错龙，巴塘县的吼纳，乡城县的央则朗错、错也措让、日朗拥错等。一般面积较小或单个分布在河流源头成为源头湖，或串珠状分布，成为过水河道型湖泊；古冰盖残留湖群在区内仅见于理塘与稻城及理塘与新龙之间的高原面上，地质时期曾被局部小冰盖覆盖过：这类湖群以面积小、数量多、密度大、水深小，呈不规则的多边形，孤立或互相串联的内陆封闭湖泊为特征。这类湖泊在理塘与稻城间有 400 多个，理塘与新龙之间有 200 多个，大的数平方公里，小的仅十余平方米。

堰塞湖景观类型。横断山的堰塞湖数量有限，是由山崩、滑坡、泥石流等堵塞河谷而形成的。

2.4.2.6　植被形成的景观类型

横断山区丰富多样的植被类型与所处的复杂自然条件相适应，有着明显的地域分异特点。无论是水平方向上的地带性变化，还是垂直方向上按高度带的各种组合，都显示出别具一格的特色，既不同于相近纬度位置孤立散布的山地，也有别于青藏高原的腹地[27]。

1. 植被类型的水平地带分布

从主要的森林植被类型看，基本上呈现出南北的地带性分异，反映出区域温度水分状况变化的综合影响。

热带性的雨林、季雨林只分布在横断山区南端及南段，大约北纬 23°30′~25°00′以南，海拔 900~1000 米以下气候暖热湿润的区域。代表南、中亚热带条件的常绿阔叶林则主要分布于横断山区南段及中段南部，通常位于海拔 1000~2500 米，分别为季风常绿阔叶林及半湿性常绿阔叶林。与此相应的在植被演替上有联系的思茅松林和云南松林，也仅见于南段及中段南部区域。

再往北至横断山区中段北部及北段，则以各种冷杉和云杉组成的常绿针叶林占优势，属于青藏高原东南部的山地针叶林植被地带，其中冷杉林在东南部及边缘占支配地位，腹地及西北部则以云杉林为主，也反映出由湿冷向干寒的梯度变化。再向西北至横断山北端则向无林区域过渡，进入青藏高原的高寒灌丛草甸地带，以高山灌丛和高山草甸为主要的类型。

2. 植被的垂直带组合及其变化

横断山区的植被垂直带以各类森林为主体，多由中生植物所组成。按照植被类型的组合和垂直分布，垂直带谱基本上属于季风性的湿润、半湿润的结构类型组，并且随着水平地带的不同而变化。例如，横断山区南端滇南的山地植被垂直带谱为：季节雨林—季雨林—山地雨林—山地常绿阔叶林，具有边缘热带山地的性质。南段永德大雪山（海拔 3504 米）以云南松林及常绿阔叶林为优势分带，其上为湿性常绿阔叶林—山地针阔叶混交林；位于中段南部的点苍山，其垂直带谱为：云南松林—常绿阔叶林—山地针阔叶混交林—山地暗针叶林。

更往北，横断山区中段北部和北段，由于海拔逐渐增高、地势差异悬殊，优势植被垂直带与南部显然不同。这里垂直带谱一般有 5 或 6 个分带，从谷底的干旱河谷落叶小叶刺灌丛经山地针阔叶混交林带、山地暗针叶林带、高山灌丛草甸带、亚冰雪稀疏植丛带至冰雪带。对这一区域各山地植被垂直带谱进行比较研究，可看到，山地暗针叶林带的带幅可宽达 800~1200 米，为优势垂直带，属于青藏高原东南部的山地针叶林地带。再往北，山地森林带消失，以高山灌丛草甸植被类型为主，上经亚冰雪稀疏植丛带至冰雪带，基带与优势植被垂直带一致，已具有青藏高原高寒灌丛草甸地带植被垂直带谱的特征。

在横断山区植被垂直带中比较独特的类型组合是硬叶常绿阔叶林和铁杉林类型。前者主要见于横断山区中段北部及北段，这是我国东部同纬度的山地垂直带中缺失的类型。它在横断山区有广泛的分布，占据的带幅较宽，且常为跨带分布的植被类型。这一类型向西经藏东与喜马拉雅山地的高山栎类林相连，表明它们在自然历史发育上有一定的渊源关系。铁杉林在山地植被垂直带中则见于横断山区中段南部及中段边缘地段，在本区内部腹地未发现其分布，这与边缘较湿润的生态条件有密切的联系。

干旱河谷灌丛及稀树灌草丛植被是横断山区别具一格的又一独特类型。由于河流的强烈切割，形成深切峡谷，底部海拔较低、温度稍高、降水偏少，具有干暖的生态条件。随着自南而北地势逐渐抬升，温度条件由暖热至温凉的变化，发育不同的植被类型，往往组成植被垂直带的基带。例如在干热河谷中有以扭黄茅、余甘子为主的稀树灌草丛，在干暖河谷中有小叶黄荆和小马鞍叶羊蹄甲灌丛，而在干温或干凉河谷中则常见到白刺花和对节木灌丛等（图 2-28）。

随着所在区域的不同，高山带的植被类型组合也有较明显的变化。在横断山区南段由于地势不高，基本上不出现高山带；在中段南部及边缘山地比较湿润，有生长良好的无鳞类杜鹃矮曲林，高山灌丛植被以有鳞类杜鹃灌丛占优势，高山草甸则富含杂类草成分，形成五彩缤纷的秀丽景色。在中、北段腹地及北部灌丛草甸地带，高山灌丛类型除由杜鹃组成的常绿草叶灌丛外，有更多的落叶阔叶灌丛，如柳、窄叶鲜卑花、鬼箭锦鸡儿和金露梅等；高山草甸植被中蒿草所占比例增高。在昌都的达马拉山一带有由小蒿草占优势的高山草甸带，具有高原内部大陆性寒旱化的明显特色。

横断山区的植被景观类型分布：

边缘热带季节雨林植被景观，位于横断山区南端，主要包括滇南西双版纳州大部分、思茅地区西部以及滇西南临沧地区西南部、德宏州的大部分区域。

南亚热带季风常绿阔叶林与思茅松林植被景观。位于横断山南段，包括腾冲—施甸—凤庆—景东一线以南的云南中南部偏西地区，东以哀牢山分水岭为界。

中亚热带常绿阔叶林与云南松林植被景观。位于横断山区中段南部，东以丽江—下关—景东为界，北到小中甸—燕门—扎恩—竹瓦根一线。

青藏高原山地针叶林植被景观，位于横断山区中段北部及北段，包括川西、藏东及滇西北，其北界绵延曲折，大致在类乌齐、石渠、甘孜、钱塘一线，然后沿红原、若尔盖东缘北伸。

青藏高原山地灌丛草甸植被景观（图 2-31），位于横断山区中段北部，包括通天河谷地、雅砻江及大渡河河源，黄河河曲及其支流黑河与白河河流，其东和南部主要森林分布的北缘连线与川西藏东山地暗针叶林区为邻。本区的主要植被类型是分布在高山带的灌丛、草甸以及沼泽草甸，它们形成一定的类型组合或者垂直分布。

图 2-27 草原植被景观
（资料来源：作者自摄）

图 2-28 干旱河谷落叶小叶刺灌丛
（资料来源：作者自摄）

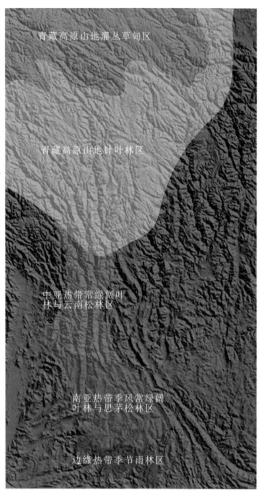

图 2-29 横断山植被景观分布图
（资料来源：根据姜汉侨等资料改绘）

图 2-30 青藏高原山地针叶林植被景观
（资料来源：作者自摄）

图 2-31 高原山地灌丛草甸
（资料来源：作者自摄）

2.5　文化模式——藏彝走廊的地缘文化的格局构成

2.5.1　"藏彝走廊"文化格局与形成

2.5.1.1　藏彝走廊概念

　　藏彝走廊是费孝通先生在 1980 年前后提出的一个历史、民族与文化区域的概念。自 1978 年开始提出，迄今已有 30 年的时间。费先生先后共 5 次公开论述这一问题，从而奠定了他关于中华民族多元一体格局是按板块与走廊相间分布的学说。在这一思想中，北部草原区、东北部高山森林区、西南部青藏高原区、云贵高原区、沿海区和中原区为六大板块，藏彝走廊、西北民族走廊和南岭走廊为三大走廊，共同形成一纵两横的态势。此中板块通过走廊相连，彼此互动，最终形成中华民族不可分割的多元一体格局。最终，费先生又针对世界格局，提出在中华民族之中"各美其美，美人之美，美美与共，和而不同"，即民族与文化之间互相尊重的原则。由此可见，民族走廊的研究不仅对这一走廊中各民族有着重大意义，而且对于整个中华各民族乃至世界各民族的"文化自觉"皆有重要作用。

　　"藏彝走廊"的概念既不同于我国传统史学或地理学上的"地域"概念，也与民族学苏维埃学派的"历史民族区"概念有别，它是将我国各民族分布按地理特征以其所居住的区域或为板块或为走廊而提出的一个相对的概念，它认为走廊地形地貌中所居各民族流动性较大，并又保留着较为深厚的历史文化积淀[28]。

2.5.1.2　藏彝走廊的族群分布与形成

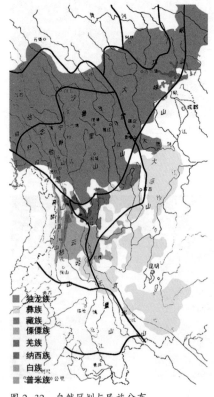

图 2-32　自然区划与民族分布
注：图中黑线为自然区划（参见图 2-2）民族分布明显受自然区划的影响
（资料来源：作者根据 郝时远 中国少数民族分布图集等改绘）

　　藏彝走廊中，现今居住着藏缅语族中的藏、彝、羌、傈僳、白、纳西、普米、独龙、怒、哈尼、景颇、拉祜等族群，而以藏语支和彝语支民族居多，故称之为"藏彝走廊"。同时，该走廊的南部还居住着壮侗语族中的傣族和壮族、苗瑶语族中的苗族以及孟高棉语族中的一些族群。这条走廊有史以来便是藏缅语族民族南下及壮侗语族和苗瑶语族民族北上交汇融合之处。藏彝走廊现今有人口 1000 余万，其中 530 余万是少数民族，其余为汉族（图 2-32）。

　　藏彝走廊的自然环境，形成以由北向南为主的通道。从新石器时期便有人类沿岷江、大渡河、雅砻江、金沙江、怒江、澜沧江等六江由上而下的迁徙，进入先秦时期这一迁徙从未中断。这已为历史文献、考古资料和民族学资料所证实。

　　秦汉时期，中央王朝开始经营这条走廊，逐步将其纳入版图，或置郡县，或事羁縻，其中以藏缅语族先民为主的"氐羌"诸部日趋稳定。在历史进程中，他们逐渐形成今日走廊中藏缅语族中的各族。藏彝走廊族群分布格局基本形成。此后，魏晋南北朝时期，中原动荡，虽有大量壮侗语族的一支先民"僚"人进入走廊的东南缘，但未影响走廊族群的基本格局。

　　唐宋时期，兴起于西藏的吐蕃东扩，兴起于云南的南诏与大理北上。这三个政权的主体人群基本是今日藏、彝、白族的先民，当其统治走廊大部分地区后，将这里的"诸羌"、"诸番"部落分别纳入其统治，并逐步予以融合与同化，从而进一步奠定了走廊的族群格局。

元明清时期，另一些族群进入走廊。北方的蒙古人在蒙元时期进入走廊的北部和南部。南方的苗、傣、壮、布依人在明清时也进入走廊的南部。从而形成今日走廊中族群格局的雏形。汉族虽自秦汉即进入走廊，但大量的进入是近代的事。

目前，关于历史上民族格局的形成，学界基本有以下的学术看法：

1）藏缅语人群南下与流动：吐蕃的进入及"藏"化过程（吐蕃与南诏、大理及川西高原的互动）；彝语支民族东扩与北上（明清也向西扩）；明代纳西族向北扩张；元以来蒙古的南下与当地族群的融合；汉、回民族的移入及"夷"化。

2）自北向南流动的人群：藏缅系统的人群；蜀人南迁；北方草原人群：炉霍石棺葬、滇之青铜器上的北斯基泰因素、保山"本人"（契丹）、蒙古等回民的南下。

3）自南向北流动的人群：百越系人群的向北移动；傣人北上；纳西北上；彝族北上。

4）东西方向的人群与文化流动：蜀与西南夷的交流互动；吐蕃东扩及藏传佛教的东向传播，川西高原人群的"番"化过程；汉族自东向西的流动；汉、藏民族及文化的东、西向交融与互动[29]。

2.5.1.3　地缘文化的历时性研究——纳文化生成发展

1. 早期文化的多元发轫：秦汉以前

渔猎农耕文化时期——史前文化的考古发现。"丽江人"的发现，1956 年春，在丽江县城东南丽（江）鹤（庆）公路 11 公里附近的漾西木家桥发现了三根人类股骨化石及一批古哺乳动物的遗骸，经鉴定，认定属于男性。1964 年 3 月，出土了一颗人头骨，属少年女性。所出土的少女头骨被定名为"丽江人"，距今约 5~10 万年，属晚期智人，头骨形态与现代人十分接近，具有明显的蒙古人种特征[30][31]。

1989 年春，中国科学院古脊椎动物与古人类研究所卫奇、黄慰文二先生对木家桥进行了细致的科学考察，发现了二十件燧石制品，包括石片、石球和石核。这批石制品材料虽采自地表，但从所采集的位置及本身的染色体和附着物来综合研究，他们断定为确为地层里的产物。"丽江人"化石地点迄今已发现的石制品，其岩料广泛分布于丽江盆地四周古老岩层中，可以确定为上更新统地层里的产物，类型较简单，但这是中国西南部横断山脉地区一批不可多得的旧石器材料，特别是当中数量较多的石球，对研究中国旧石器时代文化有较强烈的影响[32]。

1958 年以来，文物工作者先后在维西县戈登村发现了新石器洞穴遗址；在丽江金沙江沿岸的石鼓、巨甸、热水塘、老八课、永胜马军河等地都发现了新石器文化遗物；在泸沽湖地域的永宁开基村发现新石器时代遗址，出土石斧 2 件、石锛 1 件、石网坠 1 件；在附近阿拉瓦、三家村、干木山脚和金沙江畔也发现有石斧、石凿、石矛、石锛、网坠等；在四川盐源县的前所、左所也发现有钻孔石刀、石斧等[33]。

2. 石棺葬的分布与文化面貌。石棺葬又被称为"石棺墓"、"石板墓"、"岩板墓"等，是指主要发现于青藏高原东部的一种以石料为棺的墓葬形式。川、滇、藏地区石棺葬的发掘为探索该区域的早期文化面貌提供了不可多得的实物资料，虽然对于这些石棺葬的族属和文化性质的研究目前尚无定论，但从现有材料我们仍可发现以下现象：

1）石棺葬的分布

金沙江流域：巴塘、中甸、丽江、永胜；

雅砻江流域：炉霍、雅江、木里、盐源、盐边、会理；

澜沧江流域：贡觉、安多、那曲、芒康、德钦；

以上三个流域基本涵盖了纳族先民的生活范围，此外在岷江上游、青衣江上游、大渡河流域、滇中高原也多有发现。

2）石棺葬包含的文化因素

学界对石棺葬的族属和文化性质各持己见，认为其中包含的文化因素较为多样，目前发现的石棺葬中应主要包含有与古氐羌系相关的甘青地区新石器文化因素（唐汪式陶器、卡约文化、辛店文化等）、北方草原文化因素、当地土著文化因素（滇西青铜文化），此外还存在一定的汉文化因素。这些复合的文化因素恰勾勒出这一时期外来文化与土著文化交流融合的大致面貌，也显现出纳族文化起源的多元性。

2.5.1.4　纳族先民的迁移路向

"藏彝走廊"理论是费孝通先生于 20 世纪 80 年代初提出的一个历史—民族区域概念，主要指川、滇西部及藏东横断山脉高山峡谷区域。这一地区自古以来就是众多民族或族群南来北往，迁徙流动的场所，也是沟通西北与西南民族的重要通道；纳族先民的迁移主要在此走廊内，但迁移路线应该不会是单一的，南北走向的横断山系河谷地带均有成为通道的可能性，在"藏彝走廊"中这样的河流主要有岷江、大渡河、雅砻江、金沙江、澜沧江、怒江；不同的迁徙路线、不同的迁徙时间为纳族群文化不同支系的出现和发展提供了时空上的可能性。

2.5.2　纳文化的生成发展：秦汉——唐宋

《史记西南夷列传》："西南夷君长以什数，夜郎最大；其西靡莫之属以什数，滇最大；自滇以北君长以什数，邛都最大：此皆魋结，耕田，有邑聚。其外西自同师以东，北至楪榆，名为嶲、昆明，皆编发，随畜迁徙，毋常处，毋君长，地方可数千里。自冉以东北，君长以什数，徙、筰都最大；自筰以东北，君长以什数，冉駹最大。其俗或土箸，或移徙，在蜀之西。自冉駹以东北，君长以什数，白马最大，皆氐类也。此皆巴蜀西南外蛮夷也。"

宜宾到曲靖"秦时常頞略通五尺道，诸此国颇置吏焉"。

西汉开西南夷"乃以邛都为越嶲郡，筰都为沈犁郡，冉駹为汶山郡，广汉西白马为武都郡。"

《后汉书·筰都夷传》："筰都夷者，武帝所开，以为筰都县。其人披发左衽，言语多好譬类，居处略与汶山夷同……元鼎六年，以为沈黎郡。至天汉四年，并蜀为西部，置两都尉，一居牦牛，主徼外夷；一居青衣，主汉人"。

筰都原分布在今汉源大渡河南北，汉武帝后期逐渐南迁至雅砻江今凉山州西南地区。《汉书·地理志》"越嶲郡"属县中之定筰（今盐源县）、筰秦（冕宁西都）、大筰（今盐边县）等三筰，应是汉武帝以后筰都南迁所居之地。

筰都地处高原，气候干寒，从事畜牧与农耕相结合的复合型经济。《史记·西南夷列传》记载："其俗或土著，或移徙"，即这种农牧结合的经济类型。筰都出名马，是巴蜀商贾经营的主要商品种类。

常璩《华阳国志》卷三《蜀志》记曰："定筰县。筰，筰夷也。汶山曰夷，南中曰昆明，汉嘉、越嶲曰筰，蜀曰邛，皆夷种也。县在郡（越嶲）西，渡泸水，宾刚徼，白（曰）摩沙夷。有盐池，积薪，以齐水灌而后焚之成盐。汉末，夷皆锢之。张嶷往争，夷帅（狼）岑、槃木（王舅）不肯服。嶷擒挞杀之，厚赏赐余类，皆安。官迄有之，北沙河是"。

《木氏宦谱》："始祖叶古年，唐摩裟，年之前十一代，东汉为越嶲诏，诏者王也。年之后六代改为筰国诏，又定筰县改昆明总安官。"公元 2 世纪前后，定筰县境内已经有摩裟部落和首领。

《元史》地理志永宁州载："昔名楼头赕，接吐蕃东徼，地名答篮，麽些蛮祖泥月乌逐出吐蕃，遂居此赕，世属大理，宪宗三年（公元 1253 年）其三十一世孙和字内附。"即公元 500 年左右，永宁地区已有麽些部落和首领。这是纳族最早的历史纪录，杂处于周围各民族部落之中，因盐铁之利发展，与东汉、蜀汉时反时顺，关系不稳定。

唐代《蛮书》卷四："麽些蛮，亦乌蛮种类也。铁桥（巨甸塔城关）上下及大婆、小婆、三探览（永宁）、昆明（盐源）等川，皆其所居之也。"

"其铁桥上下及昆明（盐源）、双舍，至松外已东（盐边），边近泸水（雅砻江），并磨些种落所居之地。"

唐代大致的分布情况：东至四川凉山安宁河、西至云南维西澜沧江，其中雅砻江流域和金沙江流域最多。

"磨些蛮在施蛮外，与南诏为婚姻家，又与越析诏姻娅。"

"土多牛羊，一家即有羊群。终身不洗手面，男女皆披皮，俗好饮酒歌舞。"

吐蕃：

据记载，吐蕃攻占盐边、盐源及丽江地方的时间是公元 703 年冬"赞普（国王）至绛域（纳西族居住区域，指今盐边、盐源及丽江地方），攻下其地。"公元 704 年冬，"赞普入治蛮，即死于其地。此后统治绛地，向白蛮征税，乌蛮亦款服，兵精国强，为前王所未有"[34]。

《通鉴·唐纪》记："巂州都督张审素破西南蛮，拔昆明及盐城，杀获万人。"

《全唐文》张九龄《敕西南大首领蒙归义书》记："巂州盐井本属国家（唐），中间被其（吐蕃）内侵，近日始复收得。"

南诏与铁桥之战：

《旧唐书南诏传》：公元 794 年"牟寻遽遣兵五千戍吐蕃，乃自将数万踵其后，昼夜兼行，乘其不备，大破吐蕃于神川。遂断铁桥。""牟寻收铁桥已来城垒一十六，擒其将至五人，降其众十万。"

樊绰《云南志》卷四载："南诏既袭破铁桥及昆池等诸城，凡虏获万户（磨些部落），尽分隶昆川（滇池地区）左右及西婴故地（滇中至禄丰一带）"。又卷六拓东城载："贞元十年,南诏破西戎（吐蕃），迁施、顺、磨些诸种数万户以实其地"。

方国瑜认为："自唐初，磨些民族介于吐蕃、南诏之间，其势力消长，互相攘夺，则其文化之冲突与融合，亦可想而知；今日麽些文化，受西川传入汉文化之影响甚大，而南诏、吐蕃之文化亦当有影响，又麽些文化输至吐蕃者亦有之"[35]。

到唐亡，共 103 年时间大部分纳西族地区为南诏所控，但纳藏之间的经济文化之间的交往并不中断。一直到宋代，纳西先民的政治环境有了改善：北部吐蕃王朝分崩离析；南诏也陷入了政权更迭频繁的混乱之中；而东边的宋王朝也穷于应付日渐崛起的辽金北方游牧民族，无力经略西南。"故自南诏以后，麽些之境，大理不能有，吐蕃不能至，宋亦弃其地，成瓯脱之疆，经三百五十年之久"。纳西族由此获得了一个难得的独立发展时机。在社会经济生产获得充分发展的同时，农耕文明已取代半耕半牧的生产状态，政治上分散的麽些部落渐渐趋统一，出现蒙醋醋这样的首领。

纳文化发展的影响与推进：元明以后

《元史世祖本纪》载：公元 1252 年"过大渡河，又经行山谷二千余里，至金沙江，乘革囊及筏以渡。摩婆蛮主迎降，其地在大理北四百余里。"

《元史地理志》丽江路宝山州载："世祖征大理，自卞头齐江，由罗邦至罗寺，围大匮等寨，其酋内附，名其寨曰：察罕忽鲁罕"。

明代《云南通志》卷四永宁府载："元世祖驻日月和即此（永宁）"。

忽必烈中路进军大理的路线以今天的地名看，大致是这样的：甘肃——松潘——泸定——大渡河——九龙——木里——永宁——宝山——大具——丽江——大理。

《元史》和《元一统志》记载：元宪宗四年（1253 年），立茶罕章管民官；1263 年"以麦良为茶罕章管民官"；至元八年（1271 年），置茶罕章宣慰司。《元史仁宗记》"云南土官病故，子侄兄弟袭之；无则妻承夫职。远方蛮夷顽犷难制，必任土人可以集事，今或缺员，宜从本俗，权职以行。"由此产生云南纳族地区土司土官制度的雏形。

至元二十二年（1285 年）"于通安、巨津之间立（丽江路）宣抚司，领府一、州七，州领一县"。包括有北胜府（永胜）、蒗蕖州（宁蒗）、永宁州（永宁）、通安州（丽江坝）、宝山州（丽江北部）、巨津州（巨甸）、临西县（维西）。此外在盐源地区设置"柏兴府"。

《元史》地理志永宁州载："昔名楼头赕，接吐蕃东徼，地名答篮，么些蛮祖泥月乌逐出吐蕃，遂居此赕，世属大理，宪宗三年（公元 1253 年）其三十一世孙和字内附。至元十六年（1279 年）改为州。"

元代李京《云南志略》：

"末些（纳西）不事神佛，惟正月十五登山祭天，极严洁，男女动百数，各执其手，团旋歌舞以为乐。"

纳西"善骑射，最勇厉。""善战喜猎，挟短刀，以砗磲为饰，少不如意，鸣钲鼓相仇杀。两家妇人中间和解之，乃罢。妇人披毡，皂衣跣足，风鬟高髻。女子剪发齐眉，以毛绳为裙，裸露不以为耻。淫乱无禁忌，既嫁，易之。"

"每岁冬月宰杀牛羊，竞相邀客，请无虚日；一客不至，深以为耻。人死，则用竹簀举至山下，无棺椁，贵贱皆焚一所，不收其骨；非命死者，则别焚之。"

土司制度是一种封建的地方政治制度，是中国封建王朝在边疆民族聚居地和杂居地带实行的一种特殊的统治制度，形成于元，完善于明，衰微于清[36]。

明太祖朱元璋建朝，为扩大自身的力量，夺取并巩固在全国的统治权，因袭元制。《明史土司传》载："洪武初，西南夷来归者，即用原官授之"。明朱孟震《西南夷风土记》序记："国朝兵平六诏，诸夷纳土，乃各因其酋长，立为宣慰司、安抚司等官。""大明洪武十五年（1382）天兵南下，克服大理等处。得（阿甲阿得）率众首先归时，总兵官征南将军太子师颍国公傅友德等处闻奏，钦赐以木姓"。木氏家族姓从此始，阿甲阿得官讳木得。木得于洪武十六年九月进京朝见，"太祖嘉其伟绩，授法命一道，任本府世袭上官知府职事"。

洪武十七年（1384 年）明太祖朱元璋颁旨曰："朕设爵任贤，悬赏待功，黜陟予夺，俱有成宪。惟蛮夷土官，不改其旧，所以顺俗施化，因人授政，欲其上下相安也。乃者命将入黔中，土官木得，世守铜川，量力审势，率先来归；复能供我刍饷，从我大兵，削平邓川三营之地；献岁之初，万里来贡。似兹忠款，宜加旌擢，今授中顺大夫、丽江府知府。"

丽江是滇藏交通枢纽和门户，同时又是云南纳西族政治、经济、文化的中心，地理位置十分重要，木氏家族在这一地区的政治、军事实力强大，成为明中央王朝管理和控制滇西北地区理想的依靠力量。在明王朝扶持下，木氏土司在明代的势力范围，东北最远达雅砻江流域的雅江、九龙一带，北面达到巴塘、理塘、昌都一带，西面进入今缅甸境内。这也是纳文化历史上最大的影响范围，在这一范围内，纳文化获得了极大的发展，与其他文化也进行更为密切的交流，如木氏土司为巩固对藏区的统治，大力扶持藏传佛教在其领地内的推广，深刻影响纳文化。

《明史土司传》载："永宁，昔楼头赕夹地，接吐蕃，又名答蓝。唐属南诏，后为麽些蛮所据。元宪宗时内附，至元间，置答蓝管民官，寻改永宁州，隶北胜府。洪武平云南时，属鹤庆府。二十九年，改属澜沧卫。"

"永乐四年设四长官司，隶永宁土官，以土酋张首等为长官，各给印章，赐冠带彩币。寻升永宁为府，隶布政司，升土知州各吉八合知府，遣之赍敕往大西番抚谕蛮众。宣德四年，永宁蛮寨矢不剌非纠四川盐井卫土官马剌非杀各吉八合，官军抚定之。命卜撒袭知府，复为矢不剌非所杀。已，命卜撒之弟南八袭，马剌非又据永宁节卜、上、下三村，逐南八，大掠夜白、尖住、促卜瓦诸寨。事闻，帝命都督同知沐昂勒兵谕以祸福，并移檄四川行都司下盐井卫谕马剌非还所据村寨。正统二年，马剌非为南八所攻，拔乌节等寨，南八亦言马剌非杀害。诏镇巡官验问，令各归侵地，乃寝。"

"永宁界，东至四川盐井卫十五里，西至丽江宝山州，南至浪渠州，北至西番。领长官司四，曰剌次和，曰瓦鲁之，曰革甸，曰香罗。"

永宁诸夷住山腰，以板覆屋。俗皆披毡，富贵至二三领，暑热不去，首戴喜鹊窝帽。郡辖四长官司，皆西蕃，性最暴悍，随畜迁徙；又有野西蕃者，倏来倏去，尤不可制。

永宁"地广人稀，山种险厄。风俗：人物勇厉，气习朴野，重毡以备战斗。土产牦牛，刺次和、香罗、瓦鲁之三长官司出，毛可为帽、为缨"。

木氏土司的衰落

《木氏宦谱》说："至丁亥年（1647 年），流寇首乱，搜掠历代所赐金银牒物并敕诰，俱被罄尽，地方焚掠一空。"

图 2-33　分布在高海拔的藏族聚落
（资料来源：作者自摄）

云贵总督高其倬《丽江府改土设流疏》："……丽江地方，外控中甸，内邻鹤剑，藏地往还之兵，资其牲口粮食，实为要路。丽江木兴在日，领兵进藏，绕道杀死已经归顺之番目，题参其生衅之处，俟兵回日再审，经议政议奏在案：'居官贪虐，派累土人'，至今控告不已，木钟在地方亦不能管辖。木兴前罪未惩，木钟又不能胜任，不但法宪未允，且恐贻误地方。丽江原设有土知府一员，流官通判一员，今照云南姚安等府之例，将知府改为流官，将通判改为土官……"此疏上奏不久，就得到了雍正的允准。当年就把丽江古城木氏从土知府降为土通判。丽江古城木钟自姚安回丽江，才四十多天，还没有授任知府，就被降任为丽江府第一任土通判。

雍正元年（1723 年），丽江改土归流。所谓"改土归流"，是改土知府为流官知府，丽江知府不再由世袭土司担任，而由朝廷派任。丽江改土归流，有外因和内因，亦有导火线。外因是清朝廷的既定政策，大势所趋。

清乾隆《丽江府志》记载丽江知府杨馝和管学宣对丽江地区的改革：一、废除木氏土司庄园；二、劝农桑，发展农耕生产；三、设义学，推行汉文化教育。

2.5.3　族群分布与地理空间单位的划分的关系

2.5.3.1　族群与文化的垂直分布

这是藏彝走廊中一个十分普遍而突出的文化现象。如岷江上游的北段即海拔较高、气候高寒多雪的地区主要为藏族分布区，岷江上游南段即海拔相对较低、气候相对较暖而多雨的地区则为羌族分布区，而岷江上游的河谷坝区（特别是汶川、茂县、理县一带）则主要为汉族居住。即藏、羌、汉三个民族在岷江上游地区大体以海拔高度的差异而形成了一种垂直分布的格局。这种民族分布情形在藏彝走廊南部特别是滇西北一带亦相当普遍，如彝族居住于高半山，傣族、白族等则多居住于坝区。这种与海拔高度密切相关的民族及垂直分布格局究竟体现了一种什么样的人、地关系内涵与逻辑，是文化适应环境的结果，还是环境对文化的选择、过滤与淘汰。

2.5.3.2　族群迁徙与江河流向的关系

藏彝走廊中的众多族群在其史诗、传说、文化习俗及祖源记忆中大多清晰地保留着其关于其祖先来自"北方"的迁徙记忆，说明即数千年来藏彝走廊中的族群流动基本上是顺着水流方向进行，也就是说，民族流动和迁徙的主流趋势主要是从北向南顺水流的方向南下。但也有溯江而上流动，但不居主流。

2.5.3.3　关于藏彝走廊中的"沟域"文化带

藏彝走廊地区由于沟谷纵横，普遍形成了以河流或以"沟"（当地俗称山谷为"沟"）为单位的沟域文化带。"沟"不仅是一个人群系统及文化单元，甚至也是一个语言单元。按当地谚语即："一条沟，一种话"，"每条沟有自己的习俗，每条沟有自己的土话"。在这种因独特地理环境而形成的众多沟域文化带中，不同的沟域文化单元之间是怎样相互区分与联系，沟域形态的文化单元与地理环境之间呈现了怎样的相互依存相互制约机制，还值得另文探讨。

2.5.4　藏彝走廊突出的文化现象与特点

1. 许多民族保留其祖先自北向南迁徙的记忆。藏彝走廊中的彝族、纳西族及其他彝语支民族以及羌族等，在其史诗、传说、文化习俗及祖源记忆中大多清晰地保留着其关于其祖先来自"北方"的迁徙记忆。例如，彝族的集体意向中，称北方为"水头"，南方为"水尾"。

彝语支民族：普遍存在的"送魂"习俗。彝族、纳西（包括摩梭人）、普米等民族都有相似的习俗[37]。根据"送魂"线路的研究，可以说明，在民族意向中，保留了这些民族迁徙的基本趋势是水流方向。

数千年来，藏彝走廊中的人群与民族流动和迁徙，基本趋势上是从北向南顺水流方向进行。为什么会出现这样的情形？此现象目前尚无人做过确切解释，但可以肯定，此现象在人与自然环境关系方面所蕴含的意义和价值是不言而喻的。

2. 民族及文化的垂直分布特点显著。藏彝走廊地区按海拔高度呈垂直分布的民族格局[38]。

高原民族：藏族，主要分布于 2500~3000 米及其以上地区；

次高原民族：分布于当地"半高山"的民族：彝族、纳西族、傈僳族、普米族、景颇、羌族等，约分布于 1500~2500 米左右的地区；

居住于河谷及平坝的民族：汉族、白族、傣族、回族等。主要分布于海拔 1500 米左右及其以下区域。

3. "沟"域文化的单元空间（图 2-34）。由于沟谷纵横，普遍形成了以河流或山谷形成的"沟"为单位的沟域文化带。作为地理单元的"沟"，不仅是人群系统及文化单元，甚至也是语言单元。当地谚语："一条沟，一种话"；"每条沟有自己的习俗，每条沟有自己的土话"。甚至两个相邻的"沟"，即便语言相同，在口音和习俗上也存在一定差异。在这种因独特地理环境而形成的众多沟域文化带中，不同沟域文化单元之间既是相互区分的文化圈。同时，由于不可分割的地理、文化原因，又相互联系，构成更大的文化区。

图 2-34　"沟"域文化带形成的聚落系统
（资料来源：孙有彬摄）

4. 民族在空间上的区划与文化圈之间并不重叠。许多习俗与文化现象跨民族分布：如猪膘、碉楼、头帕、百褶裙、送魂等。这构成超越民族的文化区。就其文化特征组合上看来，不同民族在地域上相连，比较同一民族但在空间距离上相隔离，其物质文化特征可能更为接近。不同民族在文化上"你中有我，我中有你"的现象十分普遍。

5. 古老文化因素的大量存留。语言"活化石"地脚话、暮聚朝离的"走婚"与母系家庭形态的存留等文化现象，有不可多得的"文化标本"价值。

建筑上，从西藏、四川、云南等地分布的碉楼、井干建筑等，也是建筑学不可多得的文化瑰宝。种类繁多的宗教与亚宗教形式的普遍存在，也颇具文化学的价值。

2.6　居住模式——地缘文化与自然空间的复合关系

2.6.1　隔离居住的特色

藏彝走廊是中国乃至世界典型的少数民族聚居地。各民族有自己的独特的文化系统，在语言、民族服装、习俗、建筑等物质文化方面，有不可多得的样本性质。然而，各自民族之间或不同人群之间，存在有一定的"隔离"现象。从聚居状态而言，通常同一民族有自己的聚落系统现象，多种少数民族杂居的现象甚少。这就形成各少数民族作为生活空间拥有独自的文化功能分区。形成了经纬空间的横向分布的隔离居住的状态。

横断山—藏彝走廊各民族生活状态，是当地自然地理条件的特别反映，受当地的地形、气候等自然环境的限定。特别是地形、地貌复杂性是最为重要的方面，这就形成了沿海拔高度形成的隔离居住状态。由此各少数民族之间能够持续保持共存形态（图 2-36、图 2-37）。

藏族分布居住在藏彝走廊北段海拔高度最高的夷平面的台地上。海拔高度为 900~4000 米之间。藏族分布现状的形成，推测有两个原因。第一，与藏族迁移来源的相接。其

图 2-35　石作建筑是羌、藏、纳西的民族等共有的形态
（资料来源：作者自摄）

图 2-36　垂直隔离居住形态
（资料来源：作者自摄）

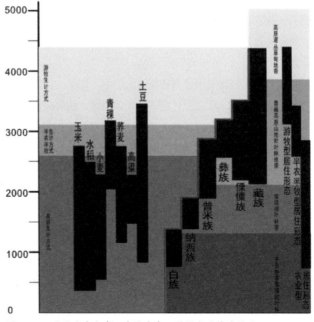

图 2-37　民族垂直分布、自然生态、居住类型关系图示
（资料来源：作者自绘）

地域直接与藏族聚集地西藏连接在一起，地形气候等生存条件相似。第二，适合藏族传统的生活形态，即以畜牧业为主的生计方式。

　　傈僳族生活在海拔高度 2200~3300 米之间，主要分布在云南省西北部西端与老挝相接的山区。由于不同的文化圈的影响，虽与藏族相邻，但与居住在云南省西北部的北部以及中部的藏族的生活空间有差异。

　　彝族的生活空间在 2500~3000 米，与藏族、傈僳族居住区域相连。彝族主要生活在与四川省相连接的半高山区。彝族虽然分布在与傈僳族等民族相似的海拔高度，但由于在经纬空间分布上的不同，以及彝族的迁移过程中形成的生活或方式的不同，形成了自己独特的生计方式与居住模式。

　　普米族生活在海拔 2000~3000 米的区域，与藏族、彝族、纳西等民族居住空间相连接。他是藏彝走廊中较为独特的民族，与相邻民族杂居，不被同化，还保持独有的生活方式的民族。

　　虽然藏族、傈僳族、彝族、普米族等 4 个民族居住空间在海拔高度上相似，而且，傈僳族、彝族、普米族 3 个民族生活在几乎一样的海拔高度。但由于经纬空间的分隔与文化变迁上的差异，形成了有差别的生计方式，也存在农业和畜牧业差别。

　　与藏族、傈僳族、彝族、普米族相比，居住在低处的纳西族具有完全不一样的生计方式。纳西族主要生活在海拔 1500~1900 米区间，而其中心聚居地主要集中在山间盆地，因此，纳西族分布居住地往往就是横断山区的农业中心。

　　白族分布在横断山中部海拔高度最低的地区。白族生活空间的海拔高度是 900~1500 米，属于亚热带气候。其聚居地和纳西族一样多以农业为中心。

　　如此可见，纳西族以及白族在云南省西北部，把适合于农业的肥沃的地区作为各自的生活空间。两个民族的生活空间与居住在周边的其他民族的区别特为明显。纳西族与居住在北部的藏族形成相互影响的关系。如，在纳西族特有的宗教——东巴教，与藏族的本教有关。白族聚居地在明代以前就与汉族政府有交流，很早就接受了汉文化。

　　总结以上现象，可分为以下两大生计方式分布类型：

　　其一，即由海拔高度决定的生计类型分布。藏彝走廊中生活空间在海拔 2000 米以上的有藏族、傈僳族、彝族、普米族等民族。这些少数民族有农业和牧畜业生计形态。其分布规律为：海拔高度越高牧畜业的比例越多，低海拔为农业。虽然，这些少数民族经纬上的分布不同，但是在同一海拔高程的生计方式相似。

　　纳西族、白族的生计方式属第二类型，即受文化圈影响水平分布类型。两个少数民族之间的生活空间看不到重复。牧畜业已经不是生计来源。这与气候要素条件有很多关联。因为海拔高度一旦低于 2000 米，气温会上升，适合农业发展。尽管如此，两个少数民族之间出现分隔居住的现象，是因为受到不同文化的影响而形成文化圈的空间分隔现象。与受到藏族文化影响的纳西族相比，受汉文化影响的白族选择更低的山间盆地为其聚居地。

　　这两种生计方式分布类型是怎样形成的？原因主要有以下三个方面：

　　首先是生计方式的不同。自然地理上制约，特别是横断山区三大台地海拔的区划，区分了农业、牧畜业以及半农半牧三大类型，形成了民族之间的生活形态的不同。这是形成各少数民族生活空间上按不同海拔垂直分布的主要原因。

　　其次是文化的迁移过程中人群聚居的重新整合，强化民族间分离居住的关系。如，藏族，以藏彝走廊的北部为中心，向南向东扩展，在同化其他民族的同时，形成新文化边界。

　　另外，居住在当地的少数民族之间为争夺资源的冲突中（如摩梭人与当地的彝族），胜利一方民族集团占领了条件好的地域，这也是分离居住形成的原因。

2.6.2　生计方式的比较与居住环境

该区主要少数民族以海拔高度实施隔离居住，在一定时期内达到了平衡居住，互相共存的状态。前面已提及地形和气候等自然地理条件形成的生计生态，是形成居住隔离的主要原因，下面进一步研究这些少数民族的生计方式的形态

1. 藏族主要分布区域在现在的西藏自治区和云南、四川的部分地区。其分布的区域大半以上是高海拔的夷平面，寒冷且空气稀薄，蒸发少，以夏季从山上流下来的冰河水成为沼泽或湖泽，形成高原草甸草原。在这些草原的一些地方，可以栽培青稞麦、萝卜、荞麦等耐寒作物（图 2-38）。

其广大区域并不适合农作物栽培，草甸草原适合牧业的发展，其形成以养殖牦牛、黄牛、犏牛（牦牛和黄牛的杂培种）、羊的游牧居住形式。

与此相比，居住于云南省西北部的藏族的畜牧业，采用在牧场或在草牧地饲育的放牧方法。因此，一般来讲其生活状态呈现定居的形态。聚落周围有经过改造后的土地，栽培着青稞麦等耐寒性农作物。有的地方粮食不能自给，还依靠养殖得到的奶油、黄油等乳制品来交换。伴随有副业，制作木制品、陶器、绒毯（使用牦牛的毛）等。如前所述，藏族几乎隔离居住在高寒地区（图 2-39、图 2-40）。

2. 傈僳族的生活空间是局限的。集中分布居住于云南省西北部的西端，与老挝的国境连接的怒江沿线的怒江傈僳族自治州内。16 世纪中叶傈僳族的祖先因为了逃避纳西族土司的暴政才移到了该地[39]。傈僳族传统生活形态是狩猎和刀耕火种方式的粗放农业。傈僳族擅长使用弓箭，以打猎民族而出名。如今，其生活领地因受森林的乱伐等开发活动的影响，森林减少，野生动物减少，狩猎的生活方式已经不是其主流方式。在粗放农业方面，一直以来栽培荞麦、玉米和土豆为主。但是最近云南省为了保护森林资源，禁止放火烧山。虽然在小范围还见刀耕火种的农业方式，只限于在山腹斜面，规模非常小，已经不是他们的主流耕种方式。在河谷的平地还是采用一般的农业耕种方式，栽培玉米、土豆等。在山腹放羊、牛等家畜。另外手工业也成为其生计来源，种植漆树、油桐树，采漆和榨桐油。药材采集与竹产品加工也是其副业。

3. 彝族是以高山、中高山的肩部较平坦

图 2-38　藏族游牧生计方式的居住形式
（资料来源：作者自摄）

图 2-39　藏族半农半牧生计方式下的居住形式
（资料来源：作者自摄）

图 2-40　藏族农耕生计方式下的居住形态
（资料来源：作者自摄）

区域为主要居住地。其中,分布居住在云南省西北部的彝族集团称为黑彝。彝族男性穿正装时腰吊长剑,身披叫作查尔瓦的披肩。由于查尔瓦的颜色是黑色的,所以叫作黑彝。并且黑彝的已婚女性在头上卷同样黑色的哈帕。这个集团从外貌就可以看出是黑彝。黑彝的祖先,推测是从四川省南下到云南省山岳地带的骑马牧民——乌蕃。这个集团的最大的聚集地是四川省东南的大凉山一带。住居一般造在山腹斜面,是小规模的平顶屋木造房子,房子全部采用土夯。正屋是家族生活的空间,设有锅庄。生计来源主要是粗放农业。在聚落周围的山腹斜面栽培荞麦、小麦、土豆等农作物。饲育山羊、猪、牛等牲畜。在主房旁设有饲养有限数量家畜的小屋。大部分家畜靠放牧。主食与藏族相似,主要为糌粑和土豆。副业中,制作漆器有名。另外,还制作铁制品。鞍为代表的马具用品,也是著名的手工制品。彝族的毕摩是他们的宗教领袖。

4. 普米族的祖先为古代居住在中国西南部的羌族。13 世纪,随蒙古军队迁移到云南各地。生计方式半农半牧。聚居地以农业为主,主要栽培青稞麦、玉米、土豆等。有一部分地区放牧养羊。副业有皮革制品、木工、竹细工等。普米族从明王朝时代(1368~1644 年)以来,多数隶属于纳西族的土司下生活。因此,普米族等物质文化特点与纳西类似。普米族虽然与其他民族混合居住,但其独立的生活习俗,保留了独立的居住模式。

上述三个民族的生活空间虽然在同样的海拔高度有着相似的生计方式。但是,文化的不同,历史上形成了水平上的隔离居住模式。

5. 纳西族主要的分布地区是叫作"坝子"的山间盆地或丘陵地带。历史上,很早就从北方进入了云南省中部和南部,最后过了金沙江定居在丽江周围。其中的一部分又进入到了中甸(香格里拉)地区。现在纳西族的生活习惯受到汉族的影响。历史上,其文化中有着藏族文化的影响。他们以栽培水稻、玉米为主。有成熟的农耕技术,很早就有了利用二头牛进行耕犁(双牛犁耕)法,以及栽培高产马铃薯、玉米、大豆等技术,除了农作物用作交换以外,其还向周边输出农业技术,也饲育山羊猪等家畜。手工业较为发达。

6. 白族分布居住在藏彝走廊的南端,其中心是大理。大理盆地气候温暖很适合精耕农业,水稻栽培是其主要的农产品。他们还栽培蔬菜,从事榨油等农产品加工。最近,城市化的发展,城市人口增加,栽培蔬菜为他们的主要生计来源。饲养家畜,但规模有限。其副业主要有加工大理石等。白族有自己的传统宗教,有专门的神职人员,也信奉佛教。

以上,纳西、白族两个少数民族的共同点是生活在低海拔地区。他们之间几乎是隔离居住状态。两民族集团在地域空间上不重合。由于这两个民族居住于最适合从事农业的地方,极易受其他民族的进入。长期受到外族的入侵,在加强了他们吸收外来文化的能力同时,保留了他们独有的生计方式。

以上比较了藏彝走廊部分民族的生计方式的区别,从中可以看出他们随海拔高度而形成的生计方式的区别,是其隔离居住的主要模式,水平方向的隔离居住主要是由于其文化模式的不同而形成。有以下三个结论:

分布居住于云南省西北部的少数民族,随海拔高度的变化存在垂直分布的隔离居住现象。同时,存在着水平的隔离居住现象,但相较于垂直分布的隔离居住模式,因其自然环境更适应文化交流,加快了隔离居住的消失。

各少数民族居住类型,源于适应自然环境的生活过程,自然条件通过制约其生活方式形成了各自的居住类型,这也就与其自然环境形成了和谐的人地关系。

垂直分布与隔离的居住类型,决定了聚落的空间形态与建筑的基本类型。

历史上,云南省西北部的各少数民族持续了如上所述的生活特征。但是,藏彝走廊正面临着现代化进程的影响,特别是旅游大开发带来的冲击,一定会影响其现存的生活方式与居住模式,从而冲击到文化的本质,在其社会转型期,我们的研究与对策就显得尤为重要。

2.7　小结：文化整合——泸沽湖人居环境命题与研究框架

通过以上的论述，本章提出关于横断山与藏彝走廊人居结论：

地景模式：由自然地理呈现的规律关系，一方面对于人居产生了决定性的影响；另一方面，人在利用自然过程中对其进行了改变。我们将自然地理细分的类型要素，如地质、气候、植被。河流湖泊等作为可感知的现象——即景观现象，找到横断山区这些要素的特征，以解释横断山区域自然地理的空间格局、形成原理、构成要素。这个对横断山自然空间定性研究的目的在于为以人为中心的人居文化研究，建构"格式化"的空间平台，这是深入解释人居现象的基础。本章将自然空间划分为 5 带 9 区，提出了自然空间格局决定了人生计方式的空间分布格局。本章还总结了横断山区域的景观类型。这个命题在泸沽湖研究中，有助于我们理解自然空间为摩梭人提供了什么条件，同时摩梭人改造自然的方式，这种景观演进的过程还反映出人居整体变迁的一个方面。

文化模式：通过对藏彝走廊文化分布格局与形成原理的探索，总结藏彝走廊文化空间分布的特点，提出了藏彝走廊的地缘文化的构成。结合自然地理研究成果，提出了族群与文化的垂直分布、族群迁徙与江河流向的关系、藏彝走廊中的"沟域"文化带的结论。这种自然地理格局决定了藏彝走廊各民族空间分布关系的现象，是藏彝走廊人居的运行机制中的重要规律。文化模式就是人们通过文化的方式控制人居的空间复合的机制，是该地域呈现出的特殊空间现象的内在机制。这个命题有待在泸沽湖人居研究中，进一步探索人们控制人居的具体方式。

居住模型：不同的自然条件决定了藏彝走廊中不同的生存条件，生计方式是人们利用自然的生存形态。自然条件的垂直变化，决定人的生计方式随海拔高度的变化，这就形成了各民族在不同海拔高度上的垂直隔离居住的现象。而水平空间分布是由于文化圈的作用，也呈现出隔离居住的形态。各少数民族垂直分布与水平隔离的居住类型，决定了聚落的空间形态与建筑的基本类型。这些有差异的聚落类型是适应各生活空间的自然环境过程的结果。自然条件通过制约其生活方式形成了各自的居住类型，同时，人们与其自然环境也形成了和谐的人地关系。聚落形态是自然和文化共同形成的居住模式制约。这个命题是我们研究泸沽湖聚落、建筑类型的框架。

在这样的结论下，对泸沽湖人居进行深入研究，有如下的意义：

泸沽湖作为横断山人居研究的样本性质在于：首先它是一个典型的地理单元，其容纳的地理现象有普遍性；同时，泛泸沽湖区域是较为独立的文化圈。摩梭文化的价值已经上升到世界文化多样性的角度，引起了国际学术界的重视；聚落系统呈现原生状态，其空间层次清晰，院落与建筑有明显的民族特征，有人居学的典型意义。将其与聚落、地景复合研究可厘清泸沽湖人居的发生机制，对区域人居发展有重要的意义；再者，泸沽湖面临现代性转变的压力，旅游开发给转型期的泸沽湖提出了刻不容缓的发展命题。

因此，在以后的几章中，论述集中在以下命题：

命题一：横断山人居中环境发生与发展中，文化机制作用十分重要。第 2 部分讨论泸沽湖文化在人居在演进过程中的机制，进一步探讨文化调控力如何

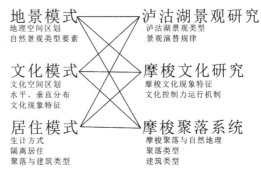

图 2-41　横断山区域研究框架与泸沽湖人居研究关系框架
（资料来源：作者自绘）

在后续发展规划中发挥控制力作用。研究的意义在于：这种控制力机制或许是文化多样性保护的根本方法之一。这是传统社会在现代性转型中亟待思考的问题。

命题二：自然条件在泸沽湖人居中起了决定性的作用。因此，第3部分解构自然景观的类型，同时将研究的视野放在人地关系研究上，将泸沽湖人居的景观演替看成是人们改造利用自然的过程。研究的意义在于：泸沽湖景观现象事实，是横断山地域人居总体发生原理的一个重要方面。对自然景观定性研究，可以理解为文化语境下的人们对其利用的规律，真正做到地域演进延续自身规律的目的。这是全球化背景下地景多样性发展与保护的命题。

命题三：聚落作为人居环境的核心部分，也是文化与自然复合的核心现象。泸沽湖聚落是摩梭人特有生活方式在空间上的具体体现。第4部分讨论自然、摩梭文化等与聚落系统和建筑的关系。研究的意义：摩梭聚落与建筑在横断山区域是一个独立的类型，能反映摩梭人居住形态。这个命题价值不仅在于为聚落建筑保护提供了定性判断，而且当今泸沽湖正处在大力开发与发展旅游的社会转型期，研究地域性聚落的演进发展规律，特别是在全球化语境下，讨论地域性建筑保护与可持续性发展是我们必须面对的命题。

小结：

以上从空间与时间的角度，将横断山区域看成是人居环境的一个完整区域。它是反映文化变迁的一种人居类型。

将地理空间分区与文化空间分区尽可能结合在一起，从中找到能包容自然景观与人文景观的"空间现象"，建构自然与人文在空间上的分布规律。

提出横断山区的生态多样性与藏彝走廊的文化多样性相互关联的价值。生态多样性意味着自然环境复杂性，需要我们探索不同生态环境下的人与自然共生的关系。文化多样性意味着人们生活方式的多样性，对理解其文化的运行模式有重要的意义。

研究范式的建立。本章的主要成果在于界定了以下3章对泸沽湖文化演进研究的主要内容：文化本体研究；自然地理格局下的景观现象研究，即自然地理要素的生成原理与人对其利用的现象，为自然生态的保护与利用提供线索；聚落及建筑的研究，涉及文化—聚落类型以及建筑类型变迁规律。

第3章
泸沽湖人居环境的地缘文化系统及演进

    本章提出西南少数民族人居研究关注的核心问题是人和社会，采用人居环境科学视野下的文化学研究的方法，对摩梭社会的文化现象、摩梭制度文化的结构解析与功能、摩梭社会组织与文化功能、泸沽湖地域人居环境的文化控制力及演进、文化支点及社会结构变迁进行解析，提出以下主要结论：

    藏彝走廊的各民族有不同的社会结构特点，因此，其规划调控机制也应不同。总得来说，应以延续他们的生活方式为基本点，促进其人居的和谐发展。

    文化控制力是指通过文化的适应力，即生态、制度、习得适应力，针对社会进化产生的综合调控力。

    我们将这种文化调控力称为与社会进化相适应的"自适应调控模式"。将有计划的规划措施与社会进化的机制结合起来，通过他们本来的社会的生态、制度、习得适应机制起到调控作用，达到促进社会发展的目的。

3.1　地缘文化的研究目的

3.1.1　西南少数民族人居研究关注的核心问题：人、社会

吴良镛先生认为：人居环境关注的是人类聚居生活的地方。"它是连贯一切与人类居住环境的形成与发展有关的地方"。其核心是"人"，是研究满足"人类居住"需要为目的，人居研究首先应就"人"的问题展开。他进一步认为，"人在环境中结成社会，进行各种各样的社会活动"，而这些活动是他们努力创造他们的理想居住地，并进一步形成更为复杂的网络体系，并认为人与环境的关系是相互影响的 [40]。人居环境科学关心的"社会系统"是指人们在相互交往和共同活动的过程中形成的相互关系，主要由社会关系、文化特征等方面构成，包括组织、团体相互交往的体系，以及不同的地方性、阶层、社会关系等人群组成的系统及有关机制、原理、理论的分析。

人的活动是促进了社会发展与变化的力量，人与人之间的关系形成了各自的社会形式。人居环境的规划建设，必须关心人和他们的活动，这是人居环境科学的出发点和最终归属。如果将这一概念放在具体的地域空间去思考研究，人居环境科学应该关心"这个地方的人们"通过他们自己长期的社会过程，创造的特殊生活方式。针对地域人居环境的研究，现代性科学规划理论的乏力，需要更贴近地域文化的人居科学理论。

西南少数民族人居由于处于同一自然地理单元和文化上交融的历史过程，特别是藏彝走廊，历史上形成了有别于中国其他地理单元的"人居类别"。其文化的多样性价值与其物种丰富性价值一样，得到了世界的公认。就其发展研究而言，我们应该首先研究其人居机制的过程，并基于此探索适合其人居发展的思路。探索西南少数民族人居发展模式不仅有较高的价值，或许对其文化多样性发展与保护研究也是人居环境科学体系中不可多得的课题。

3.1.2　人居科学的文化人类学视野

将清晰合适的观念应用于有针对性的人居事实中，是一种概念的解释和应用于事实的双重过程。人居环境科学是开放性融会学科，它针对具体的现实时，应该借助于"合适的学科"的研究，就要建立一套借助"合适学科"的研究方法、范围、体系来阐述特殊的人居整体问题的途径。"以问题为先导"探索发现我们面临的问题是什么，然后寻找贴切的解决问题的办法，才能达到建设和谐人居的最终目的。

西南少数民族，特别是藏彝走廊的少数民族人居环境应基于他们的特殊社会生活方式的研究。所以，我们应该有结合其他学科的"融贯的综合研究"的方法，以求聚居问题的整体解决。

文化人类学这门学科，其研究对象是"文化与人"，学术发展经历了进化论、结构主义、象征主义与解释主义的思潮过程，分析架构或指导思想，不但跨出了原始社会的研究，也早已超出了对小村庄、小城镇，而以现代化国家体系，全球化经济为依据，以讨论历史传统、文化思潮、国家文化创建的宏观文化现象，作为考察、参与、分析、解释的人类学对象。因此，文化人类学作为描述性的学科，在文化与社会层面上能够与人居环境科学相互融入，形成一套既立足于现实（描述性），又针对未来（发展性）的完整研究体系（图 3-1）。

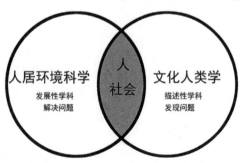

图 3-1　人居环境科学与文化人类学交叉的关系
（资料来源：作者自绘）

人居环境科学导论中有关于人居科学与生态、地理、环境学、空间信息关系的学科构架。这些学

科都是基于"技术科学"的学科基础，有必要探索针对人与社会的专门研究，特别是对强烈地域文化背景的人居环境，从文化的深层次找到与地域人居更为适合的人居发展模式。

本章首先从精神要素、物质要素、制度要素（包括社会结构和社会组织）三个方面回答了永宁－泸沽湖地域摩梭文化的一般特点，然后以历时与共时研究的方法，分析它们对摩梭文化形成发挥的历史影响以及对摩梭文化传承的现实控制力，通过比较各要素文化控制力发生的变化，在结构与组织层面指出影响摩梭文化可持续发展的问题所在，以期在该地域的人居规划中作为施加影响的关键着力点。

聚落变迁通常是人居环境整体变化的显著现象。建筑学的方法总是将注意力集中在建筑单体的类型变化上面（参见绪论部分），研究者通过对建筑或聚落的亲身体验与直接观察获得他们对研究对象的全部知识，一般的研究方法通常是通过对个别案例的测绘与调研来展开研究的。研究已经在学界形成特定模式，类似民族志的方法，得到的结果是关于过去聚居的判断的描述。这种研究方法是建立在个案研究基础上的。但是，这些判断与描述是否有普遍的应用价值，能揭示人居变迁的真正原理？聚落的空间规律、建筑营造技术可能联系到一系列复杂的有因果关系的人居现象，仅仅靠建筑学本身的研究，只能是揭示人居变迁的因果关系之一，不能解释人居变迁的整体原因。

3.2　研究方法——人居环境研究与文化人类学

3.2.1　文化人类学的定义

文化人类学是研究人与文化的科学，或者可以讲是从文化的角度研究人的科学。将其定义为"研究人类社会中的行为、信仰、习惯和社会组织的学科"[41]，或者是"文化人类学关心的是作为社会存在的人及其习得的行为方式"[42]。

3.2.2　人居环境科学视野下的文化学研究

"文化"这个词在使用中并不只是一个意思。作为一个学术术语，文化不仅仅是指一个社会的音乐、文字和艺术，还包括社会生活方式的所有其他特征，如流行服装款式、日常生活习惯、饮食嗜好、建筑风格、农业以及教育、政府和法律制度。因此，文化是一个广泛的术语，包括人的整个生活方式，及其观念和信仰。

人类学家认为给文化下定义是非常困难的，人类学家 A·克罗伯（A.L.Kroeber）和克莱德·克拉克洪（C.Kluckhohn）于 1952 年发表一篇论文，认为关于文化的论文不少于 160 种，他们认为"文化由清晰的或含糊的模式组成，靠某些符号系统传播，它构成人类组织的重要成就，也包括具体的人工制品……文化的基本核心包括传统（即：历史上得到的和经过选择的）思想，特别是与之相关的社会准则；文化体系可以看成是行为的产物，同时又是行为制约因素"[43]。

从这个意义上，文化不仅仅是具体的事实本身，同时也是一个过程，又是一个"传承"，控制行为的一个过程。"文化过程"由诸如思考、情感和行为习惯方式的传递组成，它构成某些人群社会生活的独有特征。

当然由于这些社会生活的特征，是人与人之间作为人居事实的互动过程的一部分。如果说本章的研究对象包括社会生活形式的延续及改变，因此，我们必须考虑文化传统的延续及这些传统的变化对人居整体事实的影响。简单地说，"文化传统"不仅是我们考虑特定人群人居环境发展中应保护的核心，同时传统的力量也是其发展过程中自发的调控力，它会引导"人居"朝着自己的理想发展。

3.2.2.1 人居环境是"社会过程"（Social Process）

如果我们要借助人类文化学的理论基础形成一个系统的理论，首先要明确这个理论关心的、具体的、明显的事实是什么？一些人类学家认为是"社会"，他们把社会的本质看作是人的一种存在，或是它的"客观实体"。但另一些学者认为人群的组成要素其实是"文化"，他们也把每一种文化看作是某种独立的、抽象的实体。也有学者认为，这个事实应包括"社会"和"文化"两种实体。

如果我们以"人居环境科学"理论角度看，我们对之考察、描述、对比、分类的"具体事实"并不是一个实体对象，人居环境科学关心的中心是"人"，以多个人组成群体的社会过程。这与R·拉德克利夫主张人类文化学研究的对象是一致的。在他看来，社会人类学研究的"实体"并非"社会"或"文化"，"而是一种过程，一种社会生活的过程。"这种社会生活作为研究对象，总是应将之置于某种特定阶段和特定空间中去考量。[44]

社会本身是由人的各种行为及人与人间交往构成的，这是人类学研究的"人的行为"，其表现方式或是通过个人或是集体显现出来。通过调查，分析，我们可以发现他们某种规律性的东西存在于不同种类的具体事件中。因此，我们可以揭示泸沽湖地区的"社会生活的普遍特征"。我们借助人类文化学对"社会生活形态"的研究方法的目的，在于揭示摩梭人"社会生活过程"的普遍性，事实上，人居科学借助文化人类学方法，明确地将研究目标，界定在特定人群的"社会生活方式"上。

文化社会学派认为"社会生活方式"在一定时期内会有稳定性，其发展与变迁需要一个相当长的时期。摩梭人社会生活的过程不仅仅是目前社会生活中的具体事件，还应包括社会生活方式的"演变过程"。

因此，本章首先应在田野调查的基础上，通过文化现象的分析研究，找到摩梭人目前的"生活方式"的普遍性。同时，通过研究成果能反映一段时期内摩梭社会生活方式的变化。

3.2.2.2 人居作为一个社会体系（Social System）

将可感知的人居中的社会现象看成是一系列关系的体现。将社会描述为一个相互关系的系统：大量的个人行动、人们间的互动应该被紧密联系起来，从而从总体上构成一个可以进行描述与分析的过程。通过这个过程分析，我们会知道社会现象是怎样相互联系，怎样形成一个整体。或许我们正在研究的社会现象只是整个复杂社会生活整体社会过程中的一部分而已。

西南少数民族的社会生活形式有着较为简单的社会体系，如泸沽湖的摩梭人社会生活由于地理单元的封闭性，其社会形式的复杂程度就远远低于现代城市的复杂性。

关于"社会体系"的最早描述是在18世纪中叶孟德斯鸠提出来的，之后康德（Auguste Comte）在此之上提出了"社会静力学第一法则"的基本内容：在某一特定社会生活形式中，存在着一种相互联系、相互依赖的关系，康德将这种关系定为"团结关系"。

我们可以将人们的亲属关系与"走婚"的形式导向的个人行为区别开来，当我们将与其他的社会生活诸如"劳动协作"联系在一起时，我们就可以得到摩梭人的社会生活中"母系血缘"的概念，这个概念可以用来描述摩梭人特有的"核心家庭"的生活方式。那么，我们需要做的就是揭示这些体系中的具体形式在整个体系中的位置。

如果我们对社会生活特征之间的关系进行系统的调查研究，我们就可以提高对特定人群的人居环境的理解程度，以指导我们制定关于发展的定律。

3.2.2.3 共时与历时研究（Statics and Dynamics）

拉德克利夫-布朗认为，文化人类学有两种研究角度，一是历时研究——揭示社会生活变化的状态；

另一种是共时研究，揭示社会现实，社会制度或生活方式的存在环境是主要关注的问题。

共时研究就是要进行对不同社会生活方式进行比较、分类的任务。但是对社会生活方式的分类，不能像自然科学按照"种"、"属"的方法进行。关注人居环境首先应建立对社会生活特征的类型学的方法。另外，共时研究还应该达到一个目标，即应该对社会制度和社会生活方式的存在环境进行概括与总结。在摩梭人居的研究中，我们应该了解他们生活方式的环境——独特的生活方式延续的状况，以及一致性的程度，这是摩梭生活方式继续下去，或哪些文化特征能够延续的保证。因此，我们有必要梳理摩梭物质文化、精神文化的各方面，来尝试对摩梭人的生活进行分类比较。

历时研究关注社会体系的变化的总结，这是基于假设的推论——在相互联系的各种社会生活的特征中，某些特征的变化会导致另一些特征的变化。这正是人居"自适应"变化的内在动力。因此，对人居的历时研究可以描述特定人居的变化方向与可能性。

3.2.2.4　社会进化（Social Evolution）

文化人类学的"社会进化"的理论源于赫伯特·斯宾塞（Herbert Spencer）提出的进化学说。归纳为以下三点：

1. 社会进化受制于自然过程。的确，在藏彝走廊区域，随着自然条件的变化，总的来说，其社会生活方式也呈现出不同的居住模式的空间分布状。生计方式决定其不同的社会结构与制度的形态：高山草原地区以游牧为主的生计方式，以藏族的社会进化为代表；居住在半高山与 V 形河谷肩部的民族以半农业半游牧为主的生计方式，以彝族的社会进化为代表；居住在冲积平原的民族以农业为主要的生计方式，以纳西、白族为代表的社会进化为代表。可以看到自然条件影响下的社会生活形态的差异性。就其发展而言，横断山区域可预见以下两点：首先，随着技术的提高，人们可以摆脱土地对人们的约束，例如，旅游的开发，文化代替土地成为人们生活的资本，这种状况可以扰乱社会结构，造成生活方式的彻底变化，从而改变社会进化的过程；其次，相反的，如果文化的控制力还在起作用的话，人们不可以在很大程度上做出违背自然规律的事情来，这也可能导致其社会进化朝着另一个方向发展。这两点相悖的规律，是我们调控其人居环境变化可利用的手段之一——文化的控制力。

2. 进化过程是一个趋异的过程，拉德克利夫 - 布朗认为社会生活方式是多种多样的，是由数量很少的原始形式逐步发展成数量众多的社会生活方式。其形式的差异性是作为进化特征的趋异发展的结果；将进化过程看成是一个趋异的过程。社会形式的差异性是作为进化特征的趋异发展的结果。这个会将人居环境的各方面导向各自特性的发展方向。纵观藏彝走廊 14 支源于氐羌的民族，迁移形成了空间分布的现状，形成了虽有共同点但差异性很大的社会形态。不仅如此，同一民族集团内，由于空间分布上的隔离，其进化的差异性也十分明显。例如，彝族其跳跃性的迁移方式，形成了广泛的地域分布，社会生活方式也出现了较大的差异，这表明趋异性的规律的作用。

3. 有一种普遍的发展趋势，即更为复杂的结构形式与组织形式是从较为简单的形式中发展而来的，即"组织进步"。组织进步既包括结构功能的复杂化，也包括社会交往、社会关系的日益频繁的空间范围的扩大。他借鉴"物质密度与社会密度"的概念来衡量社会进步的程度。

物质密度是指生活在一个单位空间区域的人口密度。这个概念类似城市规划学常用的"人口密度"的概念。对藏彝走廊区域的社会进化描述具有较为重要的价值。我们发现，藏彝走廊区域地区"物质密度"越大的地方，其社

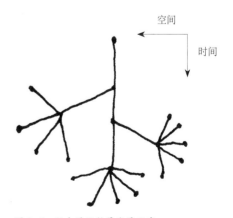

图 3-2　社会进化趋异发展示意
（资料来源：作者自绘）

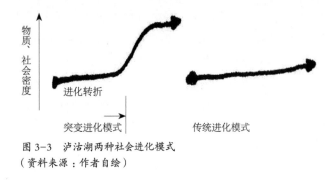

图 3-3　泸沽湖两种社会进化模式
（资料来源：作者自绘）

会结构与组织越复杂；另外，例如泸沽湖里格村，对比不同时间段的发展，由于旅游开发导致的社会结构、组织进化首先表现在人口密度的增大，特别是外来人口的大量增加。

社会密度是指一个单位空间区域内这些人交往的次数和空间范围，是以"交往程度"的量化来描述与判断社会进化的过程与方式的。旅游开发的聚落，人们的交往打破了"核心家庭"界定的交往范围。出于经济的目的，交往的次数与空间范围已经超出了传统聚落的交往程度。

我们对泸沽湖多年的研究发现，大落水村、里格村"物质密度"与"社会密度"两项指标上都有明显的转折点，这个转折点，我们称为摩梭人的传统社会进化的现代性转变的标志点。而以者波村为代表的传统社会类型，在进化的过程中，呈现为平稳曲线。在近百年的时期里，其人口规模基本上没有变化（图 3-1）。通过研究表明，者波村长时间保持的物质密度与社会密度应该是摩梭社会生活的"常态"，"核心家庭"相关的一系列制度是物质密度得以维持的制度保证。"不分家"、"母性"制度是主要的控制力量。对比里格村、大落水村物质密度的变化，其维持的制度也同样产生了变化。

在变化中的社会结构这个复合体中，为什么我们要把"人口规模"看成是社会进化的标志性因素？摩梭社会中由于自然条件的限制等原因，形成了一定的"常数规模"，即形成维持社会生活的相互关系中的人口与单位空间的比例，这就是我们所说的"常数规模"。人们通过文化的控制力，保持和谐的物质密度。他们遵循的科学原则就是伽利略提出的"类比原则"（principle of similitude）：任何类型的结构，在其规模上都有限制。齐美尔（Georg Simmel，1858~1918 年）认为：一个社会任何量的增长都会导致质的改善，都会需要一些新的适应。社会群体的形式完全取决于其因子的数量，对于一个适合一定的社会群体的结构来说，如果数量增长了，它就会失去自己的价值。我们在摩梭人中间发现的这种社会现象，普遍存在于藏羌走廊的民族在社会中。

需要强调的是，"社会进化"不一定意味着"社会进步"。因为进化仅仅是结构功能的发展和社会关系的复杂化。"进步"是以现代理性为基础，通常是指知识的积累和通过技术改进以及道德的发展。这种情况下，社会也许以一种内外均衡的结构状态平稳发展，或许是向着更复杂的结构发展。这种社会结构是更好还是更坏，我们应当十分小心，因为我们的好坏标准，不一定与摩梭人一致，我们毕竟研究的是他们的社会进化，为他们规划未来。基于此，不应使用通常的基于现代理性的规划理论，来重新构建他们的人居环境。

现在看来，有很多理由批驳赫伯特·斯宾塞社会进化论，诸如社会生活方式的多样性，发展到一定程度时，不一定是趋异，在现今看来，反而有趋同的现象。但我们可以接受他提出来的"社会进化"的概念，可以作为分析社会变迁的基本出发点，特别是关于由简单——复杂的社会生活方式的变迁过程揭示的普遍规律。

3.2.2.5　适应（Adaptation）

社会进化的机制是怎样的？人们通过什么样的方式去推动社会进化？人们为什么要改变其生活方式？文化人类学用"适应"这个概念作为研究社会进化机制的理论。一个社会形式如果要继续存在并发展下去，就要通过文化的功能，调整其社会系统的各部分机制，以适应变化的社会过程。这个调整就是"内部适应"；"外部适应"可以看成是这个社会形式为了社会进化的目的，改变与适应环境的努力。

"内部适应"与"外部适应"是同一适应机制的两个方面。可以看成是文化对其个体机能进行调整，来延续社会生活的一种方式。这就是我们通常所说的人居的"自适应"过程。

当我们将人居作为"自适应"来研究时，社会进化往往通过以下三个方面来划分适应变化的类型：

1. 生态适应。为适应自然环境的变化，这种适应性产生的调控力，使泸沽湖聚落按照自然地理空间的规律分布，村落的选址也严格遵从自然生态规律。但是，这种适应自然的过程也表现为改变自然过程的努力，在永宁盆地，我们看到了摩梭人改变永宁湿地的壮举（参见第 4 章）。这种变化是在人们对土地依赖的基础上，文化的资本化，使人们有机会从土地的约束中摆脱出来。因此，生态适应不仅仅是自然生态的问题，应该包括更广泛的内涵。

2. 制度适应。人们认同与依赖各种活动的相互配合。斯宾塞用"合作"来描绘他们，如耕种、狩猎、节庆、防御等。如果社会生活发生变化，文化机制要求个体进行行为调整来满足这一变化。社会中存在一种维持有序社会的制度安排。其强硬的手段我们称之为"制度适应"。我们的研究中发现，摩梭社会的进化过程中各个阶段"制度控制力"变化的形式：中断——延续了 700 年土司制度的控制力的消失；合并——历史上产生的政教合一的控制力的共同作用；联通——两种力在不同层次中共同的作用，我们以摩梭家庭制度与土司等级制度为例，土司等级制度赋予"家庭"社会角色，从而通过"核心家庭"控制力完成社会形态控制的功能；替换——接受外来社会要素或新增加的社会要素全部或基本代替原来的某种制度控制力，如摩梭达巴教被藏传佛教的社会控制力说替代。

3. 习得适应。在文化中存在着一种社会过程，通过这个过程，人们可以获得已经存在的社会生活习惯和文化特有的智力特征。这种由"排他性"产生的控制力能够让人们通过学习产生文化的同一性：一方面，通过"学习"的个体，能够参加到他们的社会生活中去，我们观察到摩梭人通过仪式、节庆等统一文化特征的过程，比如严格的着装、仪式禁忌等；另外，是文化特征得以延续的控制力，儿童通过系统的"儒化"过程，习得社会生活的各方面。摩梭人培养儿童有一套完整的制度。

3.2.2.6　社会结构（Social Structure）

文化人类学使用"结构"沿用了其原来的意思，即指事物的组成部分以及各部分之间的有规律的联系。人是社会结构的最小组成单位，社会结构的内容包括人们之间关系的安排。社会结构"是指某个较大的统一体中，各个部分的配置或相互之间的组合"[45]。因此，人居研究应该明确研究社会结构，真正找到构成人居的社会结构各个部分起的结构特点（与其他民族有区别），分析各自的功能作用。

一个社会结构，既会在群体之间的相互关系中表现出来，也会在个人之间的相互关系中表现出来。在对泸沽湖摩梭人居的研究过程中，我们能够区别所有的社会群体，然后分析其特征的内部结构，并可以清晰地分辨出个体成员在群体中的关系位置，从而导出现存的或曾经存在社会阶层或群体类别。例如，摩梭社会结构中，"核心家庭"制度是关键的社会结构，家庭成员就是明显的一个群体，"祖母"角色可以看成是文化的安排，她必须存在于摩梭家庭中，如果去世，会有仅次于她的姐妹长者替代其位置。这种结构作为一种安排会一直延续下去。如果祖母的角色失去社会作用，这意味着摩梭核心家庭这种社会结构解体。摩梭社会的现代性转变过程中，由于社会结构的变化，祖母角色在核心家庭结构中的位置，开始被更有经济地位的晚辈替代，核心家庭分成更小的经济单元家庭，"核心家庭"社会结构开始瓦解，从而引起摩梭整体社会结构的改变。

这种社会结构特点会在聚落空间上形成可辨识的空间投影，如传统核心家庭的社会结构，约束着其成员的行为，规定成员在家庭中的等级"位置"，在院落空间上有明显的约束，强调祖母屋与火塘的重要性。但随着核心家庭社会结构开始解体，人与人之间的安排被彻底打乱，这种无序的结构变化，投影在空间上就是院落、建筑发生了根本的改变。泸沽湖某些聚落的无序发展的内在原因就是源于传统社会结构的崩塌。

人居环境研究的一个根本的立足点就是延续这个特定社会的本质，而不是按照"我们"的意愿改造"他们"的社会环境。归根结底，社会结构的延续性，是其生活方式得以保持的所需条件。

探讨社会结构起作用的机制时，会导出"制度"的概念。制度是社会处于社会关系中的人们之间的互动秩序，是结构体系内部那些起作用的行为规范。出于社会发展过程的需要，社会生活会不断延续社会关系的网络，文化传统会制定出约束人们之间行为的规范、规则或行为范式。这些包含在社会关系中的规则，关系双方都知道对方在期待按规矩行事的同时，也在期待自己按照约定的规范行事。我们在里格村看到比较极端的例子，有矛盾两家，几乎从不来往，某一天其中一家在建房立屋架时，另一家一定会派家人去参加。可以看到超越个体家庭的"文化"力量的作用。这种力量即所谓制度——是已经建立起来的社会生活方式的行为模式，这种行为模式是明确的、各个阶层都承认的。

在解释人们的活动的时候，我们使用另外一个概念——"组织"，即关于人的活动配置的关系。群体中的每个人或群体会承担整体工作中的部分工作，如春耕劳作中人们的分工劳作，可以叫作劳作组织。而个人或集团在整体工作中的作用就叫作"角色"。例如，摩梭人生产协作组织是"一底"，意思是牛的协作。实际上不单是牛的协作，还包括了工具和劳动力的协作。一般是二家至三家为组成。这种组织形式规定了这几家人的生产行为以及在分工协作中的作用。在摩梭社会中，个人或集团可能属于多个的社会组织，因此，在不同的社会行为中，他们的角色是不一样的，一个人或许是战争中的战士，或许是"送魂"活动中的达巴。

社会作为有延续过程，它依赖于形成整个过程的各个结构机制，因此，社会结构决定了过程，而结构的延续性依赖社会过程。如果说特定社会结构的研究是借助文化人类学方法来进行的描述性的研究的话，而社会结构的延续性问题正是人居环境科学与文化人类学共同关注的焦点命题。泸沽湖摩梭人群体成员的不断替代的同时，其社会结构还保持原来的形式，这样才能保持他们特有的生活方式，延续与保持文化的多样性发展。这个命题应是指导空间规划的原则。

3.2.2.7 社会功能（Social Function）

功能被看成是社会结构中，制度与组织在社会生活过程中发挥的作用。人们共同体是为了社会过程延续，通过制度固化的行为规范，以及"组织"指导人们的行动的过程。通俗地讲，是社会结构出于某种文化需要通过其机制（工作方式），发挥调控作用的过程，我们把这种文化有目的性的调控作用称为社会功能。

正如马凌诺夫斯基认为"在每种文明中，一切习惯、物质对象、思维和信仰，都起着某种关键作用，有着某些任务要完成，代表着构成运转着的整体的不可分割的部分"[46]。

这个概念实际上揭示了人居环境中特定社会生活的实现、传承，以及变化的过程。同时，也是针对人居发展的调控力发挥作用的过程。有什么样的"社会过程"？其"社会结构"方式是什么？文化机制在社会过程中有什么样的"社会功能"，是我们谈及特定人居时必须回答的问题。

3.3 摩梭社会的文化现象

针对泸沽湖的地缘文化，近百年来诸多中外学者从民族学、社会学、文化学、人类学等角度展开过大量研究并已经获得丰硕成果。我们研究泸沽湖的地缘文化是立足于人居环境科学视野之下，在诸多各领域学者研究成果的基础上，对该文化整体构成的简要介绍，以及对与人居环境科学密切相关的文化演进展开描述和分析[47]。自 1960 年开始，我国的民族学研究者在泸沽湖地域开展了三次大规模的摩梭社会调查,通过他们的辛勤努力,摩梭文化的整体面貌第一次以科学的形式系统地呈现于世人眼前。这些优秀的民族学者收集整理了大量宝贵资料,形成了系统的调查报告,并在 20 世纪 60~70 年代内部刊行,80 年代整理出版。本章借用这些田野调查的资料,对摩梭社会的文化现象、制度结构、组织功能进行描述,分析论述。

3.3.1　摩梭文化观念的功能——精神文化要素

3.3.1.1　传统观念

1. 摩梭人的创世神话及意义

在我们的调查中,摩梭文化的创世神话虽然在不同村落或不同吟唱人口中略有差异,但其中的主要人物和情节均大致相同。内容主要是远古时期,人间处于混沌状态。某一天,一名叫曹直路衣衣的男子在大洪灾降临前受到时神的警示,遵照神谕他及时制成一支皮筏子得以逃避大洪灾,成为世上仅存的生还者。孤独无助使他生活艰辛万分、度日如年且延后无望。在达巴教创始神的指引下,他碰见了下凡耍沐浴的仙女柴红吉吉美,双双坠入爱河。柴红吉吉美的天神父母反对两人的结合,设置重重障碍,一度灰心失望的曹直路衣衣在柴红吉吉美的鼓励支持下终于战胜各种考验,赢得其父母的应允,携妻返回人间。其后因柴红吉吉美的姐姐作祟,曹直路衣衣被困山中二十年,一只公猴乘机骗婚柴红吉吉美,并生下一群小孩,脱困归来的曹直路依依怒杀公猴,夺回爱妻,但接受了那一群小孩,并和妻子、孩子一起勤奋劳作、种田养畜,成为今天人类的祖先。

在摩梭创世神话中表达出明显以女性为中心的寓意,坚强聪慧的天界仙女与动摇畏难的世俗男子形成鲜明对比,而且带给人间物种、劳作工具、耕耘方法的都是这位仙女母祖,在最为重要的生育繁衍过程中,男性角色由一只公猴所代替,世俗男祖被剥夺了与后代之间的血缘联系。于是女性成为人类的唯一始祖,并由她主要完成了人世间的缔造工作。每逢过年、祭祖和丧葬等重要节庆和典礼上,每个摩梭村户总是要请达巴主持相应的仪式,并在这些仪式中吟唱这段创世神话,通过吟唱过程,达巴反复向听众传达了寓于其中的摩梭起源的信仰及其象征意义,使之发挥出塑造摩梭社会价值观和文化认同的作用。[48]

2. 摩梭人的自然观

在摩梭人的神灵世界里有一个被称之为"署"的重要神祇,"署"掌管着大自然界的山川湖泊、花草树木、野生动物等事物,它被视为是人类的兄弟,当人类与"署"统领的大自然和谐相处时,人类社会将会风调雨顺、平安幸福;但如果人类滥捕野生动物、滥伐森林树木、肆意向自然索取资源,就会触怒"署",触怒"署"的结局是可怕的,人类会因此生病乃至失去灵魂。山川、植物还往往直接成为摩梭人神灵崇拜的对象,巍峨高大的神山、村落附近的神树都是顶礼膜拜的神灵,绝不允许任意侵犯,甚至建房伐木都需要事先履行一定的仪式,获得山神和树神的谅解后才能进行砍伐。如此种种原始信仰反映出摩梭人对于所处自然环境的依赖与感激,造就了摩梭人约束自我需求、与周边环境和谐相处的自然观。这种自然观在摩梭人传统居住地域的地景系统留下深刻印迹。[49]

3. 摩梭人的灵魂观与迁徙传说

摩梭人的灵魂观念认为灵魂是可以主宰现实时空的行为,它是其所在之人或物的一切活动的原动力和操纵者。摩梭人还认为灵魂不灭,灵魂可以离开形体而独立活动,死者的亡灵在经过葬礼之后会离开家园,回到祖先居住过的远方。为了死者有一个固定的归宿,保证活人的安宁,由此就产生了送魂,必须请达念诵《开路经》把亡灵送走。《开路经》的内容中就记载了氏族的历史、迁入永宁的经过,达巴诵唱开路经时会追述死者的生平以及对他回到遥远的北方去的规劝。由于摩梭各个氏族迁入泸沽湖地区的路线不同,其送魂路线不尽相同。当地摩梭人有的氏族可能是从木里直接迁来的,有些又西

图 3-4　干木山上的女神洞　　　图 3-5　男性生殖器崇拜
（资料来源：作者自摄）　　　　（资料来源：作者自摄）

渡金沙江，绕了一个弯到永宁盆地定居下来，虽然每个氏族都有自己具体的送魂路线，但最后还是归到一条相同的路线上，送到一个名叫司布阿那瓦的地方，终点都是指向藏彝走廊的北端，由于送魂路线是按迁入路线走的，所以这一线路与摩梭族群的古代迁徙历史、族源等问题密切相关。[50]

4. 神灵崇拜

摩梭人的达巴教是一个多神教，达巴教神灵崇拜的对象较为广泛，天地星辰、山川树木、动物等各种自然存在都可以成为摩梭人崇拜的对象，其中女神崇拜是摩梭人神灵崇拜的最重要内容（图 3-4）。摩梭人认为女神是他们的母祖和最高保护神，从其创世纪神话中不难看出其中所隐喻表达的仙女与俗男、天与地的二元结构体系。摩梭人崇拜的女神主要包括有干木女神、巴丁拉木女神、"那蹄"生育女神等，祭祀女神的仪式是摩梭人神灵崇拜活动中最为隆重的一环，但在摩梭人的具体祭拜活动中，来自藏传佛教的干木女神、巴丁拉木女神往往与摩梭的仙女母祖经常被融为一体，并不加以区别。

5. 祖先崇拜

摩梭人有明确的祖先崇拜，具体形式包括每日三餐的锅庄石献祭、重要节日吟诵去世祖先姓名等。其中重要的是每年农历十月二十五日的"杀猪念鬼"仪式，在这个仪式上同一斯日的衣杜派代表悉数出席，诵念本斯日现存最长辈上溯三代祖先的名字，并尤其强调与同一女性祖先的亲缘联系，其作用在于强化亲缘关系与家族观念的共同认同与区别，即使已经只是一种概念上的区别与认同。

6. 生殖崇拜

永宁摩梭人认为孕育与性交有关。妇女或她们的母系亲族对男方是有所选择的，比如男子要聪明、健壮、高大，认为这种人"人种好"，对后代体质和智力的发展有好处。为了乞求生育，摩梭人有不少宗教活动，主要有祭祀干木女神和巴丁拉木女神，还有向主管生育的"那蹄"女神祭拜；有向"打儿窝"投石祭祀，"打儿窝"是两个天然石洞，位于前所河西岸的悬岩上，不育的人在悬岩下往石洞里投石子，认为石子进去了，妇女就能怀孕，否则不会怀孕。在男性生殖崇拜上摩梭人也有以自然石为石祖的生殖崇拜（图 3-5），如达坡村附近的山岗就被认为是男性的生殖器官。在木里县俄亚乡卡瓦村居住的摩梭人，还保留着相当完整的石祖崇拜仪式。

7. 图腾崇拜遗迹

永宁摩梭人的图腾崇拜伴随着母系氏族组织"尔"和"斯日"解体已日益淡薄了，甚至遗忘。但是，至今还有一些蛛丝马迹可寻。土司崇拜虎为根根，以虎为姓。《盐源县志》称盐源左所土司（摩梭人）"夷人自名喇人，以别于汉"。"喇喇，虎也"[51]。纳西族语言中的喇、拉、罗皆指虎的意思，只是汉族译法有别。新中国成立前的左所土司和中所土司都姓喇，土司认为：虎是一种特殊的神，一般人是看不见的，老虎的骨头大，是土司的根根，猎杀老虎是一种被禁止的行为。目前在左所地区的摩梭人中姓喇的不在少数。这些可以视为以虎为图腾崇拜的遗迹。

3.3.1.2　宗教信仰

1. 达巴教：摩梭人的原始宗教

摩梭人的原始宗教称为"达巴教"。达巴是摩梭人对自己传统宗教专家的称谓（图 3-6）。达巴教基本上还处于原始宗教的状态，达巴教没有系统的教义，也没有宗教组织和寺庙，只有口诵经和一种能占卜的经书。达巴教的经典教义，完全是凭口传心记，没有文字可供记录，完全是师徒方式进行传承，经文全靠记忆背诵。达巴一般是在家户内部的男性成员中世袭，拜师收徒的很少。达巴有家室，不脱离生产劳动，不是专职人员。达巴担当了现实世界与神、鬼、祖先之间相互沟通的媒介作用，拥有摩梭文化的专门知识，达巴教的内容几乎涵盖了摩梭人传统生活的所有细节，涉及的知识领域非常广泛，其活动形式主要有祭祀、念诵、卜算三种。

图 3-6　仪式中的达巴
（资料来源：作者自摄）

达巴教作为摩梭人的原始宗教，演绎并叙述了摩梭人的繁衍和发展，以及民族历史渊源、迁徙路线、风俗礼仪等，反映了传统摩梭社会的文化价值观和行为规范，达巴教对于摩梭文化的塑造与传承发挥了巨大的作用。但由于达巴教没有文字记载，口传中差异较大，许多不常用的经典已经残缺不全。再加上藏传佛教传入的冲击以及摩梭社会生活形态的变化，达巴教及经典面临着失传的危险，新中国成立以后永宁地区的达巴活动日趋减少，直到近年来，随着旅游经济的发展，达巴的文化价值又被重新引起重视。

2. 藏传佛教

藏传佛教，俗称喇嘛教（图 3-7）。学界一般认为藏传佛教传入泸沽湖地域的时间在公元 15 世纪左右，主要包括黄教和白教，黄教的影响力较大。藏传佛教因其成熟的思想体系、完备的宗教典籍、严密的组织结构，再加上藏文化的强大支持，在进入泸沽湖地域之后迅速获得当地土司的接受和支持，奉为主流，并在其后数百年间深刻影响到该地区的摩梭人的社会文化、精神生活和社会风俗，成为他们信仰的

图 3-7　喇嘛及其宗教用具
（资料来源：作者自摄）

主要宗教。藏传佛教中以男性为中心的信仰体系也给泸沽湖地域的摩梭社会带来观念冲击，产生了一定的动摇作用。

同时藏传佛教与摩梭文化相互交融，被赋予鲜明的民族性、地域性特征。主要表现有：

第一，这里的藏传佛教带有明显的世俗化色彩。首先，摩梭的喇嘛不需要一直住在寺庙里修行，而是和家人生活在一起，他们虽然享有一定的特权，但其家屋角色的意义仍然被强调，不完全脱离生产活动。而且在一些重要的习俗上，例如走婚，他们仍按照摩梭的文化传统来行事。其次，摩梭人在家屋之中设置耗资巨大，配有齐全的经书和佛事用具的经堂，并将其作为进行宗教信仰活动的重要场所，大量的仪式和宗教活动是在家屋内部举行（图3-8）。

第二，这里的藏传佛教带有较强的包容性。首先，藏传佛教为不同民族都信仰的宗教。藏传佛教在泸沽湖地域是摩梭人和普米族等不同民族共同信仰的宗教；其次，虽然藏传佛教在当地的社会影响力远大于本土的达巴教，但藏传佛教并不凌驾于达巴教之上，在很多场合两种宗教都是同时出现的，达巴与喇嘛可以同场念经作法；最后，藏传佛教的不同教派在这里也停息了内部纷争，黄教、白教各有其信众，比邻而居，相安无事。

3. 藏传佛教和达巴教的关系

藏传佛教和达巴并存于摩梭人的精神世界中已达数百年之久，两者共同构成了摩梭文化精神要素的重要内容，两者之间的关系主要如下：

第一，藏传佛教因为自身强大的文化优势以及统治阶层的推行，在摩梭人的宗教信仰体系中规模较大且占统治地位，寺庙和喇嘛具有较高的社会地位，在摩梭人的日常生活的各种祭祀活动和仪式中，喇嘛担任了主要角色。达巴教虽然保留一定地位，但由于自身的原始性，无法抵挡藏传佛教的强势冲击，其影响力处于下降趋势，表现在达巴人数减少，出现频率降低。

第二，藏传佛教和达巴教在摩梭社会的并存并未导致直接冲突，而是根据其不同特点出现一定程度的分工。摩梭俗语"活着的事情找喇嘛，死人的事情找达巴"就是这种分工的表现。藏传佛教系统的学说和组织严密的经院系统更能符合摩梭人的实际需要，所以在村民的日常活动和信仰中表现更为充分；达巴教由于掌握摩梭人族源、血缘等专门知识，在葬礼、祭祖等特殊民族仪式上，达巴却是必不可少的角色。

第三，藏传佛教和达巴教在教义教规上相互影响。前文已述藏传佛教进入泸沽湖地域以后与当地摩梭文化交流融合而发生变化；另一方面达巴教也通过与藏传佛教的交流合作一定程度上促进了自身的发展，如一些藏传佛教的神祇被引入达巴教，一些神山圣地成为两教共同的朝拜场所（图3-9），藏传佛教的某些经文和宗教用具被达巴教借用等[52]。

图3-8　家户中的经堂
（资料来源：作者自摄）

图3-9　干木神山
（资料来源：作者自摄）

3.3.2　物质文化要素及其物质特性的组合

3.3.2.1　摩梭人的住屋文化

我们认为，摩梭人的房屋在其物质文化要素中占有最重要的位置，它远不止是一组布局合理的木质建筑，更重要的是作为摩梭人的物质和精神双重家园而存在。摩梭传统文化的几乎所有重要观念、家户结构制度都在摩梭人的房屋中得以展现。房屋的格局、功能、在房屋内放置和使用物品的规矩，以及其中蕴含的象征意义包含了摩梭文化的核心内涵，在摩梭人一代又一代修建房屋和使用房屋的日常生活过程中，摩梭文化在潜移默化中得以教习、传承。房屋既是摩梭文化的直观载体，又是文化传承的场所和工具。关于摩梭人的住屋在本章中着重强调介绍其文化功能与意义，对其的建筑学研究在第 5 章中再单独论述。[53]

摩梭人的住屋一般集中分布于山脚之下的村落中，其外界多由半人高的夯土墙围合，夯土墙之内有一块核心土地和一座四合院落，土地上一般种植有果树和经济作物，四合院落的中心是一个大天井，围绕四周的分别是祖母屋、经堂、花房、牲畜房，其中祖母屋为一层建筑，经堂、花房、牲畜房多为两层，这四栋建筑的布局和方位朝向均有严格的规定，建房之时需要请达巴在现场进行确定，合适与否直接关系到该家户的运数（图 3-10）。经堂一般是最为高大抢眼的建筑，多背山而立，内部建有装饰精美的神龛，在它的两侧分别是祖母屋和牲畜房，藏传佛教的崇高地位以此彰显无疑。经堂对面的花房二层是家户中成年女子的卧房，也是她们接待走婚对象的场所，在这个院落中一般没有成年男性成员的固定居住空间，牲畜房往往成为他们的暂宿之地。院内四幢建筑的门都是朝天井开的。每一个院只有两个通向外边的门。一个是靠畜圈的大院门，另一个是在经堂楼旁一侧的小门，通向经堂楼后的院子。

祖母屋是摩梭人精神世界和日常生活的中心，这里是一个摩梭家庭祭祀、议事、待客、饮食的场所，它的大小、所用材料和装饰可以有所不同，但其结构样式则是一致的，且必须严格遵循摩梭传统文化的规矩布置，在一个母系家庭中只有最年长的女性长辈才能居住于此，其布局功能处处体现出以女性为中心的社会观念。祖母屋是摩梭文化的一个重要载体和集中展现空间（图 3-11）。

祖母屋多为全木结构的井干式木楞房，四壁采用削过皮的、直径 10～15 厘米的圆木，两端砍制卡口咬合垒叠而成，屋顶以长约 1 米、宽约 20 厘米的木板加以覆盖。其结构呈回廊式布局，外廊正面多置有水缸一个，外廊两侧主要是储存空间，用以存放粮食、猪膘肉和其他杂物，也可设置灶台煮猪食或提供给家户老年男子住宿，外廊背侧在家户成员过世火化前充当停尸场所，以一道小门与内室连接。

祖母屋的内室在当地话中称为"一梅"（yimi），是摩梭人住屋文化的核心，进入一梅的门洞低矮，

图 3-10　摩梭院落与祖母屋
（资料来源：作者自绘）

图 3-11　摩梭院落与祖母屋平面图
（资料来源：作者自绘）

进入者常需屈膝低头,村民解释为以示对祖母的尊敬之意,进门之后顺时针方向依次排布有卧床、下火塘组团、木榻、转角神龛、上火塘、碗柜、挂物架等,两根大木柱支立在一梅中间。

按摩梭传统,一梅中的卧床专属于家户中最年长的女性。靠近卧床的下火塘组团是一梅中的核心区域(图3-12),下火塘中间安放一个三条腿的铁锅圈,上面可以架设铁锅,在日常生活中下火塘和环绕火塘的木制地台是一家人做饭、围坐进餐、议事接待的地方。下火塘靠墙一侧放置锅庄石,它是家户代代相传的圣物。其最初用途是在火塘上支烧锅具,后来逐渐成为家户祖先崇拜的象征物,摩梭人认为祖先的灵魂栖息于此,接受后代的礼奉。所以,每餐之前各户主妇都要口念请祖先用餐的祭祀用语"绰多"(chuoduo),在锅庄石上放置一小撮饭菜以示供奉。每当摩梭祖母屋改迁、新建时,锅庄石要由家户中的祖母亲自安置。这也表明了家户中的祖母作为该传家宝的保护人以及她在家中作为祖先象征代表的地位。锅庄石之上设有供奉守护神"让巴拉"的神龛,"让巴拉"的造型为一束燃烧的火焰,一般为石砌、泥塑、纸画,在祭祀锅庄石的时候往往那也对"让巴拉"进行祭祀。由于下火塘组团的重要祭拜作用,这里被赋予神秘意义,存在多种行为规范与禁忌,是一处摩梭文化的神圣场所。

下火塘一侧沿着两面内墙一般建有呈"L"形的长木榻,可提供家户老年女性和未成年人住宿之用,在转角处一般有木制佛龛(situ)和不常使用的上火塘,上火塘一侧的木榻上常放置碗柜、炊具,在墙上订有挂架、挂钩以挂置杂物(图3-13)。

在一梅横向中线上支立有两根木柱,进门左侧木柱被称为女柱,右侧木柱被称为男柱,一梅的横梁就横置于这两根木柱之上,这其中包含了由女性、男性共同支撑一个家户的隐喻。当地人认为寻找这两根柱子所需的树木,在建造一座祖母屋的过程中意义重大,因为这两根柱子必须出自同一棵大树,而且靠近根部一段是女柱用料,靠近梢部一段是男柱用料。女柱居左、男柱在右的布局形式,女柱为本、男柱为末的用料安排体现了摩梭社会文化与社会性别的结构关系的内容,突出了女性的家户中的中心位置。

一梅内部靠近下火塘的地面多铺置木制地台,上面放置坐垫或小凳。在进门一侧地面多保持三合土地面,在传统的摩梭葬仪中,洗尸仪式就在这块地面上进行,保持土地面是为了让洗尸水渗入一梅的地下,以完成摩梭人生命历程对祖母屋的最后回归,显现出祖母屋在摩梭人生命观中的重要地位。

在泸沽湖地域还保留了不少历史悠久的祖母屋,虽然并不是所有家户成员都曾亲自参与过自家祖母屋的建设过程和落成仪式,但由于村户建房时均是以全村各户互助的方式进行,所以摩梭人一般都有机会目睹或参与修建祖母屋的过程和落成仪式。在这样的过程和仪式中,摩梭传统文化被反复确认并得以传承。

图3-12 下火塘组团
(资料来源:作者自摄)

图3-13 祖母屋一角
(资料来源:作者自摄)

3.3.2.2　摩梭人的生产生活用品（图 3-14）

　　1963 年，中科院民族研究所云南民族调查组和云南省历史研究所民族研究室对泸沽湖地域的摩梭人开展了一次深入的社会调查，在调查报告中对当时所见的摩梭人生产生活状况进行了较为详细的描述。[54] 我们结合近年来在该地域考察、测绘所得，简要叙述如下：

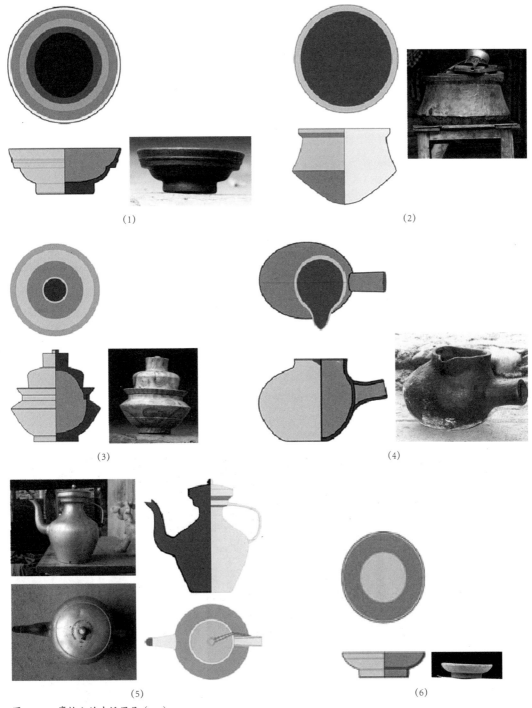

（1）　　　　　　　　　　　　　　　　　（2）

（3）　　　　　　　　　　　　　　　　　（4）

（5）　　　　　　　　　　　　　　　　　（6）

图 3-14　摩梭人的生活用具（一）
（1）木碗；（2）铁水缸；（3）木茶壶；（4）陶茶罐；（5）锡壶；（6）木盘
（资料来源：作者自摄绘）

1.传统服饰描述、服饰与文化活动

传统服饰：传统的摩梭男女在十三岁前皆穿长衫，不着裤。满十三岁就要行穿裙子或穿裤子礼，之后少女脱去长衫，换着短衣，穿百褶长裙，束花腰带，冬天为了御寒，再背披一块羊皮；少男上穿短衣，下着长裤，腰束花带。近数百年来由于受藏族影响，泸沽湖地域的青壮年多数喜欢藏装。妇女从少年至老年衣服式样无甚变化，但因年龄的不同，青年时期多穿白蓝二色，老年穿黑色。男子到了老年便改着长衫，外罩青布领褂，束麻布腰带。藏式皮统靴非常受欢迎（图3-15）。

十三岁前的妇女头饰是在额前斜梳一小辫，上级几颗红黄色珠子。穿裙后，以牦牛尾和蓝黑丝线做成粗大假辫，盘于头上。劳动时一般不梳假辫，包以黑色或蓝色长帕。喜戴银、玉、石质料的耳环、手镯和戒指等装饰品。男子幼年时期，须在头顶或脑后留一撮发，十三岁时开始辫成小辫吊于脑后或盘于头顶，此种发式直至老死不变。有戴手镯和戒指的习惯。

在土司统治时期，斯沛等级女子的服饰基本同上，唯服装质料与颜色有所差异，多穿绸缎呢绒和红、黄、灰色上衣与裙子。男子则穿汉式的长衫、短马褂。为区别等级界线，土司规定"内责卡"和"俄"等级的妇女，上衣不能做领，也不许镶金边，不管如何富裕，也禁止穿绸缎和红、黄、灰色的服装。在当时的实际经济状况下，多数摩梭人只能穿自织的麻布衣服，少数经济宽裕的人家，才能穿棉布衣服。

2.饮食

一日三餐，以稗子为主食，掺吃玉米、燕麦、荞麦和小麦等。烹食办法比较简单，一般是将稗子煮成饭（先用碓舂去壳），小麦、荞麦烘烤成粑粑，玉米和燕麦炒熟后磨为细粉，制成炒面。按传统习惯，三餐前以及吃炒面时，须饮酥油茶，经济贫困的人家，也要千方百计吃上烤茶。总之，茶是他们日常生活中不可缺少的饮料，也是招待客人的必需品，若客人到家，必煮酥油茶招待。煮茶时使用陶制小茶罐，先将茶叶烘烤，然后加水煮沸，再加盐。出于气候和技术的限制，蔬菜种类很少，只有圆根、青菜、白菜、南瓜等数种，葱、蒜、辣子、韭菜等仅少数人种植，因而平时少有蔬菜佐餐，冬季则更少。历史上这一地区的粮食产量不高，常用肥膘、麻布等到金沙江边和八耳桥一带换回粮食。当地群众肉食主要是猪膘，因其形似琵琶，又称"琵琶肉"。制猪膘的办法是，用一根细小竹子削尖，从猪前腋下刺入，直入猪肺，猪便在大声嚎叫中死去。然后剖其腹，取出内脏、脊骨、头骨及瘦肉，去其四肢，在腹内装上盐，用麻袋线或牛皮线缝合，再晾干储存。由于盐多皮厚，猪膘一般可储存数年，有的达一二十年之久。食用时，每次根据人数多少切下一小块，然后煮熟再分食，但也有吃生猪膘的习惯。

图3-15　摩梭服饰
（资料来源：作者自摄）

3. 摩梭人的生产生活用具（图 3-16）

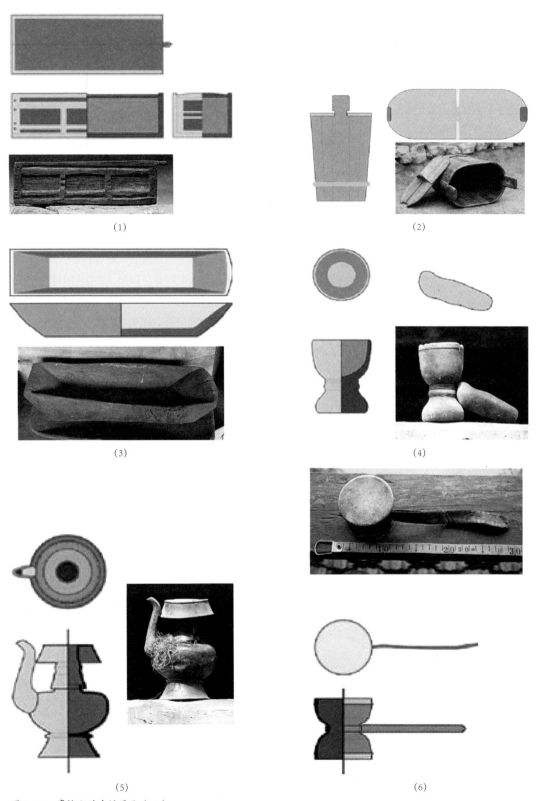

（1）　　　　　　　　　　　　　（2）

（3）　　　　　　　　　　　　　（4）

（5）　　　　　　　　　　　　　（6）

图 3-16　摩梭人的生活用品（二）
（1）木盐盒；（2）木桶；（3）木茶盒；（4）木碓舂；（5）铜净水瓶；（6）拨浪鼓
（资料来源：作者自摄绘）

摩梭人的农业经济在汉族、丽江纳西族长期而直接的影响下，很早就进入锄耕和犁耕阶段。至新中国成立前耕地已基本上实行犁耕，除去整地等重要的生产过程使用铁犁外，其他辅助性的生产工序已用铁器，如挖锄、薅锄、铁斧、镰刀、弯刀和大、小尖刀。但铁工具和铸造的原料都由外面输进，所以获得各种铁工具是相当困难的。一种办法是从滇渠汉族地区和木里藏族地区购买；另一种是生产季节或者庙会，汉、藏族的手工匠人到永宁来出售；还有是利用旧铁工具在本地重新加工改铸。因为所使用的铁工具都是邻近汉、藏族手工匠人所制造，工具的形制则完全同于邻近的汉、藏族的工具，每种工具多有大、中、小三种规格。

铁犁全部由汉族地区供给，重约 3.75 千克，挖锄和薅锄有大、中、小三种，大型 1.75 千克，中型约 1.25 千克重，小型约 1 千克重。刀、斧等几乎全部是从藏族区输进，铁斧分大、小四种，大者 1.5 千克，次为 1 千克，再次为 0.5 千克，最小者 0.25 千克。砍荆棘用的尖刀大者 1 千克，小者 0.5 千克。藏族手工匠人在每年冬季便利用永宁喇嘛庙会的机会前来与当地摩梭人采取以物易物（如用粮食、猪肉和土豆等）的办法进行交换。他们在收割燕麦时来出售镰刀。当地摩梭男子在藏族影响下，也开始在腰部佩带尖刀。尖刀长 33~55 厘米。尖刀的功能很广，用于劈柴、切菜，在旅途上作自卫的武器。

铁器和铜器也广泛应用于生活领域。摩梭人可以从滇渠的八耳桥和鹤庆地区购进铁锅，从八耳桥购进铁瓢，从木里购进藏族和普米族所制造的铁三脚架，代替原来的石头三脚架。在生活中也广泛地使用铜器，如从四川、云南等地购进红、黄铜制的瓢、壶和锅等。

但另一方面，摩梭人在农业生产中仍然大量地使用各种木质工具，作为各种生产的辅助工具，如木犁架、平土和除草用的木锄。至于打谷子等各种生产活动仍然全部使用木器，打稗子、燕麦、小麦使用二根细硬木棍做成的木连枷，一根长约 200 厘米；一根长约 167 厘米，但打荞麦、玉米，仅一根约 133 厘米的木棍作打击器。磨谷的方法主要是用脚蹬的木碓，后来虽传进四川汉族石匠所琢磨的小型手推石磨，但仅仅起着辅助的作用。至于在生活领域中使用木器，则范围尤其广泛，如用多角形的木水筒打水，用粗树干刨成的木水箱装水，用木水瓢盛水，多用木盆盛食品。此外，广泛使用木橱、木柜和木桌等家具。竹器在生产和生活中也起着一定的作用，主要自编和购买所得，马帮运输时用竹容器运驮，在打谷子时用竹扇子扬场，用细竹子杀猪，背粮食用竹箩、竹篮，盛食物用竹盒等。

靠近湖区的摩梭人自古以来就把捕鱼作为一项重要生产活动。围绕捕鱼他们制造出一系列捕鱼工具，这其中最具特色的是一种被称为"猪槽船"的独木舟（图 3-17），这种独木舟既是捕鱼工具，又是水上交通的主要工具，它的原型是由整段树木剜制而成，当地摩梭人异常形象地说泸沽湖是狮子嘴吐出的水而成，而泛在湖上的独木舟原是喂猪的木槽，当形成湖的时候喂猪的妇女便乘猪槽脱险，因此猪槽便成了独木舟。

狩猎曾经在摩梭人的经济生活中占有较为重要的位置，新中国成立前在一些有山林的山区中仍有虎、豹，野猪、熊、马鹿、麂子、獐、岩羊、山驴和毛狗等。因为当时这些地区还存在可以继续进行狩猎的条件，有少数摩梭人尚精于狩猎，这些人家里饲养猎狗，从藏区购进火枪，从永胜购进铜炮枪，从宁蒗

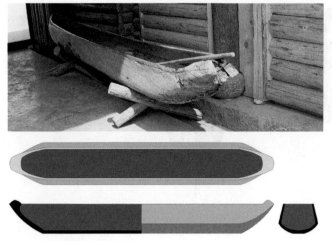

图 3-17 猪槽船
（资料来源：作者自摄绘）

四区八耳桥购进弯弯枪。历史上曾经存在的狩猎活动在摩梭人的物质生活中至今还有所反映(图 3-18)，在很多摩梭人家仍可见到用带毛的野兽皮做的口袋、背囊，有的还按动物毛皮本身的面貌，做成盛装器，如麂子、獐子等。

摩梭人聚居的永宁地区属于茶马古道的重要支路，摩梭男子外出赶马曾经是当地家庭的一项重要副业，摩梭人的生活用具中有一部分器物深受马帮文化的影响，如马鞍、马铃等马具，一系列便于驮在马背上的竹编容器，我们在调查中时常还可以见到已经闲置于摩梭人家的这些器具。

4. 手工业和其他

摩梭人的手工业，主要有纺织、酿酒、榨油、铁术制作和竹器编制等（图 3-19、图 3-20），其中纺织占有比较重要的地位。纺织主要是纺麻线、织麻布，每个摩梭成年妇女都能操作。原料靠自种，不论家庭经济状况如何，一般皆有数量不等的麻地，由妇女经营。八月份麻成熟后，剥皮去茎漂洗晒干。纺麻工具为竹制圆形纺车，形制与丽江纳西族和白族古老的纺车相融，但相当粗糙。织机是简单的木架。织成的麻布宽五市寸，计算长度的单位为"页"，每顷长约 0.6 米。麻布大体可分粗细两种，粗布用以制口袋，盛装粮食；细布用作缝制裙、裤和衣服，是摩梭人最主要的衣着原料。麻布除自用外，一部分也作为交换品。

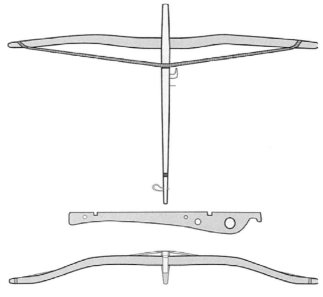

图 3-18　狩猎工具
（资料来源：作者自摄绘）

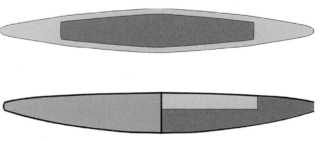

图 3-19　木梭
（资料来源：作者自摄绘）

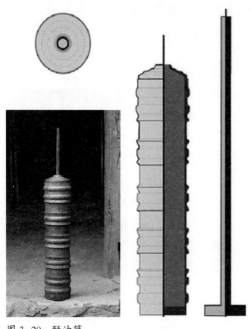

图3-20　酥油筒
（资料来源：作者自摄绘）

酿酒在很早以前就已出现，原料主要是稗子和荞子。但过去只能酿水酒（称"苏里玛"），全为自饮和用于宗教祭祀。水酒多在大春收割后酿制，常年酿酒者甚少。据说皮匠街形成以后，在汉族和丽江纳西族影响下，才知道酿制烧酒（"木日"），开始用苞谷、大麦等作原料。

榨油的人家很少，因为植物油多用于宗教祭祀活动，食用油则以动物油为主。一般在过年、有人去世时，才榨少量植物油，作为祭祀之用。原料主要是席籽、瓜籽和野生的刺果。刺果油据说可治疮伤，也是补品。榨油工具极其原始落后，系用长约0.6米的大本剜成槽，将原料倒入槽后，上覆本板，再压石头，使油徐徐流出。

竹器编制主要由老年男子担任，一般仅能编制背篼、竹篮、竹篾笆等物。筛子、簸箕等用具需较高技术，非人人所能从事，通常一村之中只有一至二人。需要这些用具的人家，多以其他实物与人交换。

3.4　摩梭制度文化的结构解析与功能分析

3.4.1　对制度文化进行结构研究的必要性

所谓制度是指某些原则、社会公认的规范体系或关于社会生活的行为模式，摩梭社会具有独特的结构，支撑这一结构的各种制度本身既是摩梭文化的一个重要类别，同时它们又是摩梭文化得以维系和传承的重要手段，制度文化中的各个要素承担着巨大的文化控制作用。

社会结构是指："在由制度即社会上已确立的行为规范或模式规定或支配的关系中，人的不断配置组合"。社会结构通过"范式的硬化—角色的配置—文化特征的形成与规定"这种方式对文化进行塑造与控制。结构功能主义认为，一切文化现象都具有特定的功能，研究时只有找到各要素特有的功能，才可以了解它的意义，而只有明确了社会的结构，才真正能够找到构成这一结构各部分所起的功能作用。我们可以通过对摩梭制度文化的研究，描述出摩梭人的社会结构，从而理解这些制度文化是怎样塑造与控制摩梭文化的。

3.4.2　摩梭社会制度构成及其作用

3.4.2.1　氏族结构的演进线索：尔—斯日—衣杜

20世纪60～70年代，学者们在对泸沽湖地域的摩梭人展开一系列调查之后，多数认为当地摩梭社会的氏族结构存在一条由尔—斯日—衣杜的演进线索，严汝娴、宋兆麟等研究者在其后陆续出版的报告和著作中[55]，对这条线索上的三级单位进行了以下描述：

1. 尔

相传摩梭人的祖先是由北方迁来的，初到泸沽湖地区时，共有六个"尔"（以下不加引号），分别是搓尔、胡尔、牙尔、峨尔、布尔、西尔，也就是六个母系氏族。他们的迁徙路线可以在达巴的送魂经和开路经中略见一二。在诵经中，六个尔都是从原来居住的泸沽湖以北的司布阿那瓦南迁，但是离开木里后开始分途南进，胡、西两尔路线较直，其他尔的路线比较曲折。在迁徙过程中他们分为三组，西尔和胡尔在一起，牙尔和峨尔在一起，布尔和搓尔在一起，各为一组，互相通婚。三组还在迁徙路途上留下一定的路标。胡、西两尔以黑石子为标记，牙、峨两尔在树上砍掉一块树皮为标记，布、搓两尔在路边打草结为标记。由于发生野火烧山，树木和草结被焚毁了，只有胡、西两尔留下来的黑石子依然完好。

尔的含义是"一个根骨"，是由一个始母祖的后裔组成的血亲集团。西、胡、牙、峨等名称的含义已不可考，但作为早期的母系氏族，还在以下两方面留下深刻的痕迹：①保留着共同的送魂路线。如前所述，各尔迁徙路线不尽相同，为使死者能与氏族亲人团聚，必须沿着迁入路线把死者送返故里。所以各个尔都有自己的达巴，认为只有本尔的达巴才能送走自己的亡灵。②有氏族墓地的遗迹。传说在母系氏族时代，各尔都有自己的公共墓地。西尔在木西夕比山，胡尔在尼措瓦山，牙尔在格各区比山，峨尔在狮子山。随着尔分裂为斯日，尔的公共墓地也就为斯日的公共墓地所取代。氏族是一个能动的因素，会不断地发展变化。

在尔分裂为斯日后，同一尔的各斯日之间可互通婚姻，尔由此失去了外婚制的特征，而具有了部落的某些性质。尔与土司制度下的等级制度没有必然联系，同一个尔的成员，有的属责卡，有的属俄。如四个尔中，峨尔成员最多，既包括斯沛，也包括责卡和俄。不过一般来说，斯沛等级和与其有血缘关系（据他们传说有血缘关系）的责卡，以及大部分俄，多属峨尔，责卡等级则多属其他几个尔。虽然西、胡、牙、峨等母系氏族早已瓦解了，但在 20 世纪 60 ～ 70 年代的调查中，绝大多数家户对自己属于哪个尔还是清楚的。永宁摩梭人属"西"、"胡"、"牙"、"峨"四个"尔"。除少数村落为一个尔聚居外，大部分村落均为杂居。这种杂居状况，据说在若干年前就已形成。随着部分家庭不断流动迁徙，婚娶和过继等的频繁，更加形成了杂居的局面。据调查，永宁 14 个村落，仅五树为一个尔聚居，余均为二个尔以上的成员杂居。下表是各村所属尔的户数（表 3-1）：

"尔"成员村落分布表 表 3-1

村名	总户数	西尔	胡尔	牙尔	峨尔	不明
开基格瓦	29		16	1	10	2
开基木瓦	23	9	1		9	4
那哈瓦	20			2	18	
嘎拉村	9		2	6	1	
朗瓦	12				12	
阿拉瓦	16		2	1	8	5
巴搓古	5	1	4			
梅吉落	5	1		3	1	
拉鲁瓦	8	2	3		3	
阿米瓦	12				12	
阿米洛	4				4	
黑瓦洛	8	1	5	2		
甲布瓦	8				8	
格沙瓦	9				9	
合计	168	14	33	15	95	11

（该表摘自《宁蒗彝族自治县永宁纳西族社会及其母权制的调查报告（宁蒗县纳西族调查材料之二）》278 页）

2. 斯日

斯日是比尔小的母系血缘集团，含义也是"一个根骨的人"。它又被比喻为"一盘子饭肉"，这是由斯日共同祭祖时要设一公共的祭品盘，每念一位死去祖先的名字就在盘中放一点肉饭引申而来。这反映了斯日曾是一个共同生产、共同消费的单位。

它是由若干血缘近亲家庭组成的集团。同一斯日的各家，都是同一女性祖先的后裔，并多以祖先名字作为斯日名称。在永宁乡范围内，一个斯日一般包括数家，只有个别斯日，如程把事系统的"查司"和"布洒"两个斯日，在十家以上。还有不少由外地迁入的单家独户，若干年来仅此一家，他们就无什么斯日。这种无斯日的家庭，在永宁占有一定比重，特别在俄等级中比较普遍。

斯日最初可能是由"尔"分离出来的母系氏族成员，人口繁衍增多以后，分裂成若干家庭。这些本原家庭，又不断分衍出新的家庭。分裂出来的家庭，因与原来祖母屋同属一个血统，它们在血缘联系的基础上，形成一个斯日。这种不断分裂，不断形成新的斯日的趋势，至今还看得十分明显。如甲布瓦和格沙瓦各家，原为一个祖先，同为一个斯日。约在距今七八代时，由于家庭不断分裂，已分成甲布和格沙两个斯日，凡属斯日的集体活动，甲布、格沙均分别举行，互不邀请。而在甲布、格沙两个斯日内，又有形成新斯日的可能。如格沙斯日共九家，其中四家近数代始从独帕家分出，另五家由阿窝分出，形成了两个血缘近亲集团。虽然上述九家还算作一个斯日，但已经有出现新的斯日的趋势。在其他斯日内，类似现象也很常见。所以，以血缘为纽带联系起来的斯日，它只是由若干血缘近亲家庭组成的集团。

按照摩梭人的古老传统，组成斯日的各家，其成员血统应从母系计算。这样，才能在属于母系家庭的基础上，形成以母系血缘为纽带联系起来的斯日。但这种纯母系血统的斯日，目前已经极其少见。绝大多数斯日，随着若干家庭过继和娶妻，不但母系血统发生了变换，而且渗入了不少父系血统，加入了父系成员。这就使得斯日成为既包括母系成员又包括父系成员的组织。在实际生活中，人们对斯日这个组织，已不十分重视它的血统是母系还是父系，女子分居未嫁所生子女也好，男子分居娶妻所生子女也好，只要她（他）们从一个家庭分出，她们就被纳入同一斯日，被视为一根"骨头"。由此可见，斯日已经由母系血缘为纽带联系起来的组织，变成为母系父系血统兼而有之的、血缘纽带相当松弛的组织了。正因为如此，就出现了同一斯日之内，乃至一家之内互通婚姻的现象。

尽管斯日的血缘纽带已经比较松弛，但同一斯日之内还保持着一些集体活动和联系。这些活动和联系，某些斯日保持比较紧密，某些斯日同样也比较松弛。

1）有共同的祖先

斯日成员出自共同的女始祖，并多以她的名字为斯日名称，如萨达布、阿马、灼布、达珠折等。少数以男祖名为斯日名，如软格，但血统的追溯仍按母系。我们也可以设想，当初由尔发展为斯日时，正是氏族的几个老姊妹，带领自己的子女和女儿的子女等几代人，离开古老氏族，发展为新氏族或女儿氏族。后来衣杜的出现，也是走的这条道路。

2）实行氏族外婚制

摩梭人最初的6个尔，分为3对，互相通婚，互为半边，外婚制采取两合组织的形式。随着氏族的发展，尔的外婚制发展为斯日的外婚制。即尔分裂为斯日以后，同一个尔的各斯日之内不再禁婚，只禁止本斯日成员间的通婚关系。

晚近以来，斯日变成父系母系混杂的组织，在一个斯日中存在两个以上母系血统的情况下，不同的母系血统也可以通婚。氏族外婚制的原则，不再表现为严格的斯日外婚制，而只是禁止同属一个母系血统的人们之间通婚。

3）共同的族长

每个斯日原来都有自己的族长。最初可能是由德高望重的妇女担任，主要职能是主持本氏族的生产、生活以及对外事务。土司制度建立后，氏族长演变为受尊敬的长老。其中，有些被土司任命为拉梅，汉意为"虎头"，俗称"伙头"，他们是建立在地缘基础上的村落首领。金沙江边的拉梅，又称"老户"，说明担任拉梅的人，是当地最古老的氏族成员。

在某些斯日中，晚近以来还有长老一职，如温泉乡瓦虎斯日的沙布尔泽、瓦拉斯日的阿其阿毛等。但是，他们已失去了在经济上的社会权力，只是在最保守的宗教领域还掌有祭祀共同祖先的权力。他们能背诵氏族系谱，熟悉氏族历史，通晓氏族风俗，因而受到斯日成员的尊敬。

4) 共同经济生活的遗迹

最初的斯日，是聚族共居的，有共同的土地、森林和其他财产，实行集体劳动，共同消费。土司制度建立后，氏族成员沦为责卡，氏族公有的土地变为封建份地，土司成为土地的最高所有者，但责卡还以斯日和村社为单位占有一些公有地。如温泉乡的瓦虎、瓦拉两个斯日，集体占有该乡北部的大片荒地。后来从外地迁入的普米族，经这两个斯日同意，并向他们缴纳少量地租，才被允许耕种部分土地。土司最高的所有权，体现在派劳役和收实物贡纳上，而不能直接过问斯日集体占有地的租佃事宜。在落水乡也有类似情形。

斯日已不再是一个共同生产的单位，但集中居住的同一斯日的各户，在生产和生活中仍然保持着互相帮助的传统。如狩猎所获的野物，盛行平均分配。这是早期斯日实行集体劳动、共同消费的遗俗。每年两次祭祖，斯日也实行共餐，在婚丧事件中有互相帮助的义务，这些都反映了斯日曾经是一个经济单位。

5) 氏族内部的相互继承权

母系氏族时期，生产力很低下，氏族的集体力量是人们赖以生存的基础。一切生产资料和主要生活资料都归氏族所有共同劳动，平均消费。财产留在氏族内部，按母系原则集体继承。个人所用的衣物、装饰品，除部分随葬外，可由死者的兄弟姊妹使用。

新中国成立前，泸沽湖地区摩梭人是以母系衣杜、母系父系并存家庭，或者父系家庭为基本经济单位。但是在发生绝嗣的情况下，氏族成员有互相继承的权利。斯日内部的互相继承制，是古代氏族成员相互继承制的遗迹。

6) 互相过继的权利

过继是维系母系氏族的重要手段，当缺乏女继承人时，更是如此。过继有两种情况；一种是过继个别成员，一种是集体性的过继。

个别过继主要是缺乏女继承人的衣杜，从其他衣杜过继养女。也有少数衣杜因缺乏劳动力过继养子。过继对象要先从本斯日中选择，在选不到合适的人选，可到其他斯日去找。继入者也就算加入了该户的斯日。

集体过继是把兄弟姊妹若干人，甚至老少几代人一齐过继给其他衣杜。集体过继的例子，在各乡都可以找到，至于过继个别成员，更是极普遍的现象。因为衣杜男子不娶，一旦缺乏女继承人，惟有过继一途。而近代衣杜规模小，有相当一部分妇女又不育，因而经常有一些衣杜需要从其他人口较多的衣杜过继子女，这已成为调剂衣杜人口的一种方式。

7) 共同的祭祖活动

永宁摩梭人的祭天仪式"姆肯毕"则以同一母系亲族或以地缘村落为单位。同一个血缘母系亲族"斯日"每年都要举行集体的祭天(也是祭祖)活动。有的一年祭祀两次，即农历八月和十月，有的祭祀一次，即农历十月。祭祀由达巴主持，每个斯日都要举行集体的祭祖活动。祭祀时，全斯日的男女老少都来参加，由本斯日的达巴主祭。桌上供有猪、鸡、粑粑和水果等供品。达巴站在供桌的一侧，旁边有两个老年男子陪祭。

达巴要背诵祖先的名字，由古及今，念一个名字，陪祭人就在木盘中放一块腊肉，念完一代祖先的名字，就放一块较大的猪筋骨，并且请祖先亡灵回来与斯日成员共享丰收的喜悦。把斯日成员比喻为"饭肉一盘子"即由此而来。它表明：斯日成员曾有过共同消费的历史。

祭祀完毕，全斯日的人举行集体会餐。由年老妇女分给每个人一份同等的食品，因故未能参加者，也给带回一份。正如拉法格所说："宗教，这个古代风俗的贮藏库，也把共食当作宗教仪式保存了下来。"

此外，还有共同的墓地和共同的宗教活动。

综上所述，作为联系同一血统各家的斯日，至今还保持着某些集体活动和联系，在母系血缘纽带的联系上，也起着一些作用。但另一方面，至迟在近百年以来，随着摩梭社会经济的发展，以及男婚女嫁的增加等原因，使得斯日发生了巨大变化。不仅是斯日的活动有所减少，联系不很紧密，更重要的是维系母系血缘纽带的作用已日益消失，变成为无论母系血缘或父系血缘都相当松弛的组织。也由于这个原因，甲布瓦、格沙瓦和纳哈瓦等村，虽然全为一个斯日聚居，它已经不是母系血缘村落了。

3. "尔"、"斯日"与居民点

摩梭人称居民点为"瓦"，瓦是多的意思。在习惯上凡是有两家以上居住的居民点，都可以叫作瓦。作为村落的瓦，都位于盆地四周的山麓。山麓地势高，背依青山不仅便于打柴，并且可以防风。盆地中央则是耕地。摩梭人在永宁盆地四周先后建立竹地、扎石、扎石黑布瓦、扎石古瓦、忠斯、忠克、尤梅瓦、亥吉古、巴奇瓦、拖之、阿底古、阿拉瓦、开基喀瓦、开基吉奇、开基那哈瓦、开基厚黑瓦、喀拉瓦、兰旺、木吉楼、皮匠街（巴抽古）、西瓦楼、喀沙瓦、软吉瓦、瓦拉皮、巴瓦、者波木瓦、者波阿池瓦、者波阿那瓦、者波喀瓦、巴珠、达坡诸瓦、达坡斯楼、达坡瓦楼、达坡瞎瓦、开基木瓦等和阿周瓦等36个村落。

根据对上述36个村落中的30个村落、355家进行初步普查的结果，属于俄尔的150家，属于牙尔的119家，属于西尔的58家，属于胡尔的28家。从各尔聚居的情况看，就是现在还较明显地按尔较集中地聚居在一片的地区里。如西尔则集中在者波阿他瓦、者波阿池瓦、西瓦楼、喀沙瓦等村落中；而牙尔则集中在者波阿那瓦、阿拉瓦、兰旺、开基喀拉瓦和软吉瓦等村；胡尔多集中在阿勾瓦村；由于俄尔成员多，土司等封建主便是属于俄尔，因之散布地区广泛。

而在他们每个尔聚居较集中的地区中，还有一些直到现在仍存在由某一个尔分裂出来的几家血缘近亲所组成的独立村落。西瓦楼便是由西尔的七家血缘近亲所建落；耶马瓦便是由牙尔的六家血缘近亲所建立的村落；竹地便是由峨尔的九家血缘近亲所建立的村落。但绝大部分已非由一个尔的血族成员所组成，而是由多个尔的成员所组成，实行杂居。在我们调查的30个村落中，单由一个尔成员所组成的村落仅有四个，由两个尔成员所组成的村落有12个，由三个尔成员所组成的村落有11个，由四个尔成员所组成的村落有三个。但在二三个尔员所组成的村落中，其绝大部分仍然可以看出发展到杂居的顺序。

3.4.2.2　家庭制度：衣杜

摩梭社会的家庭制度有一个专用名词——衣杜（yidu），直译是住宅的意思，在其前面均冠以家姓，口语表达为某某家。[56] 这个重要的概念其实既是指其居住生活的建筑空间，又包括了一个家户中的所有成员，衣杜成员人数不均，从七八人到二三十人都有，在摩梭传统的家庭观念中，衣杜人数众多是富裕和睦的标志（图3-21）。衣杜是摩梭社会最基本的组织单位，承担生产、生活的功能，同一母系血缘的衣杜共同构成一个斯日。

一个典型的衣杜包含三至四代母系血缘关系的成员，主要成员有：祖母及其兄弟姊妹，母亲及其兄弟姊妹，子女和孙子孙女等。这样的衣杜是一种以女性为中心的纯粹的血缘组织，妇女在衣杜中占有主导地位，这是摩梭家庭制度中的主要构成形式和最具特色的部分。

在现实状况中，母系血缘关系的纯粹性并不是衣杜坚持的唯一构成原则，摩梭人更加看重的是衣杜能够稳定持续的存在。如果某个衣杜出现成员减少、面临绝嗣的危险时，该衣杜会毫不犹豫地选择在同一斯日内过继，甚至通过婚姻关系在不同斯日间引入新的成员，以保证该衣杜后继有人，祖先的祭祀不至于中断，哪怕是衣杜新成员已经与被祭祀的祖先没有了血缘联系。又由于受到汉文化统治、土司制度、藏传佛教等因素影响，出现了一部分以父系血缘为纽带的衣杜，尤其是在土司等上层贵族家庭一般都是采用父系制。

图 3-21　摩梭衣杜成员
（资料来源：作者自摄）

　　从以上的状况来看，衣杜不是一个单纯的血缘组织，维护衣杜的概念性存在，并保持衣杜在生产、生活、祭祀等方面的功能稳定，超越了对血缘联系的坚持。衣杜的稳定保证了摩梭社会结构的稳定，使摩梭传统文化的独特性得以保持，文化控制力得以有效发挥。衣杜还拥有以下一些共同特征：

　　1. 共同居住、共同生产、财产共有

　　衣杜所有成员共同居住，实行分工协作、集体劳动。在衣杜内部，基本采用财产共有的形式，房屋、牲畜、粮食、货币和工具等财产属衣杜成员共同占有，有统一的公共仓库，共同消费，公有财产集体继承，个人无权支配。

　　2. 达布负责制

　　每一个衣杜都有一个当家人，称之为"达布"，达布的产生完全取决于本人的办事协调能力等条件，男女均可担任。主要职责是管理经济、计划生产、安排生活、处理对外事务。达布具体管理过程中很少独断专行，重要事宜多是衣杜成员共同商议决定，处事原则主要以公平和符合习俗为标准。

　　3. 有公共墓地

　　衣杜的公共墓地是在原斯日公共墓地的基础上发展起来，多选择在山坡的石岩下或树洞中。火化之后的骨灰袋按辈分、性别排列，老上少下，女右男左。经过若干年以后，人们往往把散乱了的骨灰堆积在一起，形成不分辈分、性别的合葬坑。

　　4. 共同祭祀祖先。

　　每个衣杜都有自己的祖先，对祖先的共同祭祀是每个衣杜成员的职责，也是衣杜强化自我认同与区别的重要仪式，其形式既有三餐前的锅庄石日常献食，也有每年十月二十五日隆重的"杀猪念鬼"。

3.4.2.3　走婚与婚姻制度

　　1. 走婚

　　在严汝娴、宋兆麟两位先生于 1983 年出版的著作《永宁纳西族的母系制》中，首次以"走婚"或"走访婚"来命名摩梭人特有的性习俗，摩梭语称其为"提斜斜"（tisese），意思是走来走去。书中描述，按照这种性习俗，少年举行成年仪式后，即可结交异性朋友。一旦双方愿意，男方就可去女方处走访共宿，翌日一早男子会离开女方家，返回到自己衣杜进行正常的劳动、生活，天黑以后再去女方家中居住。根据《宁蒗彝族自治县纳西族社会及家庭形态调查（宁蒗县纳西族家庭婚姻调查之一)》一书的调查，1956 年民主改革前夕，永宁平坝六乡 1749 个成年男女中，实行走婚的有 1285 人，占成年人总数的 73.5%。其实还不止此数，因为某些其他婚姻生活的人，过去或现在都在一定程度上卷入过走访婚生活。它又包括异地而居、同屋而居及结婚这三种行为方式。[57]

　　走婚的特征在异居这种方式上表现得较为明显，由于男女双方过着偶居式的生活，因此虽在经济上有一定联系，但也是一种较松散的关系，走婚所生子女属于女方衣杜，男方无需承担抚养义务；走访关系的缔结与解除完全取决于男女双方的意愿，没有契约和义务的约束，也没有抚养权、财产分割的困扰；摩梭社会对走婚对象的禁忌作出规定，主要是同一女性祖先至少三代之内的后裔不能发生性关系，这种禁忌针对血缘关系规定，不涉及概念意义上的斯日或衣杜成员；走婚双方相互没有独占性的承诺，只要不违反血亲禁忌，男女均可以同时与多人保持走婚关系；走婚关系中以妇女为主体，衣杜成员尤其是男性成员无权干涉其走婚行为；走婚对象的选择一般以情感为主，没有等级观念，也不是完全出于利益考量，当然，容貌、才干、社会名望往往是吸引对方的有利条件。

　　我们可以看到，走婚这种性习俗与摩梭社会的母系衣杜制度是相互适应的，摩梭女子在走婚制上的主体地位也符合母系衣杜制度中的女性中心观，虽然历经时代变化，作为摩梭文化重要因素的走婚制仍然保持其生命力，依旧是摩梭人性行为的主要习俗。

　　2. 婚姻

　　泸沽湖地域摩梭人的婚姻制度一般认为是伴随着土司制度的出现而出现的，土司制度受制于中原王朝，虽然多属于羁縻遥治，但在土司世袭这一问题上，中原王朝往往非常重视，符合中原文化的婚姻才能产生中原王朝认可的继承人，婚姻成为土司及其贵族群体的必须。始于斯沛等级（关于摩梭等级制度后文另述）的婚姻因其特殊的阶层背景而被赋予一种荣耀的含义，其他等级的摩梭人采用婚姻这种形式除了达到家户结构调整的目的外，还多此层含义影响，数百年来婚姻制因此而与走婚制并存。但其他等级中并非采用婚姻形式的家户就会一直沿用，恢复为走婚制对于普通摩梭人而言仍具有较大吸引力和文化惯性，最近的一个例子就是"文革"时期强迫摩梭人结婚，民族政策重新落实以后，结婚的摩梭人纷纷离婚，恢复了走婚制。

3.4.2.4　亲属制度

　　关于摩梭人的亲属制度，在《永宁纳西族的母系制》一书中进行了如下描述：在母系衣杜中，其成员包括母亲的母亲及其兄弟姐妹，母亲及其兄弟姐妹，母亲的母亲的姐妹的儿女，自己及其兄弟姐妹，母亲的姐妹的儿女，自己（女子）的儿女，姐妹女儿的儿女，母亲姐妹女儿的女儿的儿女。衣杜中不存在姻亲关系，既无男子具有父亲或丈夫的身份，也无女子具有妻子的身份。家户中兄弟姐妹间的相互平等，母亲们对其子女们和舅舅们对其甥女、甥男的爱，以及子女们和甥女甥男们对其母亲们、舅舅们的尊敬，构成了摩梭家户亲属结构关系的核心。在母系衣杜中，成员之间的亲缘关系是由母系血缘相贯串，但并非与婚姻的法则无关。正由于衣杜成员盛行走婚，配偶关系不稳定，双方互称朋友，不算夫妻，双方衣杜，既不算亲属，也不算亲戚。走婚对象在其关系维持期间虽然可以借用"阿乌"、"阿咪"等称谓称呼对方的长亲，但互相之间并不承担相应的义务。

　　母系衣杜尽管在摩梭社会中占较大比重，但是它早已发生变化，出现了少量男子出嫁的母系家庭。在这种家庭里，虽然世系和继承权仍然按女系计算，但亲属关系开始既按母系，也按父系来算了。入赘的男子，不管孩子们称他是父亲还是舅舅，他都负起抚育子女之责，子女将来对他也有养老的义务，并且结亲的两个衣杜互相承认是亲戚，从而为双系亲属制的产生提供了一定前提。何况衣杜的变化还不限于此，这里还出现了大量母系父系并存家庭，也有少量的父系家庭。这三种家庭形式都影响了摩梭亲属制度的发展变化，在夫妻共同生活的家庭中，孩子们不仅有明确的母系亲属，也有了父系亲属。由此产生出一些父系的亲属称谓，如称父为"阿达"，称叔伯父为"阿波"，称姑母为"阿尼"，称丈夫为"寒叔巴"，称妻为"楚咪"。不过，由于母系衣杜占据优势，父系称谓很不完善。有的是从附近其他民族的词汇中借来的，且很少使用。姻系如岳父、岳母等称谓则尚未产生。[58]

3.4.2.5 土司制度

1. 政治制度

土司制度是一种封建的地方政治制度，是中国封建王朝在边疆民族聚居地和杂居地带实行的一种特殊的统治制度，形成于元，完善于明，衰微于清。土司是摩梭人社会最高的封建统治者，实行世袭制。永宁的土司较长时间是属于今天永胜的前身——永北统辖，到 1950 年永宁解放前，一共经历了二十八代（图 3-22）。

历代封建统治者对永宁地区的统治办法是遥治，而具体政务则交土司直接统治，土司向中央王朝交纳一定贡赋，中央王朝则给予土司一定的偿赐。清末，永北厅每二、三个月派来一个官员，负责收捐税。民初，改分县和设治局，分县和设治局的统治机关都先后设在宁蒗大春街，仅在分县长和设治局局长上任时期来永宁做形式上的视事。历代封建统治者与土司间的联系是师爷，土司聘请师爷的目的，便是负责教书和兼事秘书工作，在一定程度上担任汉族官吏与土司间的通事。[59]

2. 军事制度

永宁地区的军事组织分成两部分：一部分是历代统治者派驻永宁地区的武装，一部分属于永宁土知府的武装。它也同样分成两种：一种是保护土司的警卫卫士；一种是维持永宁封建制度的武装。保护土司的警卫卫士

图 3-22　永宁总管阿云山和儿子
（资料来源：《中国西南古纳西王国》，约瑟夫·洛克摄）

长住于土司土知府，负责保护土知府和土司，其他武装由俄等级的青年担任，如果有特殊情况时随时征调。

3. 土地制度与土司法

土司法反映了摩梭人不同等级在政治中和经济中的地位。土司法主要包括土地法、畜牧法和盗窃法等，而封建等级的习俗和仪礼，都有法律的特点。上述的各种法虽无明文，但长期的沿袭以及汉族封建主义法律观点直接和间接的影响，使得土司法日益完备。

土地法是土司法律的基本内容，土地归土司所有。归农民或者农奴占有的土地虽可以租佃和抵押，但禁止买卖，死绝户的土地则由土司收回；土地在秋收之后到四月前可以作牧场，放牧牲畜，五月后则禁止放牧。份地的界限标识有三种，一种是天然的田埂，一种是石桩，一种是种树。

4. 等级制度

在摩梭人社会内部有三个等级：第一个等级是土司为首的斯沛，包括上层的喇嘛，第二个等级是责喀，责喀占有份地，一般把责喀等级看作百姓；第三个等级是俄，原则上不能占有份地，但在新中国成立前已经冲破不能占份地的禁例。

根据 1956 年进行和平协商土地改革时的统计，永宁地区有 958 家摩梭人，6399 人。其中，属于斯沛等级的 17 家地主，153 人；16 家富农，175 人，而富农多半是属于斯沛等级、少部分是由责喀和俄等级中上升起来的。其余，中农 344 家，2774 人；贫农 545 家，2982 人；雇农 36 家，125 人。合计 925 家，5881 人，都是属于责喀和俄等级，无法分辨责喀与俄等各占多少。

每个斯沛都有自己的封建领地，拥有为其服劳役的俄等级，担任从家内到田间的各种劳役。斯沛

已建立起父权制家庭，财产由男系继承，按父系家庭组织原则实行男娶女嫁。但家户成员仍然可以进行走婚行为，且没有等级制度的限制。斯沛等级内部在不断产生分化，最终出现一部分没落的斯沛可能降到责喀的地位，而某些斯沛可能因政治斗争的胜利而获得土司的实权。

责喀等级由土司制度下占有份地负担劳役等地租的依附农民组成。泸沽湖地域的责喀根据其所居住的地区分成内责喀与外责喀两种，住在永宁盆地内部的叫西库胡厄，住在永宁盆地以外地区的则叫吉地胡厄。责喀不仅基于占有封建份地而产生依附关系，封建依附关系也表现在紧止责喀自由实行迁徙。内责喀分别由阿拉瓦、阿古瓦、西瓦楼、者波、扎石和竹地几个拉梅区管理。外责喀分别属于二十四官，但在官之下仍然设立拉梅。二十四官代理土司行使司法、行政和财务的权利，而拉梅则具体负责。

俄是第三等级，与责喀不同之处主要在于俄有人身的依附关系。俄分成家内与田间两种，家内的叫库俄，田间的叫比俄。

据初步了解，俄等级的产生，基本上有三个途径：一是丧失生产资料，沦于贫困境地而被迫投靠封建主和喇嘛寺，喇嘛寺的23家俄则多半就是投靠性；二是卖身为俄，这与第一个途径近似；第三个途径是因为犯罪而降为俄。俄没有人身自由，世袭地为封建主服家内和田间的劳役，可以被赠送、买卖。土司司署内库俄主要是从事司署内部的劳役，但也兼事田间劳役。喇嘛寺的俄的劳役主要是放猪、牛、日、挑水，准备寺内宗教活动所需的松树枝。

俄属封建主所有，为封建主服劳役，但俄的家属则靠俄独自生产度日。一年仅在十月祭祖，冬月十二过牛马年。旧历年除夕等年节，俄首先要目土司送礼，然后土司叫俄来司署吃饭。在每年除夕的晚上，土司给俄一套粗得可以看刘自体的麻布衣。要求穿上麻布衣的俄，在新的一年继续为封建主服役。由于俄的家庭成员分成两部分，有1~2人专事为封建主服役，其余的家庭成员则经营自己的家庭经济，没有耕地的则通过租佃或抵押方式获得耕地。

随着摩梭社会经济的发展，特别是赶马运输的发展，进一步引起摩梭人社会等级的分化。根据占有土地和耕畜数量的不同导致家庭财富差距扩大，这种财富差距打乱了原来世袭的等级关系。

5. 土司制度下的政教合一体系

藏传佛教进入泸沽湖地域后很快为土司所接受并加以推广，土司利用藏传佛教巩固自己的统治，最后发展到直接由土司次子世袭喇嘛寺最高行政领导——堪布。堪布建有衙门，其职权实际已超出了宗教范围，拥有一定的司法处置权利。同时他仍保留斯沛级贵族的世俗地位，占有相当数量土地和"俄"等级人户。通过这种政教合一体系，土司得以掌控该地域的世俗和宗教双重权利。

6. 土司制度对文化演进发挥的作用

1）中央王朝的"顺俗施政"。

元朝对少数民族的统治，正如《元史·仁宗本纪》所说："从本俗职权以行，对蛮夷土官，不改其旧，顺俗施政"[60]。在这种政策的要求下，只要永宁归中央王朝管辖，交纳一定贡赋，土司由上级官署委任，也就达到了中央王朝的统治目的。摩梭人作为被中央王朝统治的一员，承认中央王朝对当地土地、山林和河流的最高所有权。土司制度的确立，既是这种最高土地所有权的体现，又是中央王朝对永宁地区实行遥控的重要措施。但是，中央王朝对于摩梭人社会的内部结构、婚姻家庭形态并不进行干涉，而是采取"顺俗施政"，从而有利于母系制的存在。明清时期，中央王朝虽然对泸沽湖地区加强了控制，但是他们并没有把自己的生产、生活方式强加在摩梭人身上。

2）土司的迁就政策。

以永宁土司为首的斯沛等级，是在中央王朝的支持下，由氏族部落首领蜕变为凌驾于氏族成员之上的统治者的。土司虽然是中央王朝任命的官吏，但是由于最高统治者实行"以夷治夷"的羁縻之法，中央王朝和土司的关系还是比较疏远的，甚至有一定的民族隔阂，所以土司辖区成了相对的"独立王国"。而且，土司家族本身来源于摩梭母系氏族，它又始终受到母系制的层层包围，在婚姻家庭方面与母系制有千丝万缕的联系。所以，土司为了巩固自己的统治，对当地的母系制采取妥协的态度，维持了文化的延续性。

在实际的统治过程中，一方面，土司尽力维护斯沛等级的父权制。斯沛等级占有较多的财产，如土地、农奴和牲畜等，都由男子掌握，实行父死子继。贵族妇女业已脱离生产，失去了对财产的支配权。永宁、左所和前所等土司及当权斯沛皆实行长子继承制，在婚姻上流行男娶女嫁，普遍建立父权制家庭。从这一方面看，土司支持父权制的表率作用及其民间的效仿行为，成为影响母系制的重要力量。

另一方面，土司对母系制采取迁就态度。土司等级制度赋予了摩梭社会成员一套新的角色，但这种等级制度的规定对象还是家庭而非个人，它在将摩梭社会纳入制度管理的同时，也以这种制度赋予的权利保持了摩梭社会的传统价值观和生活方式，在这种以衣杜为单位的等级排序和调整中，家庭这一概念非但未被肢解反而强化，而衣杜正是承载摩梭文化的根本。土司规定俄等级对土地只有占有权，没有所有权，要求占有土地的农奴定期为土司服役、交纳贡品。在这种剥削关系中，土司并不过问剥削对象的家庭属性。事实上，他们既承认母系衣杜为社会的基本细胞，又把封建负担分配给母系亲族承担。如果某农奴把自己的份地押出去，劳役贡赋则仍然要由他——份地的原主负责。土司认人不认地，说明这里的封建剥削并不附着于土地之上，而是与原占有土地的母系亲族世代相连在一起的。

当一个母系衣杜分家时，按土地征收的剥削负担不变，但是按户征收的负担却要增加若干份。由于这个原因，土司是支持分家的，并且经常替所属的女俄招赘，建立新的衣杜。这样，土司的剥削对象就能不断增加。但是母系衣杜往往以少分家或者以兄弟姊妹为单位分家加以对抗，无形中抵消了土司对父权制的支持，保持了衣杜数量、形态的相对稳定。

7. 土司制度的终结与残留影响

1）"散羊毛疙瘩"组织

所谓"散羊毛疙瘩"是泸沽湖地域内摩梭百姓（责卡等级）向封建领主问责的一种传统形式。其形式是用两块小木板，上面缠着羊毛搓成的小绳，并绑上辣椒、木炭。作为传递联络的信号。疙瘩代表日期，一个疙瘩代表一天，两个疙瘩代表两天，羊毛绳上结几个疙瘩，就表示第几天的清晨到传统的地点集合行动。根据古规，百姓"散羊毛疙瘩"后，可以抄没被问责的领主的家财、宰杀牲畜。被反对的封建领主（上自土司，下至官人、斯沛）必须承认错误，土司出来评理时，不能骑马、戴帽、穿鞋。摩梭人在历史上曾经多次通过"散羊毛疙瘩"组织起来，进行反对土司、总管、斯沛等封建领主的斗争。

2）结束与残留影响

1956 年泸沽湖地区实行民主改革，在政府的强力主导下，镇压了个别土司的叛乱活动，该地的土司制度正式宣告结束。持续 700 余年的土司制度给摩梭社会留下深刻烙印，而今土司制度仅仅作为一个历史现象被研究，一些土司统治时期的历史遗迹（土司府、旧居等）、和重要当事人（如末代土司夫人）已经成为旅游观光的对象，成为泸沽湖地区的一笔历史文化财富（图 3-23）。

图 3-23　拖支村的土司旧宅
（资料来源：作者自摄）

3.4.2.6　宗教制度

1. 达巴教的教义

达巴教是摩梭人的原始宗教，其教义包含万物有灵、多神崇拜、祖先崇拜、生活规范等多种内容，藏传佛教、纳西东巴教、普米哈巴教对达巴教教义均有不同程度的影响。

达巴教认为天地万物皆有灵，日月星辰、风雨雷电、山川树木等一切自然界有形、无形的事物都可以成为神灵的化身，对摩梭人的生产生活产生重要的影响，达巴教的神灵众多，有以干木女神为代表的一系列女神，她们是达巴教中最重要的神祇，是摩梭社会的主宰，她们享受摩梭人最隆重的祭拜；有象征光明的家户守护神"让巴拉"，摩梭人要通过保持火塘昼夜不灭和三餐前的献祭来向它祈福；有"署"神、天神"木噶拉"为代表的一系列自然神，讨其欢心的日常行为方式和专门祭祀是获得人畜平安、风调雨顺的途径。

达巴教教义中的祖先崇拜是与其灵魂观念结合在一起的。达巴教认为人死后灵魂不灭，逝去祖先的灵魂会回到摩梭人的来源之地——司布阿那瓦，并保佑其后代的平安幸福，而后代也要严格执行日常的"锅庄石"献祭和专门的祭祖仪式表达敬畏。达巴的教义宣传人死后其灵魂变成"池垮梅"，已殁的本家成员的灵魂是"内池垮梅"，称"库初"，别家已故成员的灵魂，是"外池垮梅"，称"比初"。任何一人生病，据达巴的解释，便是触犯了"池垮梅"所致，因此必须给"池垮梅"供奉牺牲品，牺牲品的多少根据病人所遇到的"池垮梅"决定，一般来说"库初"相对温和，它降下的灾病以警示后代为目的，但"比初"则会带来较大的灾难，这都需要由达巴来家中组织仪式（图3-24），安抚"库初"或驱除"比初"。

达巴教的教义还覆盖了摩梭人日常生活的种种内容，包括族群起源、天文地理、配药治病、行为禁忌等，成为规范、指导摩梭人日常社会行为的重要制度。甚至在其口诵经中还可以加入较为私人的内容，分属于各个斯日的达巴掌握该斯日的历史知识，包括本斯日的迁徙线路、逝去祖先的名字等，并在各种仪式上作为口诵经中的一部分内容加以念诵，强化了摩梭社会结构的概念认同。

2. 藏传佛教的教义教规

在摩梭人的社会生活中，藏传佛教占有重要地位。藏传佛教教义精深，组织严密，对藏传佛教教义的尊崇调整、规范着摩梭人的行为，对摩梭传统文化产生了较大的影响。

藏传佛教流派众多，教义精深复杂，这里只简要地介绍地对泸沽湖地域摩梭文化产生影响的部分。

图3-24　达巴"驱鬼"
（资料来源：作者自摄）

如藏传佛教宣讲"四谛"、"三毒"，主张"修十身"，这些教义多宣扬自我节制、与人为善，这与摩梭人众多家户成员共同生活，以和睦为重要价值的传统观念相当一致，摩梭人很容易接受这些教义，并自觉在日常生活中将其作为行为规范。

藏传佛教中的各种宗教节日、祭祀仪式也成为摩梭人日常生活的制度化内容，如对佛的敬拜，除了每月十五到寺庙烧香敬佛外，初八、十四、十五、三十都是最吉祥的日子，都要在家中经堂举行敬佛的活动，经堂案桌上供有常年不灭的酥油灯和净水碗，每日清晨要更换一次（图3-25）。在摩梭衣杜的屋顶上都插有经幡，祈求神灵保佑、消灾灭祸。在除了"十月祭祖"以外的几乎所有摩梭传统仪式上，喇嘛已经成为不可缺少的角色，出现频率超过了达巴。如摩梭孩子的赐名活动要由喇嘛主持，名字由喇嘛赐予；在摩梭孩子的成年礼上，也要请喇嘛来念诵经文；在葬礼的整个过程，都要请喇嘛念经；盖房子的时候上梁时要请喇嘛念经；春节、祭牧神节、转山节等节日，生活生产活动中

图 3-25　经堂祭祀
（资料来源：作者自摄）

的去病、祈福仪式，都需要喇嘛到场念经祈祷；一些家庭更经常地在一些吉日请喇嘛来家中念经作法，请来的喇嘛在家中所设的经堂留居数日。

3. 各种禁忌及其意义

禁忌通过社会或文化的工具，对个人或集体的行为进行约束，使其更接近于社会和文化传统所认可的行为模式，由此达到社会或群体的调适与发展。摩梭文化禁忌的产生和内容主要受摩梭人传统习俗、宗教信仰（包括藏传佛教和达巴教）的影响，它渗入摩梭人日常生活的方方面面，发挥了较大的行为规范作用，是摩梭文化控制力的直接表现。在我们的调查中收集到为数不少的禁忌内容，简要介绍如下：

1）寺庙、经堂禁忌

忌在寺庙、经堂抽烟吃东西；忌在拜佛的时候将气喷到佛像和净水碗；忌在寺庙、经堂里敬香点灯时用单手点火；忌用了寺里的灯香敬佛后不施功德。

2）火塘禁忌

忌将带去的礼盒酒瓶放在摩梭家火塘下方的火铺平台上，因为办丧事时才在这里搭灵台供祭品，礼物应放在火塘上方的让巴拉前；忌向火塘内抛污物，吐口痰；忌将脚踏入火塘内；忌在火塘边谈论或询问与性有关的问题；忌在火塘边坐在比自己年长者的上方；忌在火塘边使用火钳时发出碰击声；忌在火塘上一个人支锅另一个人抬锅；忌在火塘边加柴从两边加入，只能从正下方一个方位进柴火；忌火塘上加柴先烧尖部，要先烧根部；忌从火塘上跨过；忌从人前跨过；忌烹茶时将茶水泼溅火塘。

3）用餐禁忌

忌在饭碗里插筷子；忌用一只筷子吃饭或把一只筷子破开用，因为供在忌台上的筷子才这样使用；忌用反手用勺舀东西、添饭添菜，因为祭祀时才这样；忌第一次添饭时只舀一勺，因为祭祀时才只舀一次；忌用筷子敲碗、打猫；禁食狗、猫、蛙肉。

4）怀孕禁忌

忌清晨出门遇孕妇，遇娶亲队伍；妇女正在分娩时，忌讳生人进家门；忌孕妇跨马绳，孕妇前忌谈兔、蛇；男人和小孩不能吃妇女坐月子期间的食物；孕妇不能参加葬礼，天黑后不能出门，忌行房事，不参加集会。

5）其他禁忌

忌进门沿上挂有刺枝的人家，这是因为有特殊情况，不能让外人进来的警示；忌骑着马进摩梭家院；忌在晚上吹口哨，据说会招鬼魂进屋；忌带着草帽进正房，因为只有办丧事时才这样；禁止在家中说脏话、

丑话、粗话；忌在客人和家中人刚出门随后就关门；忌在家中人出远门立即扫地倒垃圾；忌讳一脚在门槛内，一脚踏在门槛外回头说话；忌清早谈夜间的梦话，忌傍晚扫地；忌男客登女楼；家中正在酿酒时，来人不能提喝酒的话。

从禁忌的内容分析，主要表现出以下几方面的文化功能：①强化藏传佛教和达巴教的崇高地位，敦促对其教义的遵循与执行；②将摩梭传统习俗的一些重要抽象概念具体化，如女性中心观、和谐价值、自然观等；③通过禁忌直接明确的行为规范，使摩梭传统文化的控制功能得以制度化。

3.5 摩梭社会组织与文化功能解析

3.5.1 组织研究的必要性

社会组织同社会结构一样，是文化人类学研究中的一个重要概念，对于一个社会而言，结构是关于人的角色的配置，组织则是关于两个或更多个人的具体活动的配置。也就是说社会结构通过制度对各文化要素的功能和意义进行了刚性的规定，而组织则以较为灵活的方式对这一固定的框架进行调适，并且通过采用"适宜"或"不适宜"等软性评价、调控、实施机制使文化要素的功能和意义得以实现。通过对摩梭社会组织的研究可以找到各文化要素发挥控制力作用的路径与条件。

3.5.2 摩梭社会的组织构成及其作用

3.5.2.1 行政军事组织

鉴于前后存在700多年的土司制度是摩梭社会历史中影响极为深远的政治体制，此处提及的行政军事组织主要是指土司统治时期的组织。在土司制度下，建立有一套以土司、总管、二十五官、拉梅（总伙头、伙头）、排首为序列的行政管理组织，实施对各摩梭村落的分级统治，其中在二十五官和拉梅的设置上偶有调整，整体结构相对稳定。最高权力机关是土司衙门（土知府），土司是最高统治者；总管一职一般由土司的兄弟出任，负责具体的行政管理；土司在达坡、拖支、开基、八珠、者波和落水一些重要村落委任自己的亲属加强监督管辖；将整个永宁地区分为二十五块辖区，设立二十五官负责管理，这些官员来自于斯沛等级有亲属关系的家户，职位一般世袭；二十五官之下每一个自然村或相邻几个小村设置拉梅一名，多有斯日族长担任，是管理各种具体事务的重要基层组织，摩梭俗语有"一山一老虎，一村一拉梅"之谓。民国时期，为了与中央政权设立分县或设治局的统治方式对接，当地也设置了区、乡、保、甲长制。这些区、乡、保、甲长皆由原管理人员兼任，区长由总管兼任，副区长由喇嘛寺堪布兼任，乡长各地的斯沛兼任，保甲长由拉梅兼任，并没有实质性的变化。

土司的军事组织包括土司兵和团兵，土司兵相当于土司的家兵，规模不大，一般只有十人左右，主要负责土司及其府邸的安全保卫工作，由俄等级中的青壮年男子抽调组成。团兵是在中央政权的支持下组织成立的，人数可达到上百名，兵源均来自责喀等级，分内责喀和外责喀按地域抽丁组成，团兵由土司直接指挥，常驻永宁，负责维持地方秩序和一些较大军事行动任务。到1928年团兵正式解散，由国民党地方部队轮流驻防永宁。到新中国成立前夕，土司制度面临最后崩溃，土司以防"盗匪"为名，采取分派枪支子弹的办法组织地方武装。

行政管理组织和军事组织是土司制度的主要基柱，它们是土司制度得以正常运转和稳定有效的保证，而其中建立在氏族血缘基础上的拉梅组织也成为衔接土司制度与摩梭传统社会结构之间的纽带。土司制度的稳定统治给当地摩梭社会的安定发展提供了有利条件，也使摩梭文化在近数百年间处于相对稳定的状态。

3.5.2.2   衣杜组织

1. 角色、职责与分工

衣杜是摩梭社会的基本单位，每个衣杜就是一个独立的生产消费单位，每个衣杜的成员人数不等，平均约为 6~7 人，一般包括二至三代人，其中母系衣杜的人数较多，可达数十人，而父系衣杜人数少，通常仅有夫妻和子女。

每一个衣杜都有一个当家人，称之为"达布"，达布一般是自然产生的，但当达布的主要标准是是否具有较强的办事能力和协调能力，是否可以公平且合乎礼仪地处理衣杜内外事务，对男女性别没有任何限制。达布职责是管理本衣杜的重要财物、安排衣杜的生产生活内容、处理衣杜内部矛盾、履行各种对外活动礼仪等等，达布行使其职责的方式较为民主，几乎所有重要事宜的决定都会通过衣杜全体成员的共同协商而做出，尤其尊重母亲和年长者的意见。维护衣杜的和睦繁荣是达布的重要工作原则。

衣杜中依照性别存在内部分工，一般来说男子主要从事大牲畜饲养、农业生产中的重劳动、赶马运输、木工、制革和编织等生产活动，妇女从事农业生产，饲养家畜、家禽，管理家务，从事纺织、酿酒和榨油等手工业生产活动。传统的摩梭社会是一个农业社会，摩梭妇女在承担各种家务、家庭副业工作外，更重要的是实际承担了农业生产中除了掌犁垦地以外的其他大部分工作。而摩梭男子由于受到担任喇嘛、为土司服劳役等因素的影响，并不能完全履行其分工职责。而且摩梭男子多进行走婚，这需要占用男子一生中大量的时间和精力，男子还需要向对方赠送一定的礼物和经济支持，这对男子所属的衣杜来说是一种劳动力的耗费和经济的负担。这种负担需要由衣杜中女性成员的走婚对象来加以弥补，从而达到平衡。所以在衣杜的内部分工上，妇女担负了主要的任务，具有举足轻重的作用。

2. 组织的特点

在摩梭社会的各个不同类型的衣杜中，都共同强调母系血统的重要性，特别是在母系衣杜中。按照摩梭传统，母系衣杜中女性成员所生子女为衣杜成员，男子在外走婚所生子女，则属于另外女方衣杜。基于这样一种单纯母系血缘的特点，这些衣杜的组织结构多围绕着祖母们、母亲们及姐妹们形成一个中心，并包括她们的后代组成一个集团，与家庭组织相适应，在人们思想上长期形成如下一种观念：总认为最亲的人莫过于同一母系血统的人，因这些亲人才是衣杜的组成者，是"一根骨头"、"一个根根"。母系衣杜中的男子，他们对自己的子女既没有抚养义务又不生活在一起，但这不会影响他们的正常生活，他们认为只要自己家有姐姐妹妹，不会断根了，只要把外甥、外甥女养大，年老以后有人养老。他们把姐妹当成本家延续后代的"根根"，把外甥、外甥女当成后继者，这种思想状态，正反映了以母系衣杜在组织结构上的特点。

女性是衣杜的中心，当然这也在母系衣杜中体现得尤为明显，但即使是在一夫一妻的摩梭父系家庭中，也可以体会到对女性的尊重与依赖。所谓女性中心，是指妇女在衣杜中享有较高地位，祖母、母亲、母亲的姐妹，包括她们的子女，组成一个集团，延续着家庭的丝系。按摩梭习俗，若衣杜无女继承人时，则认为该衣杜已经或快要绝嗣，"根根"要断了，须过继养女作后继人。在衣杜事务管理上，妇女担任达布的不在少数，就是男子当家的衣杜，也是由妇女来管理家庭内部事务，是所谓"内当家"。凡全家生活安排、经济支出、仓库管理、接待来宾、甚至计划生产等工作，大部分落在妇女肩上。"内当家"工作内容同一夫一妻制家庭相似，即以家务劳动为主，但其性质有所不同，它不是建立在男子支配女子的基础之上，而是建立在男女地位比较平等的基础之上的。正因为如此，妇女在衣杜中的地位较高，受到尊敬。她们进入老年以后，按传统习惯被安排住在祖母屋的"一梅"之内，年长妇女的座位在下火塘内侧，其余成员坐在外侧和下侧，而这个位置被视为全家的主位，只有老年妇女才有资格享受。老年妇女负责一些日常祭祀的主持，在饮食上还得到晚辈的特别关怀，她们在重要事宜上的话语权和精神权威甚至可以超出了衣杜范围。

3. 衣杜组织的文化功能

如果说衣杜制度是摩梭文化的核心，那么它的内部组织就是摩梭核心文化存在和发展的运行机制，衣杜通过它的组织形式将摩梭文化的价值观、结构体系具体展示并加以实现，摩梭文化主要不是在文献中，不是在公共空间中流传，它更多的是在那些木头垒砌的院落中，在衣杜成员的分工协作中得以代代相传，这是衣杜组织最重要、最直接的文化功能。

3.5.2.3　生产协作组织

1. "一底"农业经济组织以及分工

虽然泸沽湖地域的自然条件较为优越，但摩梭人的社会生产力水平一直较低，往往一个衣杜，尤其是人数较少的衣杜，无法通过独立劳作满足生活所需，集体协作的生产方式便成为一种经常性的选择。为了实施集体协作，这里普遍存在被称之为"一底"（原意为牛的协作）的生产协作组织。"一底"实际上不单是牛的协作，还包括了工具和劳动力的协作，这种组织一般是以2~3家为范围组成，共同完成所有"一底"组成衣杜所属土地的耕种到收割的全过程。在这一过程中，加入"一底"的衣杜无论有无耕牛，出工多少，一律不计报酬，也无需还工。"一底"组织的具体协作形式有两种：一种是以各家土地的灌溉顺序为序，哪一家土地先开始灌溉，特别是稗子地，就先为哪一家耕作；第二种是以各家土地面积多少为序，可以由多到少耕作，也可以由少到多耕作。

共同组建"一底"的衣杜的地理位置多为同村和邻村，土地相邻，衣杜之间多存在血缘纽带，或是具有走婚和姻亲关系。"一底"的持续时间长短不一，有的"一底"可以保持数十年，有的一年便调换了对象。

"一底"除了完成生产协作任务的直接作用以外，还兼具重要的文化功能。首先，共同组建"一底"组织的衣杜往往是具有社会联系，或者是同一斯日、同一村落、土地相邻的衣杜，或者是存在现实走婚关系的衣杜，或者是通过婚姻建立姻亲关系的衣杜。共同的生产协作一方面强化了这些社会结构，另一方面又为新的社会联系的产生创造了更多的机会；其次，"一底"的合作分工原则是根据摩梭社会"和谐和睦"的传统价值观制定，各家劳动力、份地面积大小和耕畜多寡不是分工的标准，"一底"组织从耕作到收获都是集体进行的，不计较各家耕地面积、劳动力的差额，这样的组织方式和原则使摩梭社会的传统价值在田间地头、生产劳作中得以体现和认同。

2. 捕鱼组织

由于泸沽湖的特殊天然条件，自古以来在沿湖地区开展捕鱼是当地摩梭人的一项重要经济活动。在土司制度下对于捕鱼活动也有专门的组织实施，永宁土司将其统治范围的泸沽湖流域辖区划分为十二个"尼开"，泸沽湖沿岸划分为十三个"尼意"。土司在十二个尼开、十三个尼意共委任了七名鱼官，负责在产鱼季节为土司征收鱼税。每一个尼意和尼开都要承担有固定的税额，此外渔民还要负担鱼官的薪俸，薪俸相当于鱼税额十分之一。

沿湖渔民捕鱼的劳动协作组织叫"丘得"，由一二十人组成，在本尼意范围内实行集体性的驾舟撒网捕鱼，选择一个有经验的渔民担任"屋梅"，由"屋梅"负责领导捕捞和分配工作。捕鱼的分工方式一般是由八个人负责拉网，四个在湖边，四个人在湖中，另有两个负责指导与检查。人多的丘得可以分成两班进行捕鱼。捕鱼主要是男子，捕到的鱼当天进行分配。

参加丘得的每一家渔民必须遵守丘得的集体条例。丘得的成员有权利在尼意内用小网拦鱼，但网长不得超过五至八排，宽在三尺半（约1.3米）以内。各个尼意的界限是绝对不能侵犯，如果某一方越界捕捞，对方可以没收其所捕到的鱼。

3. 打猎

泸沽湖地域历史上野生动物资源较为丰富，狩猎是一种普遍的副业活动。狩猎的组织是民间自发形成的，一般由一名有经验的猎手领导，组织三、五人到七、八人集体进行狩猎，根据野兽出没规律分季节开展猎捕活动。猎获品实行平均分配，而皮子、麝香和熊胆等名贵药材出售所得的钱，由集体平分。土司利用自己是最高封建主的地位，强迫人民将马鹿、熊、獐子、虎、豹等好的猎获品作贡纳品。打獐子贡纳麝香，打马鹿贡纳鹿茸、鹿头、鹿皮、鹿腿等。土司征收人民的猎获物之后，仅仅给予极少量的布和银子等作为"赏赐"。同时，土司每年都举行二、三次消遣性的狩猎活动，率领几个猎手，十余条猎狗，七、八个奴仆，赶着马，驮着粮食、酒和肉，带领女性伴侣，进行一、二十天以至成月的所谓狩猎活动。

4. 商业运输组织

泸沽湖地域所处地理位置是云南与四川、西藏的交界处，茶马古道的一条支线途径这里，自古就有从事商业运输的马帮往来于此（图 3-26）。马帮由永宁往丽江和永胜转运猪膘肉、皮革，由藏区运来的贝母、大黄等药材，往四川盐源运马鹿角等山货土特产，再由盐源运回盐和雨帽，从永胜运回糖，而永宁地区本身每年亦往四川的木里藏族或普米族地区运去一部分粮食和猪膘。[61]

摩梭人没有赶马经商的历史传统，只是在伴随着商业贸易的发展需要与商业运输带来的收入增加，当地摩梭人才被吸引到商业运输活动中，将其作为家户的一项副业收入，并逐渐发展成为该地域颇受欢迎的致富途径。由于路途艰险，商业运输多数组成马帮形式进行，摩梭马帮组织一般由数家拥有马匹的家户联合组建，多为兼营性质，且以单纯提供运输服务为主，很少直接从事贸易的，担任赶马运输工作由作为马主的摩梭男子承担。实际运作过程中也存在各种形式的协作，如由走婚关系联系起来的衣杜组成的马帮，一般由男方或女方衣杜中的男性成员帮对方衣杜承担赶马的工作，收入则归马主衣杜；也有马少或无马的衣杜与马多的衣杜组成马帮，马少或无马的衣杜提供劳动力的方式参与，并获得相应的报酬，带有雇佣劳动的色彩。

赶马经商的出现对摩梭社会产生了很大影响。第一，改变传统经济形态。随着赶马运输的出现，进一步密切了泸沽湖地域与外界的经济联系，动摇了自给自组的自然经济在该地域的主体地位，促进了商品经济的发展，使摩梭人的经济生活日趋复杂；第二，促进了文化交流。大量藏族物品通过马帮输送到泸沽湖地域，改变了摩梭人着装、饮食等生活方式，使藏文化对摩梭文化的影响进一步加深；第三，冲击了传统的土司等级制度。赶马运输使一些原本属于"责喀"或"俄"等级衣杜逐渐致富，这些衣杜以经营所得抵进大量土地，摆脱了等级制度的约束，因经济地位获得了较高的社会尊敬。第四，影响了摩梭人的社会结构。当赶马经商这项副业的收入日益增加，个别甚至成为衣杜财富的主要来源时，垄断这项工作的摩梭男性在衣杜中的地位得以提高，一些人还因此成为衣杜的"达布"，这对摩梭社会传统的女性中心结构必然造成一定影响。

图 3-26　马帮用具
（资料来源：作者自摄）

图 3-27　共建房屋
（资料来源：作者自摄）

5. 建房协作（图 3-27）

前文中我们已经阐释了住屋对于摩梭人的重要意义，因此建房是摩梭人生活中的一个重要工作和文化仪式，摩梭人建房采用协作共建的方式，同一村落和同一斯日的衣杜都要派人前往进行协助，不要报酬，只需主人提供伙食即可。建筑过程包括准备、奠基、垒木头和生火等步骤。建房之前必须请喇嘛计算二十八宿，由达巴看十二属相，然后确定地基、房间朝向和砍木料的时间。房屋落成之后还要邀请参与协助的衣杜来参加落成升火仪式。修建一座摩梭建筑所需木料甚多，仅一栋正房，即需要用中柱2 根、房梁 5 根、圆木 92 根、椽木 500 根、滑板 700 块，加上木床、地板、门、窗等部分，总计要砍700 多棵树。整个修建过程相当艰难，往往需要建房衣杜数年的筹备，再借助其他衣杜的集体协作才能完成，这是采用互助共建房屋的客观必要性。

但摩梭人的房子并不仅仅是为了居住，他们也是用房屋作为代与代之间进行思想交流的工具。他们尤其重视房子的样式、布局以及在房子内放置和使用物品的规矩。这以上种种，各户老人总会在修建房子过程中，以及在房子内举行的各种仪礼中，有意无意地对所有参与建房活动的人员进行传授、指导和监督。于是我们可以说一次共同建房活动就是一次文化传承的集体教学和教育活动。

6. 水利灌溉活动

永宁坝子水利灌溉条件较好，主要的水利资源是开基河。永宁坝子的水利灌溉活动在历史上是由土司府进行组织管理的，土司设置两名水官对灌溉用水进行管理和分配。管理维护工作主要是每年冬月开始修整河道和水闸，四月进行第二次修整，每户负担一定的劳役，由水官通知并监督执行。分配灌溉用水的标准，名义上是按照耕地面积多少，将水量分成大口与小口，在实际灌溉过程中一般是采取共同协商的办法实行分配，但贵族阶层享有特权。由于管理水利的制度落后，农民之间常因争夺水利而发生纠纷。水官的报酬由辖区人民负担，每年十一月打完稗子后，水官向耕种土地的各家收四筒稗子作为自己的工资。

7. 生产协作组织的直接控制力与间接控制力

我们列举的这些生产组织是摩梭人进行生产活动的主要配置方式，这些组织有的直接显示出强劲的文化控制力，如前述的建房活动就不仅仅是树立起一栋房屋，而且是对族群、血缘、文化传统的集体传承教育，对于摩梭文化具有直接控制力。而在其他一些生产协作行为中，以衣杜为基本单位的参与规则和男女分工方式，以及生产行为中以血缘、走婚、婚姻等关系为纽带的合作方式都从侧面不断强化摩梭社会传统结构的实际功能，对摩梭文化具有间接控制作用。生产力的发展水平是泸沽湖地域母系衣杜长期延续的决定性的因素，而经济活动的特点是变化活跃、推动文化交流和演进，经济领域往往成为要求文化变革的噪音首发地。赶马运输这类商业活动的兴起则给摩梭文化带来间接冲击。

3.5.2.4　宗教组织

1. 藏传佛教的宗教组织及控制力

在泸沽湖地域影响较大的宗教主要有藏传佛教、达巴教、哈巴教三种，而藏传佛教居统治地位。本地藏传佛教，主要是黄教（格鲁教派）和白教（萨迦教派）两种，两教派分别建有主寺，黄教主寺是位于皮匠街的扎美寺（图 3-28），白教主寺是位于者波的达伽林寺。其中势力较大、信众更多的是黄教，历史上黄教喇嘛人数在 700 人左右，而白教喇嘛人数不过 300 人左右。藏传佛教的寺庙里具有等级分明的组织结构，我们以扎美寺为例来看，寺庙里的最高精神领袖是活佛，活佛在其教区享有崇高地位，一般由西藏哲蚌寺委任。活佛之下设有"堪布"一职，堪布负责管理寺庙的日常事务，掌握寺庙的实际权力。堪布的职位一般由土司的兄弟一直把持，成为政教合一体系的重要执行者。寺庙其他喇嘛又被分格施、拉才、格若、白干、哈尔巴和格洛等几个主要等级，不同等级的喇嘛，则按自己的地位享受宗教祭品和经营高利贷的权利，如堪布分七份祭品，拉才和格施则分五份，哈尔巴则分一份，一般小喇嘛仅分半份。几乎每个衣杜都修建有经堂，作为衣杜内部藏传佛教的活动中心。

在土司制下政教合一的体制作用下，藏传佛教组织具有很强的文化控制力，对摩梭传统文化有较大影响。首先，喇嘛是藏传佛教组织中的重要角色，因藏传佛教在摩梭社会的统治地位，使得这一群体在摩梭社会和衣杜生活中享有较高地位，一些新的社会习俗因之而产生，如喇嘛在其所属的衣杜中被视为高贵的人，座位列上坐，吃东西先让喇嘛吃，喇嘛使用的用具别人不能使用。这使得当地绝大多数摩梭男子以当喇嘛为荣，千方百计挤入喇嘛行列。并逐渐形成一种习惯，每家凡有二男以上者，必有一人为喇嘛，而有的一家多达二、三人，甚至四、五人。喇嘛未进西藏学习前，尚可以参加一些农业劳动，进藏归家后，则自认为高人一等，很少参加农业生产，只能做一些放水、泡田和牧放牲口等轻微劳动，或者赶马经商。因为喇嘛只能由男子充当，这样摩梭男子的社会地位借由宗教组织的作用得以提升，在衣杜内部分工上造成变化，这对摩梭社会女性中心观和传统衣杜组织结构带来冲击和改变。

其次，藏传佛教自身的宗教活动相当频繁，并与摩梭传统宗教活动相结合，扩大其活动范围。单扎美寺每年从元月到冬月，几乎月月有会，每个会期时间最长者达半月之久。在衣杜内部的各种宗教祭祀活动更是渗透到日常生活的方方面面。这些频繁且渗入的宗教活动加速了藏文化与摩梭文化的融合，一定程度上改变了摩梭文化原有的内容和面貌。

2. 达巴教的组织与控制力

达巴教保持了原始宗教的许多特征，其中之一就是没有固定的组织，没有专职的宗教人员，达巴没有成文的经书和文字，据说最初他们要到中甸的"格株巴逊"去学习教义，回来后才能当达巴。达巴一般在衣杜内部的男性成员中传承，个别也收外人为徒弟，但是达巴都不会脱离日常的生产生活，只是在

图 3-28　永宁扎美寺
（资料来源：作者自摄）

特定的场合才扮演达巴的角色。

达巴教活动的范围，主要是替病人驱鬼，为逝去者送魂，参与祭山神、水神、祖先，娶妻，嫁女，行穿裤子、穿裙子礼，命名等。其中在摩梭人最为重要的十月祭祖、成丁礼和丧礼上，必须要有达巴的主持或参与。达巴使用的法具有巴浪鼓、铜钵、巫棒等。做法时头戴五块"尔厄"（菩萨），左手打"广多"（拨浪鼓），右手摇"丫垮"（铜钵）或手持"尼汝马"（法棒），法棒上刻有男人、女人、各种动物的图形符号。作完法事后，除大部分祭品变成达巴的报酬外。

具体祭祀情况举例：

1）祭"底加"。用木材九种，二十五根，杀猪一口，作马鹿模型一个，并用炒面捏成一个人形，骑在马鹿上，象征将池梅垮送去，祭祀的地点是室外，祭时达巴口说将池梅垮请进到九座山七条沟以外的地方去。

2）祭祀"之池"。祭品为羊毛绳子一条、猪毛绳子一段、铁锁一把、铜锁一把等。用上述工具将之池绑起和锁上，供奉九团饭、九块肉和一杯酒作祭品，在水边将之池驱走

3）祭祀"比初"。比初是外池梅垮，在大门外进行驱逐。用一碗热水、冷剩饭、炒面和淡菜等食品，达巴祭祀时的态度严肃冷淡。

4）祭"扎"。扎是一种厉害的池梅垮，因此牺牲品要多，从猪、羊到鸡都要有。

5）祭"那缔"。那缔主宰有关妇女生育，祭品是麻线、麻布、鸡毛、鱼、糖、牛奶、牦牛酪、饭团、炒面、鸡蛋、灯和十六根木刻。祭法是搭成一座三层楼，用炒面捏成一个妇女，妇女腹内放一个鸡蛋，表示怀孕，将妇女人形放在楼内，点起灯。

由于达巴教没有固定的宗教组织和专业人员，近数百年来又受到藏传佛教的冲击影响，其文化控制力出现一定程度的削弱，达巴数量逐年减少，活动频率降低。但由于达巴教是植根于摩梭社会的本土宗教，一直以来与摩梭文化紧密结合在一起，尤其是达巴固定掌握与族源、迁徙路线、祖先名录等专门知识，他们的影响力和控制力不能被完全替代，特别是在摩梭人关于祖先祭祀、出生、成丁、死亡等重要仪式上，达巴的地位不容动摇。由达巴主持的这些仪式都关系到摩梭文化的核心领域，足见其深刻的文化功能。

3. 宗教组织与活动中个体角色的转换。

在摩梭人的宗教活动中衣杜是一个主要活动单位，外来宗教和本土宗教都无一例外的将衣杜作为活动依托，就藏传佛教而言，个人参与宗教组织问题多数时候是一个衣杜的共同决定，比如是否选择、选择谁进入寺庙成为喇嘛都是需要衣杜来决定的。另一方面，当一个达巴离开特定的场所仪式，返回自己所属衣杜时，他的个体角色就会进行转换，归属到他原本的衣杜角色，承担相应的义务，而不会因为他在宗教组织中的特殊角色就可以超越衣杜或享有特权。在宗教组织和衣杜这样相互关系中，两者相互影响而不产生大的冲突。[62]

3.5.2.5　各种祭祀、仪式、活动

1. 生育

摩梭妇女生育时，由有经验的妇女担任助产工作。临产后休息一个月，让产妇吃白酒、鸡、糖、酥油等。在孩子出生后的第二天，如生女孩，主人家就杀猪、羊、鸡等招待妇女；如生男孩，除请妇女外，还请男人。同族亲友要赠送米、酥油、鸡、鸡蛋和猪膘等作礼物。生育子女的三或七天内，拒绝外人来访，说这可以使子女长命。满月时有办满月酒的习俗。如果有长期的走婚对象，长期走婚对象的姊妹会带着礼物来认子女。即便所生的子女不是现在走婚对象的子女，也有送东西慰劳的习俗。摩梭儿童命名一般先由达巴起名，正式命名则是由喇嘛完成。达巴命名的原则是天干地支，方位和属相等，喇嘛命名是根据藏传佛教义。

2. 成年仪式

每一个摩梭儿童年满 13 岁之时，其所属衣杜都会为她或他举办隆重的成年仪式，称为"穿裙子"或"穿裤子"。成年仪式由达巴主持，一般在大年初一举行，地点在祖母屋的男柱或女柱下。仪式上，达巴用面粉制成各种道具，将其放在一个装满五谷杂粮的簸箕内，中间放一个称为"都噶拉"的形似小寺庙的木雕，其下放一个小犁铧，侧面放一个尖尖上抹了酥油的象征雪山的面塑，四周再插上柏香、松枝等青枝绿叶，簸箕下放一个洁白的海螺，将这些一起供奉在祖先牌位下，用酒祭"让巴拉"后，吹响海螺，之后儿童脚踏猪膘和粮食袋，由属相不相克的成年人为其除去童装，穿上裙子或裤子，达巴在这螺号声中，将净水撒向四方，念诵"祭祖经"，然后告诫孩童进入成人社会以后需要注意的各种事项，为人处世的主要原则。仪式的最后，达巴会将从孩童脖子上取下来的羊毛线系在火塘上方的神龛上，表示这个孩子从此和衣杜结合在了一起。成年仪式是摩梭人正式步入成人社会、享有成人的义务和权利的开始；成年仪式中蕴涵着达巴教中所阐释的生命历程，儿童必需要通过第一个十二年生命周期的考验，在举行了成人仪式之后才真正具有了灵魂，才可以进入到生命的第二阶段直至其死亡。

3. 葬礼

前文中已经介绍过达巴教认为灵魂不灭，逝者的灵魂有固定居所，还可以享受来自现实世界的祭祀，但要成为这种灵魂，葬礼是一个非常重要的仪式和途径。一个摩梭人在其现世生命的终点是否有资格获得一个标准的葬礼，是否有条件举办一个完整盛大的葬礼关乎她（他）整个生命价值的最终评价。一个典型的摩梭葬礼程序繁多，耗费巨大，一般由喇嘛和达巴共同主持，包括报丧、洗身、捆尸、停尸、开路、洗马、火葬、随葬和拾骨等主要步骤。

摩梭葬礼主要有以下特点：

第一，葬礼具有对衣杜的社会评价和血缘认同的作用。一户衣杜是否可以举办一个合乎规矩、场面盛大的葬礼直接关系到这一衣杜的社会评价；葬礼是同一斯日共同参与的社会活动，这一方面强化了摩梭社会的血缘纽带和结构，另一方面也将出席葬礼的所有衣杜的行为纳入评价范围。

第二，葬礼强调了以祖母屋为象征的衣杜在摩梭人生命历程中的重要位置。如葬礼的主要程序必须在衣杜的祖母屋内完成，未能在自己衣杜内死亡的人不能得到一个完整的葬礼，火化之后的骨灰要放置在本衣杜的墓地，祖母屋的锅庄石是祭祀灵魂的场所等。

第三，葬礼程序中的角色职责体现出丰富的文化含义。喇嘛和达巴共同出现在葬礼仪式上，各司其职而互不冲突，这表明了藏传佛教对于摩梭文化的影响和摩梭文化的自身坚持。男性成为葬礼的主要角色，女性一反常态的被排开，这可以视为将女性与死亡隔离的文化寓意。

4. 节庆

摩梭人的节日多与生产活动、祭祀祖先以及其他的具有宗教性的祭祀联在一起，主要的有七月二十五日狮子山祭、十月祭祖、十一月十二日过牛马年、过年和转湖等。

农历七月二十五日狮子山祭，参加者大部分是青年。二十五日前，青年准备好各种朝山所需的食品，黎明前出发，或骑马或步行。朝山的形式是绕狮子山一周，在狮子山西麓缓坡上的女神庙烧香向神祈祷，有的还请达巴和喇嘛代为向神祝福。青年们在狮子山下举行野餐，二十五日当天结束。骑马者回来时举行赛马。七月二十五日的祭祀活动也是摩梭青年男女的一次集体社交聚会，身着民族盛装的青年男女相互展现魅力，寻找自己钟情的对象，并可以马上建立走婚关系，露宿野外共度良宵。

十月祭祖又称"杀猪祭鬼"，这是摩梭人祭祀祖先的专门节日，对于一个衣杜极具重要性。其形式一般是在每年的十月二十五日前后，各个衣杜都需要请达巴祭祀本衣杜逝去成员的灵魂。为了祭祀亡灵，各衣杜要在院内杀猪一口，由达巴念诵至少以上三代的逝者名字，并召唤他们回来享受祭品。举行祭祀的衣杜一般还会邀请同一斯日其他衣杜的成员参加，并招待吃饭。

十一月十二日过"银扎",当地也称为牛马年,主要是祈求农牧业发展,儿童健康。在十一月十二日这一天,各家纷纷杀猪、做血豆腐、购买水果等,未穿裙子和裤子的男女儿童会受到特别优待,感谢他们一年的放牧工作。十二日清晨,每个村落的孩子们会得到其所属衣杜为他们准备的丰厚礼物,主要都是一些平时不易得到的美食,如猪腿、猪排骨、鸡蛋、血肠、粑粑、黄果、梨、核桃和饭团等。身背礼物的各家儿童被集中在一处,用栽松树枝焚香、磕头等方式祭祀,然后可以去山上尽情享受这些美食。

过年(库石)。摩梭人也有过年习俗,一般在旧历十二月三十日到正月十五日这一期间过年,休息半个月。过年的固定活动是祭祀祖先,十二月二十九日或三十日各家祭祀祖先,正月初三后各家互相请客吃饭。而摩梭青年们则可以开展跳锅庄和打秋千活动,借此物色自己心仪的对象。跳锅庄是青年们在主办家的院内燃起篝火进行集体性的歌唱舞蹈活动。打秋千活动的准备程序比较有趣,先会由青年女子请男子吃饭,女子挑选她看中的男子去砍伐立秋千架所需的木材,她会送给被选中的男子一块腊肉作为劳动的奖赏。

转海,摩梭语称"谢过",即转母湖、祭母湖神之意。每年六月的初一、十五或初五、二十五,沿湖各个村落的摩梭衣杜扶老携幼,倾巢而出,带着干粮,有的骑马,有的步行,有的坐船绕湖行走,青年男女们更是穿着鲜艳的服装,一路且歌且行。湖畔山间一般每隔一两里都有固定的转海烧香祭祀点,每到一处人们都要停下来烧香磕头,同时也一并祭山神。转海祭祀最大的特点是具有很强的娱乐性,转海一次一般需要一至两天时间,在这段时间里,摩梭人结伴而行,青年男女或在湖畔对歌、戏水,全家老小或围坐路旁野炊,整个泸沽湖沉浸在人神共喜的快乐之中。

3.6　人居环境的文化控制力及演进

3.6.1　泸沽湖地域摩梭社会结构图谱与社会关系结构

在对摩梭文化现象进行分析以后,我们尝试绘制摩梭社会结构图谱(图3-29)及其摩梭社会结构关系结构图(图3-30),作为分析摩梭文化控制力的重要组成要素。这个社会结构图谱呈现的形态说明了其人居的社会结构方式。每个不同的社会形态,有自己独特的结构方式。因此,分析"社会结构图谱"

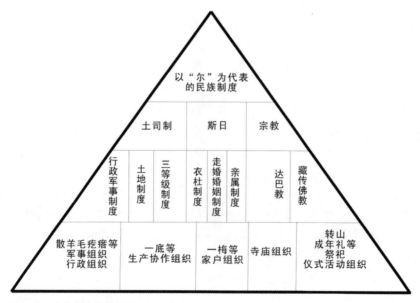

图3-29　摩梭社会结构图谱
（资料来源：作者自绘）

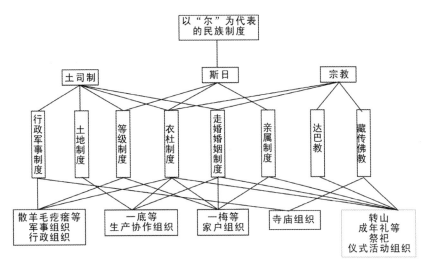

图 3-30　摩梭社会结构关系结构图
（资料来源：作者自绘）

与"社会结构关系结构"，可以分析不同地域人居的人与社会系统的规律，从而探索地域人居的发生发展规律。

　　通过这两张图表，我们可以发现摩梭社会结构的某些特征：血缘纽带是摩梭社会结构的主线，贯穿始终；衣杜是组成这条血缘纽带的基本单位，从古至今都是摩梭社会结构的核心基础；土司制度和宗教制度是摩梭社会结构的重要组成部分，在一定的时期里它们处于摩梭社会结构的上层，发挥较大的影响力。

　　以上各种制度、组织是彼此关联、相互作用的，以其合力和张力共同维护了整个摩梭社会结构的稳定，当其中某个因素变化或消失时会对结构的稳定造成影响，如果某些关键节点被破坏，则有可能造成社会结构的局部乃至主体坍塌。这个内在的规律，是潜在于摩梭社会结构、组织与聚落空间的联系上面。通过上文对文化要素及其文化控制力的描述分析，我们尝试对泸沽湖地域摩梭社会结构与组织在该地域人居环境上的空间投影进行研究，初步可以形成以下这个表格：

摩梭文化与人居环境空间对照表　　　　　　　　　　　　　　　　表 3-2

空间层级	血缘	制度	宗教
个人	亲缘角色	等级角色	宗教角色（喇嘛、达巴或信众）
院落	衣杜（家庭）	家庭等级（斯沛、责喀、俄）	经堂、祖母屋
自然村	斯日（家族）	排首、拉梅	玛尼堆、香坛、火葬场
聚落群组	尔（氏族）	总拉梅、拉梅	祭天场、公共墓地
聚落圈		二十五官	寺庙、神山
泛湖地区		土司、总管	转山、转湖
摩梭文化区			送魂线路
纳族群文化区			送魂线路、神山、大寺

（资料来源：作者自绘）

横向观察这个表格，我们可以看到以下情形：

该地域生活的摩梭人个体首先是在血缘制度的规定下在其所属的衣杜中扮演一定的亲缘角色，并按照摩梭传统习俗履行该角色在衣杜生产生活中应尽的责任与义务，享有相应的权力，这是一个摩梭人最基本的角色；其次，在土司制度下的个人依其衣杜所属等级以及等级制度的具体规定享有权利或履行义务，扮演剥削或被剥削的角色；第三，在宗教组织和宗教活动中，每个摩梭人几乎参与其中，少数人成为专门宗教人员，如喇嘛、达巴等，直接组织、主持宗教活动，多数人则是普通信众，参与各种宗教活动并在信仰上接受控制。

该地域的一个院落在血缘制度的传统规定下基本上就是一个独立的衣杜，它既安排组织衣杜成员的生产生活，又协调与其他衣杜的各种关系，还要参与同一村落或同一斯日的某些公共活动；衣杜也是土司制度管理的基本单位，是土司等级制度的规定对象，服劳役、交纳赋税都是以一个衣杜为单位来实行的；几乎每一个摩梭院落都有被宗教控制的空间，不管是高出一层的经堂，还是古朴传统的祖母屋，都是被宗教文化赋予特殊意义的神圣空间。

由若干院落组成的一个村落最初往往是具有血缘性质的，村民们大多属于同一个斯日，虽然这种状况在摩梭社会的发展过程中逐渐变化，但至今我们仍可以发现实例或听到这样的说法；对于土司制度而言，村落是其统治的基层单位，每个村落都有一个拉梅或排首加入到土司的统治结构中；每个村落的主要节点上都会有玛尼堆，村落附近山坡上会设置香坛、火葬场，这些宗教文化投影下的设施往往是村落的重要公共活动场所和地标（图3-31）。

泸沽湖地域分布的村落沿着自然廊道形成若干聚落组团，现实状况中已经较难看出这种分布与历史上存在的6个"尔"之间的直接联系，但从各聚落组团之间的婚姻关系上还依稀可以看到以"尔"为单位、两两婚配的隐约痕迹；在聚落组团这一层面上，土司制度设置了"拉梅"这一重要职位加以管辖统治；聚落组团拥有共同的祭天场和公共墓地这个现象既是受宗教直接影响的结果，也是"尔"这种血缘组织的遗留痕迹。

泸沽湖地域依其地理空间格局存在不同的聚落圈，如永宁坝子聚落圈、环湖聚落圈等，这样的聚落圈已经同血缘制度没有联系，更多的是地缘组织；在如环湖西侧以落水村为中心的聚落圈，土司在拉梅之上还会设立二十四官或总伙头的职位，以提高统治力度和效率；这种依地理空间格局形成的聚落圈中会有寺庙等大型宗教场所，如永宁的扎美寺、者波的达伽林寺、落水村的里务比寺等，也有被宗教赋予神圣意义的神山，如狮子山，形成了所在区域的宗教中心和神圣场所。

图3-31 村落中的玛尼堆
（资料来源：作者自摄）

整个泸沽湖地域历史上主要是永宁土司的辖区，土司或总管在高度自治的土司制度下对这一区域实施全面统治，俨然一方诸侯；狮子山和泸沽湖既是这一地域的自然地标，又是信仰崇拜的主要对象，围绕它们展开的转山、转湖活动是该地域所有居民共同参与的宗教盛事，在宗教的神秘光环之下，摩梭人实现了地域认同。

如果我们再将目光从泸沽湖地域延伸到分布于横断山区南

部的摩梭文化区，它们历史上分属于永宁、左所、盐源、前所、木里等几个土司所辖，但一条曲折北上的送魂路线将它们串接起来，在各地达巴吟唱的开路经中，不同的起点最后指向共同的终点，共同族源在摩梭祭祖和丧礼这些重要宗教活动中被认同。而整个纳西族群也存在族源迁徙的近似指向以及藏传佛教的共同影响。

从纵向观察这个表格，血缘、土司制度、宗教的控制范围则可得以呈现。由于"尔"的消失、"斯日"的分裂，血缘制度的控制范围基本就是衣杜的控制范围，重点是单个院落，影响可及自然村；在土司制度存在时期，永宁土司的统治辖区就是控制力范围，并可以随着其统治势力的起落影响到邻近土司辖区，也就是说重点是泸沽湖地域，影响可及整个摩梭文化区；宗教控制力中本土达巴教的控制区域就是整个摩梭文化区，而藏传佛教因藏文化的强势背景将其影响力扩散至包括摩梭文化区在内的纳族群分布的大部分地区。

3.6.2　摩梭文化控制力作用形式的演进

对摩梭文化具有重要影响的前述文化要素在发挥文化控制作用时具有不同的形式，这些形式并随着摩梭社会的发展演进而变化。通过研究分析，我们认为主要有如下四种作用模式（图 3-32）：

模式一：中断

这种模式的典型代表就是土司制度，延续 700 多年的土司制度对摩梭社会和摩梭文化曾经产生巨大影响，随着清代末期开始衰落、至新中国成立后彻底被废除，这一制度的文化控制力完全消失，它的作用方式随之中断。

模式二：合并

伴随着土司制度的发展、成熟，为了更好地实现统治，在泸沽湖地域曾经出现过政教合一的体系。土司家庭具有世俗与宗教双重权威身份，以土司制度与藏传佛教组织相结合实施对辖地的控制，实现了一种控制力的合并。

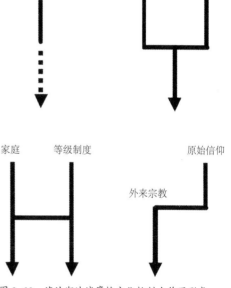

图 3-32　泸沽湖地域摩梭文化控制力作用形式
（资料来源：作者自绘）

模式三：联通

联通模式在文化控制力作用方式中存在较为广泛，因为各文化要素之间本身就存在诸多相互关联。我们以摩梭家庭制度与土司等级制度为例来说明，由于土司等级制度的规定对象是家庭而非个人，摩梭家庭就成为土司等级制度的基本执行单位，而因为等级制度的规定，传统摩梭家庭被赋予新的角色，其生产生活增加了新的安排与组织分工，于是这两种制度在被加以联通的基础上，各自继续发挥文化控制作用，产生新的文化影响。

模式四：替换

替换是指外来因素或新增因素全部或局部取代了曾经发挥作用的文化因素，成为新的控制力量。藏传佛教对于摩梭人而言是外来宗教，由于其强势的藏文化背景以及自身完善的结构体系，很快就向原本属于达巴教的摩梭原始信仰体系扩张，虽然达巴教仍然存在并继续发挥影响，但大部分活动空间已被藏传佛教替换，以至于摩梭民间出现这样的说法：活着的事喇嘛管，只有死了才去找达巴。在达巴被挤压掉的空间，藏传佛教的文化控制力替换了达巴教的控制力。

3.6.3 对各结构、组织、角色人群文化控制力变化情况的分析

3.6.3.1 已经失效的因素：尔、斯日、土司、等级制度

随着摩梭社会的发展演进，具有原始氏族色彩的"尔"这一血缘制度已经崩塌，这是历史进步的必然，"斯日"这一概念也随着这种血缘组织的不断分裂、融合变得面目模糊，它们的残余影响仅见于族源回溯和少数宗教祭祀活动之中，成为一种概念化的存在；伴随土司制度的消失，与土司制度相联系的等级制度、政教合一体系等也已退出历史舞台，除了作为文化遗产供人凭吊之外，其文化控制力完全失效。对于这类被社会发展所淘汰且已经失效的文化因素，没有在现实和未来恢复的可能和必要。

3.6.3.2 控制力下降的因素：原始信仰、宗教组织

达巴信仰和藏传佛教至今仍然是摩梭人精神信仰的主要内容，各种宗教活动、仪式、场所深入摩梭人的生活，对摩梭人的日常行为具有规范、约束的功能，在一定程度上塑造了摩梭社会的面貌。但由于政教合一体系的解体、"文化大革命"时期的破坏，以及现代文明的冲击，其控制力已经明显下降，喇嘛、达巴的数量大量减少，一些年轻摩梭人的信仰忠诚度也普遍降低。目前在国家少数民族宗教信仰自由的政策允许下，可以合理支持这类因素的恢复，尊重摩梭人对其精神家园的传统选择，发挥它们对摩梭文化的塑造和控制作用。需要注意的是在该地域旅游开发的背景下，正确处理宗教文化展示与旅游产品开发的关系，避免出现商业性的伪宗教文化泛滥，冲击摩梭人的精神财富。

3.6.3.3 现实控制力较强的因素：衣杜以及相关联的走婚、亲属制度

从我们的调查所见，衣杜是对摩梭文化控制力最强的因素，与衣杜紧密相连的家户制度、性行为习俗中支持和包含了摩梭文化现存的重要特质点，如母系亲族、走婚行为等。衣杜是当前摩梭文化存在和发展的最重要的现实依托，在许多外出务工的年轻一代摩梭人中，我们经常听到这样一种说法：在外面就按外面的规矩来，但回到衣杜还是要听阿玛的。

纵然如此，衣杜也受到来自各方面的冲击，出现了人数减少、空间被肢解等状况，从历史上看，母系衣杜的规模在经历一个由大变小的过程，从现在木里屋脚还有三、四十人的亲族还可以看出历史上衣杜的规模之大。雍正《四川通志》卷十九曾记载当时盐源左所土司管辖头人西番、么些共 3283 户，共计老少男女 35782 人，每户平均 10.9 人，可见每户人口是不少的。但近年来泸沽湖地域的母系衣杜现在却已经小型化了，每户平均只有六、七人左右，一般只有三、四个劳动力。在小型化的衣杜里，一些文化特质不可避免地会因为空间和组织的变化受到挤压而发生变化，小型化也会增大衣杜的绝嗣危险。

如前文所述，从摩梭社会结构的角度观察，衣杜就是摩梭社会的基础和结构的关键节点，它的变化会对摩梭文化造成决定性影响；从摩梭文化在泸沽湖地域的空间投影上观察，衣杜的文化控制范围下及个人、上及村落，这恰是目前泸沽湖地域旅游开发的主要主体。所以，如何保护和发挥衣杜对于摩梭文化的传承发展的现实作用，是当前泸沽湖地域人居环境研究与规划的关键点、着力点。

3.6.3.4 影响文化控制力的内部因素：经济组织、生计活动

经济组织和生计活动具有较强的外向性和活跃性，文化变革的"噪音"往往最先发自这里，它们有时候直接发挥文化控制作用，有时候又作为一种内部影响因素出现。前文中曾介绍的落水村在旅游产业发展中出现的种种问题都与经济组织和生计活动密切相连，经济组织的正确决策、生计活动的合

理安排可以发挥出促进文化传承的良性作用，反之亦然。外出务工这类活动一方面可能冲击年轻一代摩梭人的价值观，另一方面也有可能在文化交流中激发起摩梭人的文化自觉。类似这样的两面性因素值得在规划中仔细考量。

3.6.3.5　新增的文化控制力因素：现行行政体制；外来资本进入

我国的现行行政管理体制在尊重民族区域自治的前提下，对各少数民族聚居区域也实施了有效的、科学的管理，在泸沽湖地域旅游开发的背景下，政府的科学规划与行政干预是促进合理保护、可持续开发的重要手段，如泸沽湖管理委员会、各村村委会等机构的管理行为已经成为对摩梭文化实施影响、控制的因素。伴随泸沽湖旅游开发而进入该地域的外来资本也是一种新的影响因素，如果没有科学引导与规划，资本逐利的本性可能对摩梭文化带来不良的影响。对于新增文化控制力因素的运用与调控是一项新的命题。

3.7　文化支点的崩塌——以大落水村社会结构变迁为例

3.7.1　大落水概况

大落水村位于泸沽湖西部湖畔，是沿湖区域规模较大的一个村落，居民主要由下村的摩梭人和上村的普米族组成，还有少量汉族。该村落历史悠久，由于临湖背山，渔猎是居民的传统生计方式。1990 年左右，泸沽湖的旅游业开始发展，而大落水村成为了泸沽湖旅游开发的第一站，迅速发展的旅游经济使大落水村在泸沽湖地域的村落中率先致富，从事旅游接待的村民收入逐年增加（图 3-33）。然而伴随着旅游

图 3-33　大落水的旅游接待建筑
（资料来源：作者自摄）

业的开发，各种外来冲击和内部变化也对这个古老的摩梭村落造成较大影响，大落水村的文化、社会、经济等诸多方面已经发生或正在发生深刻的变化，成为一个较为典型的案例。[63]

3.7.2　制度控制与制度的变迁

衣杜权威的替代。在传统的摩梭社会中，衣杜是一个独立生产和消费的基本单位，在摩梭社会中发挥重要作用，而公共领域是一个相对狭小的空间，受到围绕它的数量众多的、以血缘为纽带的母系衣杜的挤压。村长或者是村一级组织只是在解决政府与本村之间、外村与本村之间、本村不同民族之间的问题时才起到法人作用，而且村长一般来自村落中最有势力的斯日或衣杜，回到家中，他不会因职务而具有超越衣杜其他成员的特权，他也不会去挑战本村各个斯日或衣杜固有的影响力。随着经济发展尤其是外向型的旅游经济的发展，摩梭衣杜之间的经济协作和对外交往等社会活动急剧增加，村长和村委会等行政机构在对这一系列活动的协调管理中权力空间逐渐扩大，甚至可以直接干涉能否分家和建房这样的纯粹家庭内部问题。如 1999 年 10 月，因为涉及旅游接待收入的分配以及景区资源的规划，泸沽湖管委会更是在落水村发布如下通知："因家庭成员过多、家庭不和睦确需分家，经村委会

批准分家后，当事人应向泸沽湖省级旅游区管委会提出新分户建房申请，经审查批准，可在村中规划的原发展用地内限定的面积修建。未经管委会批准，居民不得擅自修建，土地部门不得办理土地使用手续，房管所不得办理房产手续，林业部门不得安排用材指标。"

3.7.3 精神文化诸方面——价值观的丧失

传统的摩梭社会笃信宗教，不管是曾经与土司制度相结合占据统治地位的藏传佛教，还是深深融入摩梭人思想观念中的本土达巴信仰，它们的仪式、教义、禁忌一直以来深刻地塑造了摩梭人的价值观，制定了摩梭社会诸多方面的行为规范。落水村的宗教信仰情况已经发生了较大的变化。首先，在藏传佛教的强势传播的背景下，摩梭本土信仰受到影响的情况同样存在于落水村。达巴信仰的衰落是一种普遍的趋势，落水村目前已经没有达巴，而整个永宁地区的达巴也是寥寥可数，达巴活动区域已退缩到比较偏远的山区，而且据说已经很少有达巴能够全部念诵和解释曾经传承下来的117部口诵经。其二，藏传佛教的影响力也出现一定程度下降。为了旅游接待的需要，落水村一些家庭在改造、新建房屋时有的将经堂拆除，有的将经堂简化、搬迁。一些摩梭老人对此痛苦万分，时常向我们念叨："经堂没有了，活佛来了住哪里？活佛怕是不回来了吧？"面对旅游开发对年轻一代的利益诱惑，她们却无能为力了，连她们的祖母屋也面临这样的遭遇。第三，为了发展旅游经济，摩梭人的宗教文化又被作为一种旅游产品来加以开发利用，只是这种商业行为由于一些操控不当的方式而造成直接破坏作用，在落水村对岸的左所，一座历史悠久的黑教寺庙就被出租给商人作为旅游景点来运营，结果由于经营不善，承包方关闭了这座寺庙。作为摩梭人精神文化核心的宗教信仰面临自身影响力下降和外来经济力量冲击的双重影响，其直接结果就是老一代摩梭人精神家园的失去，年轻一代摩梭人传统价值观的丧失。

3.7.4 社会结构的解构与社会转型

3.7.4.1 传统摩梭家庭的解构与重组

单纯从统计数据比较，落水村的户数与人口近几十年来的变化不算太大，但除去"文革"期间的强制结婚带来的短暂变化以外，其实在近十年来的旅游开发期中，许多摩梭衣杜在利益驱使和政府干预下已经经历了一次解构与重组。在摩梭传统文化中，成员众多的、和睦的大家户是被推崇的理想目标，而分家是一件令人羞愧的、不得已而为之的憾事。但当落水村的旅游业急速发展初期，涉及集体旅游项目安排时，村民依照传统首先选择以衣杜为单位来参与项目和分配利润，为了获得更多分配的机会和份额，分家成了一种投机选择并带来村民之间的利益冲突，严重冲击了摩梭人的家庭观。为了平息利益冲突、遏制分家的势头，落水村曾经直接将参与旅游的户数进行了限定，规定上限为73户。

3.7.4.2 女性权威、中心地位的变化

摩梭人特殊的社会价值观念和婚姻家庭结构使得女性在整个摩梭社会和每个衣杜中占有重要地位。然而随着旅游业的发展，落水村衣杜中的女性权威和地位也开始发生了变化。首先，若女性作为一个衣杜的达布，她的意见代表了衣杜的意见，仍然具有重要的影响力，然而随着村落公共事务和公共领域的增加，由男性组成的村委会权力越来越大，女性在这些公共领域的权威和地位下降；其次，女性在包括旅游接待在内的生产活动中仍然充当主角，她们的地位也因旅游需要而被强化，但一些信息灵通、思维活跃的男性成员很快在经济活动中占据主导，其家庭地位也相应上升，造成女性权威的象征性与实际性分离；第三，旅游开发不可避免带来文化交流，外来文化的主流价值观念对当地男女地位和社会分工的传统模式逐渐发挥影响，带来摩梭社会男女地位的变动。

图 3-34　大落水的旅游表演项目
（资料来源：作者自摄）

3.7.5　生活习俗的改变与评价标准的模糊

　　基于摩梭院落对于摩梭文化的特殊作用，我们重点观察了落水村的建筑。近年来落水村尤其是落水下村的摩梭建筑已经发生了较大改变，木头虽然仍是主要的建筑材料，但由于木料成本增高，很多人家在新建或翻新住宅时已广泛使用砖瓦、水泥等替代材料。为了服从旅游接待的需要，原来两层楼的房屋现在多被加盖至三层或四层，院落的功能布局也围绕接待客客的需要进行改造，祖母屋、经堂等特殊空间被简化或拆除，一些还被改造为接待游客参观的展示空间。

　　大落水村随处可见身着摩梭传统服饰的村民，只是他们着此服装不再是因为本民族的各种节日盛会，承担有旅游接待任务的村民每天出门前会穿上民族服装，然后前往商铺、游船、锅庄晚会，着传统服装在大多数时候仅仅成为一种商业需要，传统服装在这样的时段失去了它的真正意义而沦为商业工具。

　　对于上述种种变化，摩梭传统文化中"适宜"与"不适宜"的评价标准变得模糊，很多情况下社会评价已经服从于经济利益的标准，于是这个摩梭村落已经任由村民在旅游开发的过程中，将跳锅庄、划船等文化活动包装成为旅游产品，丧失其文化内涵（图3-34）。

3.8　结论：适于泸沽湖人居环境发展的文化控制论

　　1.藏彝走廊的各民族有不同的社会结构特点，因此，其规划调控机制也应不同。总的来说，应以延续他们的生活方式为基本点，促进其人居的和谐发展。

图 3-35 文化控制力的构成
（资料来源：作者自绘）

2. 文化控制力是指通过文化的适应力，即生态、制度、习得适应力，针对社会进化产生的综合调控力（图 3-35）。

3. 我们将这种文化调控力称为与社会进化相适应的"自适应调控模式"。将有计划的规划措施与社会进化的机制结合起来，通过他们本来的社会的生态、制度、习得适应机制起到调控作用，达到促进社会发展的目的。"视人居环境为复杂的自适应系统是非常重要的。人居环境的自适应发展，在很大程度上是因为人们给予切身的生活需要，有自身的合理性"[64]。

阿伯克隆比（P.Albeicormbie）认为："城乡规划寻求提供对自然演进趋势的引导，作为对区域及其外部环境的详细研究的结果。这种结果将仅仅是熟练的工程学，或者令人满意的卫生，或者成功的经济发展，它应该是一种社会有机体的艺术"。

以下规划思想对我们的主张有一定的参考价值：

20 世纪 60 年代兴起的倡导性规划（Advocacy Planning）以及激进式规划，强调"规划作为社会学习"，形成进步式规划（Progressive Planning），就是基于反理性主义立场。

沟通性规划倡导者认为，形成交流传达信息这本身就是规划行动。规划师作出问题的分析的时候，他们已经参加到界定问题的过程中了，已经在进行规划工作，影响当地人居的发展。

第4章
泸沽湖地域的景观系统及演进

　　本章揭示了泸沽湖特质景观的生成原理。文中把景观作为人地关系复合的视觉现象，讨论了景观过程中各要素的发生规律；通过对地质过程的研究，提出了泸沽湖地质景观特质的要素构成；研究了泸沽湖的水文景观形态，特别研究了泸沽湖永宁坝开基河景观形态改变的主要原因；提出了泸沽湖的湿地景观有三种类型，以及其变迁的规律；还研究了泸沽湖所处区域气候形成因素，分析了气候景观的特点；提出了泸沽湖的植被景观的类型、空间分布规律及变化趋势。

　　本章重点研究了泸沽湖的土地利用的过程，将其作为人对地改变的主要内容之一。厘清聚落的人口规模和土地利用、传统文化要素与土地利用格局、现代性技术改变对土地利用的影响。

　　本章还讨论了泸沽湖景观发展的问题，即通过调研，分析了在不同类型人群中，人们对泸沽湖特质景观的看法，了解了摩梭人对他们的环境的看法及主张。通过研究明确了泸沽湖景观演进方向，即应以摩梭人的景观价值为基准，充分保护其人地关系复合的状态。

4.1 景观的概念

景观作为视觉美学的意义:在欧洲,"景观"一词最早出现在希伯来文本的《圣经》旧约全书中,它被用来描写所罗门皇城(耶路撒冷)的瑰丽景色。[65] 这时,"景观"的含义同汉语中的"风景"、"景致"、"景色"相一致,目前,大多数风景园林学者所理解的景观,也主要是视觉美学意义上的景观,也即风景。美国从 20 世纪 60 年代开始开展的景观评价研究——景观视觉质量。Daniel 等人将其称为"美景"。[66]Jacques 认为景观的价值表现在给予个人的美学意义上的主观满足。[67]

景观作为一个地理学概念:"地理大发现"推动了地理学的发展,也加深了人们对景观的认识。14~16 世纪大规模的全球性旅行和探险,特别是 1492 年美洲的发现和 1498 年去东印度航线的发现,促进人们对景观的认识已经超出对于自然地形、地物的观赏和对其美的再现理解,即把景观看成是文学、艺术活动,而是从科学的角度关注它们在空间上的分布和时间上的演化。这时德语的"景观"(landschaft)已用来描述环境中视觉空间的所有实体,不局限于美学意义。19 世纪中叶,动植物学家和自然地理学家洪堡得(Humboldt),将景观作为一个科学的术语引用到地理学中来,并将其定义为"某个地球区域内的总体特征"。随着西文经典地理学、地质学及其他地球科学的产生,"景观"一度被看作是地形(Landform)的同义语,主要用来描述地壳的地质、地理和地貌属性。以后,俄国地理学家又进一步发展了这一概念,赋之以更为广泛的内容,把生物和非生物的现象都作为景观的组成部分,并把研究生物和非生物这一景观整体的科学称为"景观地理学"(Landscape Geography)。这种整体景观思想为以后系统景观思想的发展打下了基础。

景观作为生态系统的载体:景观生态思想的产生使景观的概念发生了革命性的变化。早在 1939 年,德国著名生物地理学家 Troll 就提出了"景观生态学"(Landscape Gcology)的概念。Troll 把景观看作是人类生活环境中的"空间的总体和视觉所触及的一切整体",把陆圈(Geosphere)、生物圈(Biosphere)和理性圈(Noosphere)都看作是这个整体的有机组成部分。景观生态学就是把地理学家研究自然现象空间关系时的"横向"方法,同生态学家研究生态区域内功能关系时的"纵向"方法相结合,研究景观整体的结构和功能。另一名德国著名学者 Buchwald[68] 进一步发展了系统景观思想,他认为:所谓景观可以理解为地表某一空间的综合特征,包括景观的结构特征和表现为景观各因素相互作用关系的景观收支,人的视觉所触及的景观像、景观的功能结构和景观像的历史发展。他认为,景观是一个多层次的生活空间,是一个由陆圈和生物圈组成的、相互作用的系统。他指出,景观生态的任务就是为了协调大工业社会的需求与自然所具有的潜在支付能力之间的矛盾。

至于景观系统中各要素及其相互之间的关系,Zonneveld 作了深入的分析,就景观系统的层次结构作如下划分:

①生态区:最低一级的景观单位,每个生态区内至少有一种地理成分(如植被、土壤、水)在空间上的分布是较为均一的,其他成分也不会有很大的分异。

②地相:由多个生态区所组成,每一地相内的各个生态区至少在某一地理因素(主要是地形)的影响下,在空间上出现一定的关系和分布格局。

③地系:由一系列地相所组成,本单位最适用于绘制景观调查图。

④总体景观:是指某一地理区域内所有地系的总和。

在北美,长期以来尽管没有明确提出"景观生态学"的概念,系统景观的思想和景观生态学的思想却很早就有所发展。早在 20 世纪 40 年代,北美最早的植物生态学家之一 Egler 就认为,植物与人的活动组成了一个相互作用的整体,这个整体是某一更高级的生态系统的一部分,并作用于景观。以后,他又提出了"整体人类生态系统"(Total Human Ecosystem)的概念。同时代另一位北美生态学家 Dansereau 也曾提出，在环境诸因素及其相互关系的高级、整体和动态水平上进行景观的研究，并主张用"人类生态学"来研究人类对景观的影响。他把人对景观的认识和冲击理解为一种循环的和控制的过程，并用"意识景观 / 景观"的概念来论述从自然到人，从无意识到有意识和从景观知觉到景观设计的过程。

走向"理性化"的景观：Venadsky 曾用"理性圈"的概念来描述，并推测，随着人类科学技术的发展，理性圈将取代自然发生的生物圈，人的主观意志将成为改造或创造景观的模板。Dansereau 的理性圈理论后来又得到了人类学家和自然哲学家 Teilherd de Chardin 的进一步发展。他认为，凭着人类的主观能动，通过不断地自我反馈和调节，人对景观的设计和改造是值得信赖的。他把这种在人类主观能动作用下的景观设计和改造过程称为"理性起源"（Noogenesis）。[68] Naveh 和 Lieberman 则把景观生态学作为实现这种"理性起源"的重要工具，指出：人既是生物圈的组成成分，同时又是它的改造者和监护者。Vink 在总结前人关于景观及景观生态学的论述之后，用系统科学和控制论的观点，明确地指出：景观作为生态系统的载体是一些控制系统，通过土地利用及管理活动，这些控制系统中的主要成分将完全或部分地受到人类智力的控制；景观生态学是"把大地的属性作为目标和变量进行研究的科学，其中包括通过对主要变量的研究以实现人类对它的控制"。通过以景观生态学为桥梁，把关于动物、植物和人类的各门具体科学有机地结合起来，以实现景观利用的最优化。不难看出，基于启蒙思想的现代性是"理性化"景观思想的基础，其主张会将地球上无比丰富的景观，以"理性的合理"为借口，将人类导向一个完全人工的世界里。该理论曾被 Odumn 认为是"危险的哲学"。

本研究基于景观生态学的基础，借助"现象学"的理解，将泸沽湖的自然过程看成是地理与生态过程的视觉现象，并力图从生成原理上理解这些现象的规律。不仅如此，本章将立足人的生计行为，认识人对自然的改造，以揭示人们利用自然的过程。

我们认为景观是人地关系复合中的视觉现象。将景观看成是一个自然或人文过程的显现，而非单一的审美"事实"或"科学过程"。景观研究的领域可以划分为自然部分与人文部分。自然景观研究的是地理与生态过程的视觉现象；人文景观是人们利用自然与自身文化过程的视觉体现。在以下的研究中，包括有如下主题：自然过程规律与人的利用改变形成的景观现象；土地利用及演变作为农耕景观的主要构成；景观评价标准的讨论，景观在人们心中的价值，将主导泸沽湖人地关系现象的改变方向。

4.2　泸沽湖的地质、地形景观

本部分的重点在于通过研究泸沽湖的地形来探讨其可视景观。基于地球表面的地形地貌状况是由于长期地质作用所致，而地形本身也是地质学所属分支学科；因此本部分研究将从对地质学的简述入手，通过对地质作用的基本了解，以及对横断山地形概况的简略回顾，从而进行泸沽湖地形状况的探讨，展开我们对泸沽湖可视景观的研究。

4.2.1　概念解析

4.2.1.1　地质学概述

地质学是关于地球的物质组成、内部构造、外部特征、各层圈之间的相互作用和演变历史的知识体系。它是一门研究地球的科学，其研究内容包括过去发生的事情（地质历史），也包括当前地球上发生的事情。对一个地方的调查则需要对该地区的地质历史和过程有一定的了解。

研究对象：

地质学是研究地球及其演变的一门自然科学。它主要研究地球的组成、构造、发展历史和演化规律。

在当前阶段，地质学主要研究固体地球的最外层，即岩石圈（包括地壳和上地幔的上部）。因为这一部分既是与人类生活和生产密切相关的部分，同时也是容易直接观测和研究历史最久的部分。

4.2.1.2　地质作用及其对地面景观的影响

1. 地质作用

地球内部构造和地表形态也不断在改造和演变。我们把作用于地球的自然力使地球的物质组成、内部构造和地表形态发生变化的作用，总称为地质作用。可以说地球的地表现状是地质作用对地球表面长期改造的结果。按照能量的来源不同，我们将地质作用分为外力作用和内力作用。外力作用的能量来自于地球外部，主要是太阳辐射能，其次是重力能、潮汐能、生物能等。它们使大气、水和生物等发生变化，从而引起地壳表层物质的破坏、搬运和堆积。内力作用的能源来自地球本身，它们既发生于地表，也发生于地球内部，主要有地内热能、重力能、地球旋转能、化学能和结晶能。内力作用主要表现为地壳运动、岩浆活动和变质作用等。

2. 各类地质作用对地面景观的影响

不同的地质作用对地壳形态都会有不同的影响，主要介绍几种常见的塑造与影响地面景观形态的地质作用。

构造运动可使岩石变形、变位，形成各种构造形迹，塑造岩石圈的构造，并决定地表形态发育的基础。构造运动可引起海陆变迁。今天我们见到的山、河、湖、沟这些明显的地面形态都是构造运动所形成的。变质作用，在固态下转变成新的岩石的作用。岩石变质后，其原有构造、矿物成分都有不同程度的变化，有的可完全改变原岩的特征。风化作用是地表环境中，矿物和岩石因大气温度的变化，水分、氧气、二氧化碳和生物在原地分解、碎裂的作用。这种作用会使岩石表面，即与外部接触的部分逐渐风蚀，改变其外表面的样貌，使岩石景观发生变化。斜坡重力作用是斜坡上的土和岩石块体在重力作用下顺坡向低处移动的作用，这种作用常常发生在泥石流过程中，形成独有的泥石流景观。沉积作用是各种被外营力搬运的物质因营力动能减小，或介质的物化条件发生变化而沉淀、堆积的过程。通常我们在河口看见的石块以及在河滩所见的鹅卵石都是由于这类作用搬运形成的。

4.2.2　泸沽湖地质景观特质

4.2.2.1　横断山区地质构造对地形的影响

在亚洲大陆，地形上受构造运动影响之深，范围之广，横断山区大概名列前茅了，横贯青藏高原的"唐古拉和念青唐古拉褶皱带"在大约东经97°~100°的地方，由东西走向转折为南北，向本区延伸，这个构造上的延伸便是"三江褶皱带"，而泸沽湖就正好位于这个区域内，因此我们对横断山地质构造的研究是很有必要的。这个褶皱带受非常复杂的闭合褶皱构造所控制，并发育有广泛的逆掩断层和平行的深达断裂。

由此向东，在川西高原也有相似的情况。发育于青藏高原的"昆仑褶皱带"在"三江褶皱带"的外侧向南延续，其最东缘的深大断裂发育在龙门山，康定和清河一线形成"川西高原"与四川盆地及东部低地的分野。本区的主要山系和河流的发育均受上述构造的影响，形成大体平行、南北向延伸的高山与峡谷。峡谷的盆地，除了石灰岩区的溶蚀盆地，也大多受构造影响，发育于地堑或凹陷中。

4.2.2.2　川西南滇北中山原峡谷区地形与泸沽湖地质

这片区地势起伏大于滇中高原湖盆区。地面海拔大多在3000米左右。境内山体多南北走向，安宁河以西的山地，岩性坚硬，山势陡峭。盐源盆地四周，山地海拔多在2800~3200米间，岩性软硬相间，分别形成山脊和斜坡。山地之间由断陷河谷盆地和地堑河谷如盐源、丽江等，在盆地和宽谷内，沉积物异常丰富，其中以洪积和湖的沉积最广泛，也有许多高原断陷湖。

区内新构造运动活跃，岩石破碎，地势陡峭，降水集中，且多暴雨、山洪、泥石流非常普遍，给人民生活财产，给农业生产和交通事业都带来了极大危害；自然给人类提供生产生活资源、也带来威胁的同时还造就了丰富多变的自然地理景观。[70]

4.2.2.3 "泸沽湖区域"的地形与景观

研究中，我们将涉及此区域内的各种地形状况，这包括上文中提及的由不同地质作用所形成的不同地形地貌，如由内力作用的地质构造形成的山脉、断陷湖泊；以及由外力作用形成的泥石流等地形地貌。

1. 泸沽湖区域的地形：泸沽湖附近则表现为向南凸出的弧形构造。本单元的褶皱主要有新庄向斜、拉吉地背斜、赵家坪向斜、老屋基背斜、白岩子背斜等。断裂主要有永宁断裂、龙洞河东断裂、白岩子断裂、安山坪断裂、西范断裂、依西坪子断裂等。由断裂构造和冰川作用形成的高原断陷湖泊，现代淤积为主。高出湖面地区以上覆第四系冲洪积物的二叠系及其以下的老地层。近山地段则是冲积洪锥扇连片，形成倾向湖心的台地，地势开阔平缓，垦殖悠久。紧连湖面的低洼地带为一宽阔的沼泽地，以湖东南之草海最大，面积 8 平方公里。"草海"旱季为沼泽，雨季成湖，为泸沽湖的一部分。永宁乡位于宁蒗县境北部，与新村——培德台穿相接，是一个以三叠系为主的凹陷区，区内主要构造线为北东向，褶皱形态多不对称。

2. 泸沽湖——高原断陷湖泊

泸沽湖区域深受地质构造因素的控制（图 4-2）。左所在地质运动中是呈负向运动，位于湖区上方的前所是缓慢上升区，而泸沽湖是一个地质塌陷区。它是一个由于地壳运动引起的地壳断陷，经潴水而成为湖泊。云南省是我国断陷湖泊较集中分布的地区。云南断陷湖泊自上新世随着区域性隆起断裂拉张形成以来，经历了裂陷早期沼泽、陷期深水、充填后期浅水的构造—沉积演化阶段。以往这些发育在区域性断裂带上的湖盆，因埋藏丰富的新生代褐煤而受到人们的重视。近几年来，因其在构造、沉积和古环境学上的意义而受到国内外学者的关注。

由于其位于在断裂构造的交汇地带，是由地壳断裂陷落而成，湖盆面积较大，呈多边形，断层岸较平直，山体直抵湖边，断层崖或断层三角面明显，断层岸湖底坡度大，湖水深为其基本特征。[70]

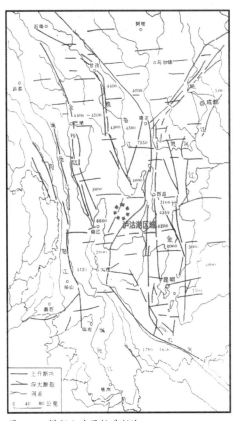

图 4-1 横断山地区抬升断块
（资料来源：根据杨勤业等改绘）

图 4-2 泸沽湖区域构造运动示意图
（图片来源：盐源县志编委会 . 盐源县志 . 成都：四川民族出版社 .2000）

图 4-3　泸沽湖鸟瞰
（资料来源：maps.google.com）

图 4-4　四周环山的湖景
（资料来源：作者自摄）

图 4-5　永宁坝卫星示意图
（资料来源：maps.google.com）

图 4-6　永宁北沿的抬升断面
（资料来源：作者自摄）

3. 永宁坝——断陷盆地

断陷盆地指断块构造中的沉降地块，又称地堑盆地。它的外形受断层线控制，多呈狭长条状。盆地的边缘由断层崖组成，坡度陡峻，边线一般为断层线。随着时间的推移，在断陷盆地中充填着从山地剥蚀下来的沉积物，其上或者积水形成湖泊，或者因河流的堆积作用而被河流的冲积物所填充，形成被群山环绕的冲积、湖积、洪积平原，如山间盆地和地堑谷中发育着的冲积平原。

在全云南省起伏纵横的高原山地之中，断陷盆地星罗棋布。云南这些盆地又称"坝子"，地势较为平坦，有河流通过，土壤层较厚，多为经济发达区。云南全省面积在 1 平方公里以上的坝子共有 1445 个，面积在 100 平方公里以上的坝子有 49 个。永宁坝子是其中的一个断陷盆地，位于泸沽湖西北 20 公里。海拔 2644 米。北连四川木里藏族自治县，东临四川盐源县左所区，总面积 641.9 平方公里。

永宁平坝与山体之间由于地质构造运动所留下的明显断面（图 4-6）；构造运动属于内力地质作用，在构造运动中岩石圈物质垂直运动使岩石变形、变位，形成各种构造形迹，塑造岩石圈的构造，并决定地表形态发育的基础。永宁坝周边的断层崖是这里特殊地貌的典型写照。这也正是地貌所反映、告知我们的关于地形成因的信息。

泸沽湖面高程 2690.7 米，被山体环绕，四周均是由构造运动而形成的高山区。地理坐标为东经 100°44′39″，西经 100°55′09″，北纬 27°39′49″，南纬 27°45′08″。地质作用形成了这里大约 2526 平方公里的塌陷区域。其塌陷的基准平面高程大约为 2700 左右。最高点在木底箐大山的南面，海拔约为 4379 米，最低处在永宁坝的东端海拔高程约为 2636 米。

4.2.2.4　泸沽湖的洪积扇

1. 洪积扇干旱、半干旱地区暂时性山地水流出山口堆积形成的扇形地貌。组成洪积扇的泥沙、石块颗粒粗大，磨圆度差，层理不明显，透水性较强，扇面上水系不发育。由于山前构造断裂下降，洪积物厚度可达数百米。从扇顶至扇缘高差也可达数百米。一系列洪积扇互相联结形成洪积平原，又称山麓洪积平原。洪积扇因山地不断抬升，山前平原不断下降，形成上叠式扇体。当山地上升规模、幅度均较大时，老扇随之抬升，在其下方发育新扇体，形成串珠状洪积。当山地前缘有不等量的新构造活动时，新扇体向相对下降的一侧移动，使新老扇体并列向一侧偏转，造成不对称形态。

2. 山麓洪积扇

由于出山口处河流比降存在一个急剧的变化而迅速降低，当携带着大量碎屑的河流从山地流出来时，流水就以扇形分散开来，在山前低地上形成了扇形的冲积积物，当山前的一系列洪积扇连接成一体时，就形成了山麓洪积扇。

如图所示，黄色图形部分所示，在泸沽湖沿湖有一系列洪积扇：里格村、凹夸村、大嘴村、里舍村、小落水村等都是由狮子山山谷洪水冲击，在山前低地上形成的冲积扇，这一系列冲积扇连成一片从而形成了山麓洪积扇（图4-9）。此外，大落水村以及大鱼坝村、舍夸村、大落水村等都是由季节性河流冲击所形成的洪积扇。其中大落水村是由乌玛河洪水冲击而成，三家村冲积扇是由三家村河洪水冲击而成，而舍夸村、拉瓦村、直普村冲积扇则是由舍夸河洪水冲击而成的平地。总的来说洪积扇形成快、短促，多由暂时性、季节性河流形成。

同时洪积扇对聚落有着非常实际的经济意义，在泸沽湖的这一系列洪积扇，大都已经形成各种不同类型的肥沃的湿地，并且具有有利于农业生产的土壤以及水文条件；加上由水流冲积所形成的扇形平地，为建筑选址提供了可能。因此，这片区域不论是地形还是自然条件，都为人类在此聚居提供了充足的生存资源，成为诸多聚落生存繁衍的可选地；泸沽湖周围的

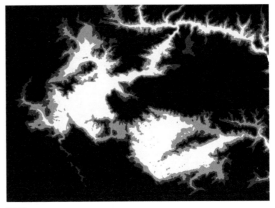

图例：
□ 2700 米及以下　　■ 2700~2800 米
■ 2800~2900 米　　■ 2900~3000 米及以上

图 4-7　泸沽湖区域的高程分析图
（资料来源：作者自绘）

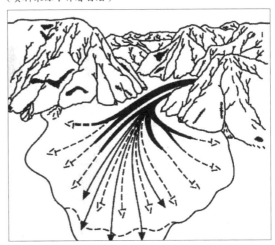

图 4-8　泥石流示意图
（资料来源：生命的景观. 北京：中国建筑工业出版社）

图 4-9　洪积扇平面示意图
（资料来源：作者自绘）

图 4-10 沿湖洪积扇
（资料来源：作者自摄）

图 4-11 山麓洪积扇
（资料来源：作者自摄）

图 4-12 泥石流发生区
（资料来源：作者改绘）

图 4-13 泥石流实景照片
（资料来源：作者自摄）

村落其建筑选址均分布在山脉洪积扇面上，有利于农耕建筑依山而建，背山面湖，原生居民在未开发旅游前都以种植作物与畜牧为主的经济生活方式进行生活，其次还以采集草海中丰富的资源为生。

4.2.2.5 泸沽湖的泥石流

泥石流是指斜坡上或沟谷中的泥、砂、石块等碎屑物质与水混合而形成的流动现象。具有爆发突然，冲击力强，过程短暂等特点。

泸沽湖位于新构造运动活跃的青藏高原与云南高原的过渡地带，盐源—永宁断裂带与宁蒗—宾川断裂带呈丁字形在这里交汇，再加之湖泊西北、西南及东南部次生断裂密布，为短小的暴流性（随季节发育）河流的发育提供了良好场所。

如图所示，红线画出的范围为泸沽湖泥石流高发生区域（图 4-12）。在这些次生断裂上发育规模较大的河流主要有 5 条，自南而北，依次是：山垮河、三家村河、五马河、大鱼坝及小渔坝河，其中有三条即大渔坝河、山垮河及五马河在雨季频繁暴发泥石流。除构造活动因素外，本区多为砂页岩分布区，岩石的物理和化学风化异常强烈，湖泊南侧三家村河附近风化壳厚达 5~10m，坡积残积现象明显，这为暴雨型泥石流的活动提供了丰富的松散物质；同时，本区地形陡峻，山坡平均坡度在 40°~50° 以上，相对高差巨大，一般为 600~700 米，最大达 1000 米以上，为泥石流活动及坡地水土流失提供了良好的临空条件和加速机制。大渔坝沟上游为两个彝族村寨，长期以来进行刀耕火种，盲目扩大耕地，目前垦殖面积已近 20 平方公里，而且不停地弃耕和开挖新的土地，致使这里水土流失非常严重，老屋基村下部耕地已被洪水切出深 2 米、宽 3 米的切沟，暴雨季节，暴流强烈剥蚀表土汇入大渔坝主河道，为泥石流活动提供了细颗粒物质。老屋基以上年的开垦和水土流失情况也与老屋基附近相同。另外大渔坝河中游林区，受自然重力过程和沟边森林砍伐的影响，沟谷两岸大面积崩塌，岩体表土加杂粗大树木倾泻入河谷主道，成为泥石流松散物质的一个主要来源。据调查，20 世纪 80 年代以来的十年时间内，大渔坝泥石流扇已向湖区推进 100 米，使原来河流入湖处的 13.3 平方公里农田变成废石荒滩，如果任其发展，必将严重影响优美的湖泊景观并危及当地人民的生命财产。

　　简单地说，人类对自然界的探索大都基于对其资源的需索。人类研究地质学最初则是为了获取矿产资源、能源资源等。当人类的活动符合自然界的客观规律时，便可以得到利益，如凿井得水，开山取矿；相反则会蒙受损失，如过量灌溉导致土壤盐碱化。另一方面，自然界的突发事件或缓慢积累起来的重大变化，也可以给人类带来无法逃避的灾害。如不可预期的泥石流对人类的生产生活影响也十分重大。在本章中主要探讨的是可见的、由各种地质作用所形成的地形地貌景观。这些地形地貌是泸沽湖特有的景观，它与其他景观要素：如植被、气候、流域、湖泊等共同形成了泸沽湖的特质景观。

4.3　泸沽湖的水文景观

4.3.1　泸沽湖的水文景观特质

　　首先，将泸沽湖的水文环境视为一个水循环的动态过程。在太阳能和地球表面热能的作用下，泸沽湖区域的水不断被蒸发成为水蒸气，进入大气，水蒸气遇冷又凝聚成水，在重力的作用下，以降水的形式落到地面，这是一个周而复始的过程。其次，我们认为泸沽湖同一流域地区的地表径流有三种不同排水系统及其相应水文过程：①部分溢流系统，来自山谷或渠道两侧的地表径流；②全流域范围的地表溢流系统，整个泸沽湖流域地区内的水全部以地表径流的形式流入河道；③壤中流系统，雨水从河道的两侧渗流进入。最后，笔者将补给视为地表水在重力的作用下补给到地下水体中的一个过程。地表水可以来源于土壤、湿地以及湖泊等。大多数的蓄水层都是从某些特定的地表区域获得补给水，只有少部分的（尤其是一些较浅的）蓄水层是从广阔的（非特定的）地表区域获得补给水。我们将那些特定的、能够提供地下水的地表区域称为地下水补给区域，它们可能是：地表水汇集区——如湿地或地形凹陷处，或者是具有高表面渗透率的土壤或岩层区，以及蓄水层暴露于地表或接近地表的地方。

4.3.2　泸沽湖的水文景观研究

4.3.2.1　空间分布（图 4-14）

　　泸沽湖区域的河流主要包括泸沽湖区域的水系：舍夸河、三家村河、乌玛河、大鱼坝及小渔坝河，多数为短小的暴流性河流，随季节发育。其中有大渔坝河、舍夸河及乌玛河在雨季频繁暴发泥石流；永宁坝区的水系：开基河、木底箐河、拖支河、前所河、耳支河。

4.3.2.2　泸沽湖区域的地下水补给（图 4-15）

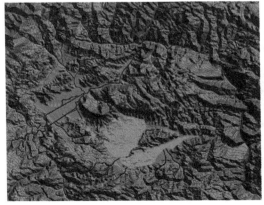 

图 4-14　泸沽湖水系空间分布图　　　　　　　　图 4-15　泸沽湖区域的地下水补给图
（资料来源：作者自绘）　　　　　　　　　　　（资料来源：作者自绘）

泸沽湖区域的地下水补给区域有两种类型：一种是地表水汇集区的湿地、湖泊和海子，另外一种是地表物质高渗透率的冲积扇地区。

4.3.2.3 泸沽湖河流等级

本文中采用 A.N. 施特雷勒的河流分级方式（图 4-16）：一级河流为河流的初始水道，在河流系统的最端头的指状支流；二级河流由两条一级河流汇合而成[71]；三级河流由两条二级河流汇合而成。[72]一级河流与二级河流相比，通常地势更高，流程较短而落差较大。二级河流与三级河流相比，也处于较高的海拔，流程较短而落差较大。

舍夸河（图 4-17）位于舍夸村，是泸沽湖的三条主要汇水河流之一，其河流等级可划分为三级。舍夸河从扯跨山经过舍夸村曲折迂回流向泸沽湖，河水长年不断但流量不大，舍夸村于 2000 年由国家投入修建舍夸桥及流向泸沽湖段的河流驳岸。

三家村河（图 4-18）位于三家村，从木底箐大山流向泸沽湖，其河流等级可划分为三级。三家村河河水清澈，河面宽处约 5 米，窄处 2 米，河里满布石头，四处溅起白色的浪花。

乌玛河（图 4-19）位于大落水村，其河流等级可划分为三级。乌玛河从木底箐大山流向泸沽湖，将冲积扇一分为二，河道宽 3 米多，河岸用石板堆砌，河中间长着水草。

开基河主河道全长 42 公里，枯流在 1~2 立方米 / 秒，集水面积 729.38 平方公里。1967~1979 年，完成开基河的裁弯改直工程 6600 米，贯穿整个永宁坝子。然后与耳支河相汇后注入前所河，最后注入雅砻江。开基桥处河道最宽达 10 余米，河道两旁是高大的白杨树。开基河的上游有两条，一为木底箐河，一为拖支河。

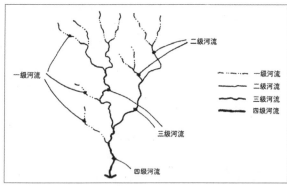

图 4-16 河流分级方式示意图
（资料来源：生命的景观 . 中国建筑工业出版社）

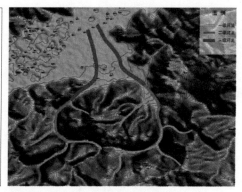

图 4-17 舍夸河河流等级分析图
（资料来源：笔者自绘）

图 4-18 三家村河河流等级分析图
（资料来源：笔者自绘）

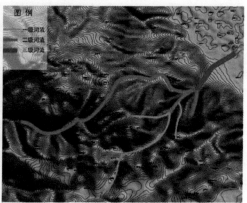

图 4-19 乌玛河河流等级分析图
（资料来源：笔者自绘）

耳支河从瓦拉片村前的垭口流向永宁坝子，河道流经瓦拉片村、温泉村、阿若瓦村、依马瓦村，与开基河相汇后流入前所河，河水清澈，河道上游曲折呈"S"形。

4.3.2.4　泸沽湖河流类型与特征

自然状态下的河流有两种截然不同形式：一种是编织形式；另一种则是单线形式。[72]

开基河就是典型的单线河道，水体被限制在惟一的一条水槽中，河道形状相对稳定（图4-20）。单线河道通常有一面或两面由岩石、土壤或植物组成陡岸，河流的主轴线是一股流动速度快、位于河流较深处、被称为谷底线的水流。

耳支河属于比较典型的编织形河道（图4-21），出现在地形多变的环境中，河水会搬运大量的沉积物。由于缺少植被保护，河岸很容易被侵蚀。在河水流量强烈波动的情况下，并且当河道为粗糙、不连续的材质时就容易产生这种编织形河流。当河水流量减少时，一些粗糙的石头和植物碎片就会在河道中堆积，形成砾石栅栏。如果河水流量继续减小，那么这种砾石栅栏则会越堆越大，最终成为河流流动的障碍物并分割原来的河流。如果接下来的水流量增大，形成的障碍有可能会被流水冲垮，彻底地改变河流的面貌。但如果河水水流没有增大，砾石栅栏就会长期存在于河流之中，经过一段时间后，植物会在栅栏上定居，使栅栏的稳定性进一步加强，最终成为河流上的一个小岛。

拖支河属于典型的蜿蜒形河道（图4-22），此类河道能够在十分宽泛的环境条件下发生，它们的存在形式也十分多样，从稍微的弯曲到极度的复杂蜿蜒。人们对蜿蜒形河的分析通常从一些几何特征的描述开始，包括弯曲带的宽度、波长和弯曲度。其中，弯曲带是指包括了

图4-20　开基河现状
（资料来源：笔者自摄）

图4-21　耳支河现状
（资料来源：笔者自摄）

图4-22　拖支河现状
（资料来源：笔者自摄）

整个蜿蜒系统的廊道。弯曲带的宽度会随河流大小的变化而变化，同时还与河流的平均径流量有关，径流量越大，则宽度越大。河流弯曲带中心处的连线为弯曲带轴线，而弯曲度则是指河流的曲线长度与弯曲带轴线长度的比值。地貌学家们根据河流弯曲度的大小对河流进行分类，弯曲度小于 1.5 的河流为直流河或近似直流河，弯曲度大于 1.5 的河流为蜿蜒河，弯曲度接近 4.0 或大于 4.0 的河流则为复杂蜿蜒河。

自然界中形式最为极端的一种河流被称作交叉汇合河，这种河流是由多条单独的线状蜿蜒河道构成，也包括单独的复杂蜿蜒河。而泸沽湖区域的河流河道类型以直线形和蜿蜒曲折形为主，少有编织形和交叉汇合形。永宁坝区改直前的开基河、木底箐河、拖支河、前所河、就是典型的蜿蜒曲折形河道，耳支河属于比较典型的编织形河道；而泸沽湖区域的舍夸河、三家村河、乌玛河、大鱼坝及小渔坝河则是典型的直线形河道。下表总结了泸沽湖区域的河流河道的形态与一些相关的主要特征（表 4-1）。

泸沽湖区域的河流河道类型与特征　　表 4-1

河道类型	河流名称	形态学特征	弯曲度	承载类型	行为
蜿蜒曲折形	木底箐河、拖支河、前所河	单一河道	> 1.5	悬浮或混合	侵蚀河流两侧、形成尖沙洲
直线形	开基河、舍夸河、三家村河、乌玛河、大鱼坝及小渔坝河	单一河道	< 1.5	悬浮、混合或河床底积	轻度下切与拓宽
编织形	耳支河	多条相互编织的子河道	< 1.3	河床底积	沉积

（图表来源：笔者自绘）

4.3.2.5 泸沽湖区域的湖泊

泸沽湖位于云南省西北部，地跨云南省宁蒗、四川省盐源两县。它是一个属金沙江水系的外流淡水湖泊，由地壳断裂陷落而成，以湖盆面积较大，呈多边形，断层岸较平直，山体直抵湖边，断层崖或断层三角面明显，断层岸湖底坡度大，湖水深为特征（图 4-23）。湖面海拔 2690.7 米、南北长约 9.4 公里，东西平均宽 5.2 公里，湖泊面积 48.45 平方公里，集水面积 171.4 平方公里。属断裂陷落型湖泊。

图 4-23　泸沽湖湖泊现状
（资料来源：笔者自摄）

除少量泉水外，湖水主要靠雨水补给。较大的入湖河道仅有东岸汇入的舍夸河和南岸汇入的三家村河两条，临时性的沟溪汇水和区间坡面漫流是湖水补给的主要形式。湖水的出口在东岸，每年 6~11 月，湖水经东侧的大草海及盖祖河排入雅砻江。出湖流量汛期达 3~5 立方米 / 秒。每年 1~5 月湖水基本没有外泄。

泸沽湖是高原深水湖泊，最大水深 93.5 米。水深超过 50 米的区域占湖区总面积的一半，平均水深40.3 米，湖水总容积达 19.53 亿立方米。泸沽湖地处高原山区。由于湖水集水面积小，所以限制了湖水中悬浮物质的数量，加之入湖河流短小，含沙量小。湖水透明度较大，广大水域在 6.0~11.5 米之间，最大可达 12 米，水色标号 8~9 号之间，是我国已知最清澈的湖泊之一。

4.3.3　水文景观的演替

乾隆年间，主修八七沟和中堰沟。民国二十四年，中堰沟扩修至内坝村，八七沟扩修至达坡村。1967~1979 年，开基河完成改直工程。1974 年，八七沟共修 10 条灌溉沟和排涝水沟和排水沟，和者波水沟一起，组成永宁河东的排灌网。近年来，泸沽湖出口处的四川盐源县修筑了海门桥水电站，几年来使湖泊鱼类的繁殖受到严重地影响。

从图中我们可以看到永宁坝水系近年来的演变过程（图 4-24）：开基河取直前，自然河道形态蜿蜒曲折，具有较高的自然景观价值。开基河取直后，蜿蜒曲折的自然河道形态被人为改变成只具有单一防洪灌溉功能的，僵硬、呆板的人工渠道，景观价值明显降低。数条灌溉沟、排涝水沟和排水沟组成的排灌系统，在永宁坝子留下了明显的人工痕迹，和纵横的阡陌形成了新的农田耕作景观。

通过研究泸沽湖地区的水文景观演进过程，我们能看到该地区人地复合关系的发展。保护水文资源、维持水系的基本生态过程，对改善泸沽湖生态环境和保障经济社会持续发展具有重大意义。河流和湖泊作为地球上壮观的景象，具有令人惊讶的多样性、美学上的愉悦性、科学研究上的挑战性、经济上的价值性以及生态上的丰富性。然而，尽管拥有如此众多的良好特征，它们仍然受到了人类最"残酷和错误"的对待。

由于土地利用与旅游开发的需要，泸沽湖区域的多数河流已被人为地改变河道，河流被加深、拓宽、取直，人们在自然的河道旁修建导水渠、更改河道。河流，作为一种自然的实体，已广泛地被人们转变成为运输水与沉积物的通道。随着土地利用与开发的进一步进行，分水岭地区、边缘及亚边缘地区已逐渐成为土地利用的对象，作为排水体系、道路建设、灌溉项目、洪水治理计划及航运工程的一部分，河流系统将不可避免地受到更多的人为操控。当地人应认识到自然河流的重要性并恢复河道的生态功能，使其能够提供更多的潜在生物栖息地，并起到净化水体、美化环境的作用。在环境问题（包括土壤侵蚀和沉积物控制、水生栖息地保护、滨水廊道生态与恢复等）的驱动下，人类活动都应充分考虑河流河道的行为过程、形态及特征。

 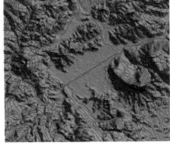 

开基河取直前　　　　　　　　　　　开基河取直后　　　　　　　　　　　修筑排灌网

图 4-24　永宁坝水系近年的演变过程
（资料来源：笔者自绘）

4.4　泸沽湖的湿地景观与演替

4.4.1　泸沽湖的湿地景观特质

　　按规律，泸沽湖湿地也是存在于陆地和水生系统之间的过渡性地带，其地下水位在地表或靠近地表。泸沽湖湿地还具备下述特征的一种或几种：第一，其必须维持占优势地位的水生植物生长，至少是周期性的；第二，底土层主要是未被排水的含水土壤；第三，底土层是非土壤（水量存储和传导作用），含有极高的有机成分，与高地的土壤明显不同，并且被水分浸透，或者在每年生长季期间的一段时间内被水淹没。湿地具有双重含义：一是湿地是许多残存的水生和陆生物种必须的、重要的栖息地；二是湿地是构成水文系统的一个不可或缺的部分，对保持水源供给和水质十分重要。

4.4.1.1　湿地景观分类方式

　　湿地景观的分类方式有很多种，在此我们采取根据水文与地理环境的方式进行分类发对泸沽湖的湿地进行分类（图 4-25）。具体分为以下几类，并有以下的景观特点：

　　1. 地表型湿地场所：指依靠地表水源的湿地，这些地表水源主要包括直接的降雨、以地表径流形式存在的当地径流，短暂的渠道水流，以及层间流。地表湿地也包括那些靠上层滞水维持的湿地。这些透镜状的地下水靠近地表，位于主要地下水体之上。这种情况经常是处在山坡上、浅洼地和小河流渠道头端的湿地形成的主要原因。

　　2. 地下水型湿地场所：通常在较低的景观中存在，如位于河流河谷的地面上、灰岩坑口以及冰河作用形成的凹陷处。这些场所位于或者处在主要地下水水体的水位附近或以下，作为地下水系统的低压点，它们容易接受排泄出来的地下水。这种类型的湿地水源补给一般较大，水量供给充足，不像地表湿地那样容易受降雨量和周边土地覆盖物以及地表排水模式变化而产生激烈波动。

　　3. 滨水型湿地场所：是指那些位于主要水体之内的周边湿地，如湖泊、大的河流和河口湾。由于

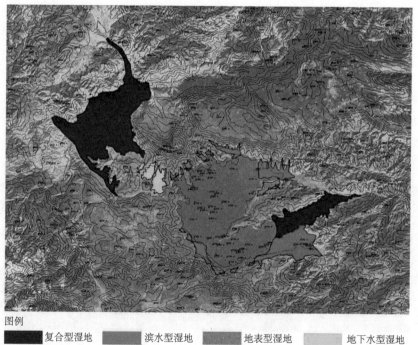

图例
■ 复合型湿地　　■ 滨水型湿地　　■ 地表型湿地　　■ 地下水型湿地

图 4-25　泸沽湖的湿地分类平面图
（资料来源：作者自绘）

水深度的变化，这类湿地通常展现出一种稳定的
生物栖息地分级模式，从位于水边的深水生生物
到生活在陆地边缘高出的湿地生物。作为湿地中
水的来源，这些控制性水体同时掌控着湿地的水
文动态，就像一个硬币有两面一样，水体会消减
湿地范围（如暴风浪、洪水径流和冰的运动），而
且在有的情况下会将湿地完全淹没。

4. 复合型湿地场所：是指那些由两种或者
多种水源维持的湿地，大多数大型、持续时间
长的湿地都属于这一类。[73]

4.4.1.2　泸沽湖湿地空间分布及其分类与分布规律

1. 空间分布

按照以上分类，泸沽湖区域共有四处明显
湿地，分别为永宁湿地、啊凹湿地、三个小海
子湿地、草海湿地；此外泸沽湖沿湖也有一些
分散的小型滨水湿地。其中，当地人称为草海
的湿地最为典型。高原上的人将高原上的湖泊
叫作"海子"，"草海"就是指长满草的高原湖泊。
湿地常常位于湖泊边缘出水口的一方，是湖泊
生态系统的重要组成部分。

永宁湿地位于永宁坝子，约 3109 多公顷，
但由于人们把湿地改造耕地，永宁湿地面积不
断缩小，并被农田分割成 5 个独立的小块，现
存原生态湿地面积约为 210 公顷。

啊凹湿地位于吐布半岛北侧的赵家湾村，
面积较小，约为 96.6 公顷。

草海湿地位于泸沽湖的吐布半岛和舍垮坪
之间，是泸沽湖的出水口。面积约为 825 公顷，
是泸沽湖区面积最大的湿地。

三个小海子湿地，是泸沽湖典型的地表型
湿地，面积约为 10.7 公顷。

沿湖湿地，根据泸沽湖的具体情况，我们
将泸沽湖沿湖周边形成的湿地划分为滨水型湿
地，面积约为上千公顷。

2. 泸沽湖湿地分类及分布规律

湿地分布规律应结合其类型进行探讨，因
此为了便于研究分布规律以及其他相关研究，
我们将泸沽湖区域内的湿地进行了科学分类。

据上文两种湿地基本分类方法所述，泸沽
湖湿地均系植物分布分类中的草泽湿地，土壤

中海子

小海子

啊凹草海

舍夸

图 4-26　各类湿地实景照片
（资料来源：作者自摄）

肥沃，且呈现较高的（碱性的）pH 值，这也是人类能将这些湿地改造成许多农田的重要自然条件因素；以下将选择依据自然地理环境和水文状况为基础对泸沽湖湿地进行分类研究。

4.4.1.3　泸沽湖湿地类型分布规律及景观特质

1. 地表型湿地：小海子湿地、中海子湿地、竹地海子湿地

1）分布规律

地表型湿地通常存在于山坡上的低洼地，或封闭的凹陷地，通常靠降雨或地表径流为水源补给，同时也有部分靠上层滞水维持的地表湿地；泸沽湖地表湿地主要分布在海拔较高的三处低洼凹陷地，三处湿地较封闭，无河流等水源补给，这里被当地人称为三个小海子，目前三个小海子湿地正在逐渐优养化，水域也不断减缩变小，周围被人类改造为农田以维持生计。

2）景观特质描述

里格

草海

永宁坝

图 4-27　不同类型湿地现状

（资料来源：作者自摄）

地表型湿地通常水域不像复合型湿地一样水域宽阔，由于水源补给不像其他类型湿地那样充足，因此湿地的生长也受到一定的限制。给予地表湿地特殊的生成地理环境，大多数此类湿地周边是被山峰环绕，植被覆盖以藻类为主。

泸沽湖地表型湿地如图所示。

2. 地下水型湿地：啊凹草海湿地

1）分布规律

地下水型湿地通常在较低的景观中存在，如位于河流河谷的地面上、灰岩坑口以及冰河作用形成的凹陷处。泸沽湖地下水型湿地仅有一处，即被当地人称为啊凹草海的湿地，它位于两座山脉的中间凹陷处，处在主要地下水水体的水位附近或以下，作为地下水系统的低压点，它们容易接受排泄出来的地下水，水源补给一般较大。

2）景观特质描述

由于拥有充足的水源补给，啊凹草海的景观比较三个小海子湿地就显得更广阔，植被也较为丰富，湿地周围由于人类生计的需求，渐渐被改造为农田，呈现出许多斑块状图形。

3. 滨水型湿地

里格村湿地、里舍村湿地、小落水村湿地、大嘴村湿地、凹夸村湿地、舍夸村湿地以及蒗放湿地。

1）分布规律

泸沽湖的滨水型湿地都沿湖而分布，是位于主要水体的周边湿地，通常生长在湖湾处，湖水的涨落会影响其湿地的消减和生长。

2）景观特质描述

由于处在主要水体周边，形成了水与陆地的中间过渡带，通常会形成优美而模糊的岸线。泸沽湖的摩梭人喜好靠水而居，湿地中常常穿插出建筑的身影，形成人与自然相互交融的景观，但这同时也恰恰影响着湿地的生态环境。随着旅游业的开发，越来越多的人来到泸沽湖，越来越多的人开始介入到泸沽湖的发展中，改变着这里的人文、自然景观。如里格村的湿地，将湖水与建筑分离开来，充分利用湿地排污、净化功能，保证了湖体水质，并形成了另一类沿湖滨水湿地景观，但这种牺牲本土人文价值挽救自然生态的做法是否值得推广还有待检验。

4. 复合型湿地：草海湿地、永宁坝湿地

1）分布规律

泸沽湖复合型湿地为草海湿地与永宁坝湿地，由于水源补给方式多样，水量充足，此类湿地为大型、持续时间长的湿地。其中草海邻接泸沽湖主水体，湖水提供了充足水源补给，此外草海还依靠降雨、地表径流等多种方式补充水量。永宁坝也是一个巨大的低洼湿地，由河流、降雨、地表径流等多种方式补给。

2）景观特质描述

草海湿地是目前泸沽湖区域内保持原生湿地功能中最广阔、植被覆盖最丰富、景观季节变化最明显、最具景观价值的一块湿地。景观显著特点为水平面广阔，水生植被茂盛，呈现同心状分布，中心为典型草泽，周边逐渐出现灌木植被，目前由于旅游业的蓬勃发展，湿地周边被改造为农田的部分，已经人为的开始恢复成原生态湿地。

永宁坝湿地是泸沽湖最大的湿地场所，但已不具备原生湿地功能，其绝大部分已被人为改造为农田，以供生计需求。目前以农田景观为主。

4.4.2　湿地景观的演替

4.4.2.1　湿地作为生计方式，人类对湿地的利用

捕捉动物：人们经常在湿地里捕抓牛蛙、鱼虾，捡野鸭蛋、田螺、贝壳等，特别是牛蛙和鱼虾，既可以自己吃，还可以出卖，已成为当地人的一项经济收入。

植物：主要是指湿地里的水草，人们从湿地割水草以喂养猪、牛、羊等牲畜，也有把牲畜和家禽直接在草海及其周边放养。

游船：在泸沽湖湿地，船是当地人的重要生活交通方式，同时随着旅游的发展，划船已成为一项重要的旅游活动，是当地人的重要经济来源。

取土：由于湿地的土壤肥沃，当周围耕地土地贫瘠时，人们会从湿地取土用作耕地。

景观资源：湿地景色美丽，吸引了大量游客，促进当地的旅游和经济发展。

4.4.2.2　泸沽湖湿地的变迁

1. 聚落对湿地的入侵：人类通过引水、排涝等方式将湿地改造为可居住用地；随着时间的推移，聚落生长逐渐入侵湿的范围，这种影响将越来越显著（图 4-28）。

2. 农田对湿地的入侵

农业对湿地的利用。通过引水、排涝等方式将湿地改造为耕地。如乾隆年间，主修八七沟和中堰沟，改造泸沽湖湿地。之后，民国二十四年，中堰沟扩修至内坝村，八七沟扩修至达坡村。

1967~1979 年，开基河完成改直工程。

1974 年，八七沟共修 10 条灌溉沟和排涝水沟和排水沟，和者波水沟一起，组成永宁河东的排灌网。

图 4-28　聚落斑块对湿地影响分析图
（资料来源：作者自绘）

图 4-29　农田斑块对湿地影响分析图
（资料来源：作者自绘）

图 4-30　湿地与聚落斑块、农田斑块关系分析图
（资料来源：作者自绘）

农田随着聚落的发展而不断生长，侵占着湿地斑块，我们可以看到永宁湿地几乎被完全改造成农业用地，现仅剩下几个原生态湿地小斑块（图 4-29）。这是人类在聚落之后，对湿地进行的第二次侵占。

3. 泸沽湖原生态湿地由于聚落的繁衍与农田的扩张被不断地入侵，湿地面积已经大幅度减少，目前仅剩大约 20% 的湿地（图 4-30）。面对湿地的变迁，可以清楚地看到人对土地、对自然的干预状况。即旅游业也将改变湿地的生态。

4.4.2.3　其他因素的影响

外来生物物种的放养。近几十年，人工放养的动物有牛蛙等。牛蛙的大量繁殖使当地原有的虎纹蛙迅速减少。银鱼的大量繁殖，使原有数种珍稀裂腹鱼趋于灭绝，原因是银鱼吞食了裂腹鱼的鱼卵。波叶海菜花数量也在明显减少，为严格控制银鱼对泸沽湖水体水质和水生生态系统的污染，进一步保护好泸沽湖的自然生态环境和旅游资源，当时的丽江地区行署做出禁止在泸沽湖养殖银鱼的决定。

海门桥水电站也使泸沽湖鱼类的繁殖受到影响。夏天鱼产卵于湖西侧的云南境内，冬天游到四川境内并在盖祖河下游过冬，由于电闸门经常关闭，到盖祖河的鱼无法洄游到泸沽湖。

我们通过研究湿地，同时研究泸沽湖人居环境，看到此地人地复合关系的发展。保护湿地资源，维持湿地的基本生态过程，对改善泸沽湖生态环境和保障经济社会持续发展具有重大意义。

我国是世界上湿地生物多样性最丰富的国家之一，也是亚洲湿地类型最齐全、数量最多、面积最大的国家。云贵高原湿地区，包括云南、贵州以及川西高山区，湿地主要分布在云南、贵州、四川省的高山与高原冰（雪）蚀湖盆、高原断陷湖盆、河谷盆地及山麓缓坡等地区。湿地保护面临的主要问题是高原湖泊有机污染严重，对湿地不合理开发导致湖泊水位下降，流域缺乏综合管理，湿地生态环境退化。

泸沽湖湿地是具有多种独特功能的湿地生态系统，它不仅为人类提供大量食物、原料和水资源，而且在

图 4-31　秋冬时节的草海
（资料来源：作者自摄）

维持生态平衡、保持生物多样性和珍稀物种资源以及涵养水源、蓄洪防旱、降解污染调节气候、补充地下水、控制土壤侵蚀等方面均起到重要作用。

泸沽湖湿地景观也享有"高原水生植物陈列馆"、"珍稀水鸟大观园"的美誉。草海是沿湖最大的湿地场所，春夏时节，草海呈现出一片绿油油的海洋，草海里的水草生态良好，层次丰富，有各种挺水植物、浮水植物、沉水植物，其中挺水一般位于水深 1.5 米的水域内，它们根部着湖底，茎叶大部分挺出水面 0.5~1m。主要群落有：芦苇、水葱、菱草、香蒲等。浮水植物，水深约为 3 米。主要有鸭子草和细果野菱。沉水植物主要有桧状狐尾草，分布于水深 0.3~1.5m 范围内，最深达 4.1 米；篦齿眼子菜分布在水深 1 米，常组成单优群落；波叶海菜花分布在水深 1~5m 范围内，是世界稀有的水生物种，沿湖岸和海草连续组成带状或圆状，是湖中最大的水生植物家族，可作蔬菜、猪饲料和鱼饵，这类植物花大，晶莹洁白，开花期长，点缀在湖面，构成泸沽湖特有景观，是不可多得的观赏资源；叶眼子菜为分布最深的高等水生植物（水深 2~7m 处），该植物分布面较大，藻类量丰富，为湖滨农田主要肥源之一，又是草食性鱼类的良好饵料；丝状绿藻群落分布在水深 7 米或更深水域。秋冬时节，由于草海里的草枯黄了，草海变成一片金色的海洋，在枯黄的颜色里又倒影这蓝天白云，让人更觉得这是一个非常神秘的湖泊（图 4-31）。一年四季，草海都各有特色。

泸沽湖除草海之外保存较完好的湿地场所还有三个小海子，以及阿凹草海，而沿湖的滨水湿地大部分被聚落占据，为生存而被改造。由于湿地具有自然观光、旅游、娱乐等美学方面的功能，蕴涵着丰富秀丽的自然风光，因此近年来泸沽湖成为人们观光旅游的好地方。草海周围原本被改造为农田的湿地也逐渐被人工恢复。湿地的前景似乎在开始好转，但随着旅游业的发展，湿地也面临一定程度的生态保护压力。如游人的增加，风景区内服务设施大量建设，大自然的承载力受到威胁。泸沽湖是一个产流条件较好、湖水补给比较充沛，而水量损耗又相对较小的一个半封闭湖泊，其环境纳污能力非常有限，一旦受到污染很难恢复。因此，对泸沽湖湿地的保护应从限制旅游开发和保护湿地流域量方面两手抓。很明显，湿地的保护管理必须从包含湿地的一个更大的系统着手。这一过程的开始应该是对主要水源和水流系统的控制因素进行调查，紧接着是对水流系统的受损程度进行评估。其主要观点，就是用和我们处理内陆湖泊相同的方法来处理湿地，将湿地看作是水体保护的一个重要媒介。此外就自然资源的保护而言，泸沽湖湿地复杂的湿地生态系统、丰富的动植物群落、珍贵的濒危物种等，对整个生态系统的维持，以及水文系统的保护都有着深刻的意义，最终也将在引导泸沽湖的人地关系和谐化过程中起到举足轻重的作用。

4.5 泸沽湖的气候景观

4.5.1 泸沽湖所处区域气候景观特质

一个地区气候的形成与它的地理位置和地势有关。泸沽湖位于四川和云南交界之处，以湖为中界分为云南、四川两省，地理位置上属于横断山脉区域中段，气候和自然地理的相互关系有以下几个方面[74]：

4.5.1.1 泸沽湖所处地理位置

所处横断山区在地理位置上属于我国西南亚洲腹心地带。其西及西北部接青藏高原东北段、东部与四川盆地为邻，东南和南部紧靠云贵高原，西南面又和中南半岛山水相连，基本上地处亚热带的纬度位置。

4.5.1.2 地势对泸沽湖区域气候的影响

地势对泸沽湖区域气候形成的影响是广泛而巨大的。倘若不考虑地势的影响，仅从地理位置来看，亚热带气候本应横贯泸沽湖所处横断山区。事实上，泸沽湖所处的横断山区平均海拔二三千米，地势总趋势由西北向东南倾斜，西南季风和东南季风影响均由南向北减弱。气温、降水大致循同一方向迅速递减，从而增加了南北之间的地带差异，使泸沽湖区域北部被高原温带气候所替代。

4.5.1.3 大气环流对泸沽湖区域气候的影响

泸沽湖所处的横断山区的气候主要受西风环流南支急流所左右。这支急流属干暖大陆性气候，多吹拂西风或西南风，具有风速大、天气晴朗、云量小、日照充足、降水少、湿度小等明显的干季气候特征。

在地理位置泸沽湖位于滇西北横断山脉中段，属低纬度高原季风气候区，具有暖温带山地季风气候的特点（图4-32）。四季不明显、夏温不高，冬温不低，雨日较少（160天许），光照充足，四周青山高出湖面近千米，湖面终年无结冰，海拔高差极大，立体气候明显，年均降水为910毫米，最多年份不超过1200毫米，12月至2月有少量降雪（图4-33）。年均相对湿度为70%，年均相对气温为12.7℃，最低为1月，4.2℃；最高为7月，19.4℃；极端最高温度为29.1℃，极端低温为-5.2℃；年均日照2298小时，年均无霜期190天（图4-34）。

图4-32　泸沽湖云景
（资料来源：作者自摄）

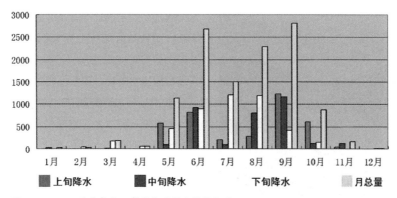

图 4-33　丽江片区每年、每月降雨量统计柱状图
（资料来源：国家气象中心数据，作者改绘）

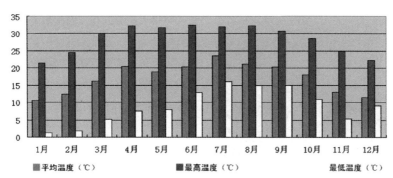

图 4-34　国家气象信息中心 2001 年丽江片区温度统计柱状图
（资料来源：国家气象中心数据，作者改绘）

4.5.2　气候对泸沽湖特色景观形成的影响

4.5.2.1　气候对泸沽湖自然气象景观形态的影响

1. 云景：泸沽湖地区由于大气环流的影响阴天日数与雨季相关密切，尤其 6、7、8、9 四个月，几乎无晴日，上空受西南暖湿气流的控制，多出现对流云系，特别是海拔 3000 米以上的高山经常低云笼罩，能见度很低，雨季结束后直至次年 4 月，又多为晴天或多云天气（表 4-2）。每当此时，蓝天白云与泸沽湖独特的湖景相互对照、呼应，形成独特的特质景观（图 4-35）。

					各月阴晴天数						表 4-2	
月份	1	2	3	4	5	6	7	8	9	10	11	12
晴天日数	20	11	11	4	2	0	0	0	0	2	9	18
阴天日数	2	2	5	7	12	21	25	22	20	11	4	2

（资料来源：盐源县志）

2. 雾景：每年 10 月中旬雨季结束后，泸沽湖区域上空转为平直两风气流，天气晴朗，地表水气充沛。天黑后直至第二天中午时无风，因而利于辐射雾的生存。从早晨 6 时 ~11 时，在平坝和峡谷地带大雾弥漫，能见度极差（图 4-36）。12 月中旬进入冬天后，此种现象结束。根据多年资料分析，只要 10 月

图4-35　泸沽湖的水与云景观
（资料来源：作者根据调查绘制）

图4-36　泸沽湖雾景
（资料来源：作者自摄）

图4-37　泸沽湖雨景
（资料来源：作者自摄）

图4-38　气候与植被
（资料来源：作者自摄）

份清晨产生辐射雾，预示着雨季的结束、干季的来临，而且亦预兆当天天气晴朗。正如雾都——英国伦敦与山城重庆一样，雾是当地的特色，是当地的标志性景观。那么，泸沽湖独特的辐射雾，也是使之成为特质景观的自然景象。

3. 雨景：泸沽湖区域属低纬度高原季风气候区，干湿分明，降水分布不均，年平均降雨量为910毫米。降雨时间分布悬殊，多集中在6、7、8、9四个月，降雨量占全年降雨量的80%~90%，其中7、8两月的降雨量几乎占全年降雨量的一半。年季间降雨量变化差异很大，丰水年与枯水年降雨几乎相差一倍，且地域不同，同海拔地带的降雨量有很大差异。与气温地域差异一致，因地形及气候背景不一致形成的降雨量地域差异。夏季的集中降雨，使得当地这一季节的景观又不同于当地其他季节，而又别有一番韵味，这也是泸沽湖形成特质景观的一大因素（图4-37）。

4.5.2.2　气候对泸沽湖自然生态景观的影响

1. 气候与植被

泸沽湖区域内地势由西北向东南倾斜，植被基带由于受西南高黎贡山、碧罗雪山、云岭等南北向并列的高山层层阻挡，处于西南季风的背景雨影部位，东南季风经过滇中高原山地达到本地，其趋势已大减。因而，境内降雨量年仅为900~1000毫米左右，且干湿季节极为分明。干季降雨量仅占年降雨量的5%~10%，青藏高原来的平流冷空气较多，水热条件的垂直变化明显，金沙江峡谷干暖，高原盆地湿凉山区则渐趋冷湿，植被垂直多列发达，植物区系成分丰富。因受地貌、气候、土壤等自然条件及人为因素的综合影响，植被水平地带性规律受到干扰，分布不明显，但垂直分布典型且完整（图4-38）。不同海拔形成的不同植被类型，使得当地的植被丰富，层次感明显；植被独特的垂直分布特点使得当地的植被景观又区别于其他地方，这也是形成泸沽湖特质景观的一个因素。

2. 气候与湖景

泸沽湖地区湖面面积50多平方千米，海拔2690米，平均水深45米，最深处达93米，透明度高达11米，最大能见度为12米，湖水清澈蔚蓝，

图 4-39　泸沽湖湖景
（资料来源：作者自摄）

图 4-40　泸沽湖农田
（资料来源：作者自摄）

是云南海拔最高的湖泊，也是中国最深的淡水湖之一。泸沽湖湖面成猪肾形，湖中有 5 个全岛、三个半岛和一个海堤连岛，形态各异，翠绿如玉（图 4-39）。泸沽湖这些独特的特点又与美丽的女儿国融为一体，只有在当地独特的气候、独特的环境下，才会体现出泸沽湖与众不同的特质景观。

　　3. 气候与农业

　　气候对农业生产也有很大的影响，与农业生产关系十分密切。如前所述，日平均温度 ≥ 5℃ 的起始日期和持续期的长短对农作物生长更有利。泸沽湖所处区域海拔在 2690 米以上，从理论上讲，海拔 2500 米以上不能满足水稻生长条件。本地品种对积温（≥ 10℃，3100℃~3300℃）的要求：玉米、小麦、马铃薯所需积温大大低于水稻。但由于该地区独特的暖温带山地季风气候的特点，泸沽湖地区农作物主要以水稻、马铃薯、玉米为主（图 4-40）。

　　据资料证明，凡连续两天以上日平均气温低于 15℃，水稻即不能正常的抽穗扬花，使空壳率增加，颗粒重降低，必然减产。玉米的产量因此也会受到一定程度的影响，小于 15℃ 的气温越低，持续时间越长，危害越大。因此，气候的变化是泸沽湖地区粮食生产丰歉的关键。泸沽湖独特的地理环境和气候因素，决定着农产品的种类不同于其他地区，形成该地区独特的农产品景观，这是泸沽湖特质景观形成的又一原因。

　　泸沽湖地区独特的暖温带山地季风气候的特点，使当地形成了特有的自然人文景观。景观的布局在某种形式上强烈的受到自然气象的影响，因此在研究景观布局的同时，一定要考虑进气象因素。

　　如前所述，气候对自然气象景观影响的同时，也与当地人的生活方式和建筑选址有着密不可分的关系，在某种程度上它决定了当地的建筑类型以及人们的生活习惯。本文研究气象的角度和以往的科学性论文的着力点不同，更多的是关注气象与景观的关系、对景观的影响。从景观角度研究气候，不仅是为了研究气候变化对人类的影响，也是为了研究气候与周围物质形态的关系，找出气候与当地人生活习惯的关系；研究气候变化对当地人的影响，以一种新的、生态的方式关注泸沽湖。

4.6　泸沽湖的植被景观与演替

4.6.1　泸沽湖的植被类型与空间分布特点

4.6.1.1　泸沽湖植物分类系统

　　1. 林奈植物分类系统，这是最为常用的一类植被分类系统。它根据生物科、属、种等对个别植物进行分类，是泸沽湖地区最普遍认可的植物学名称系统，植物通常按种属引用并用拉丁文进行表述[75]；

2. 形态结构分类系统，是一种基于泸沽湖植被群落总体特征（特别关注主要植物即最大和最多的植物），针对植被集合的描述性分类系统。习惯上所说的季雨林、热带（或亚热带）稀树大草原、草原以及沙漠等就是这样的一类分类系统。

3. 生态分类系统，这种方法根据泸沽湖植物栖息地或是起限定作用的环境因素（如土壤湿度、季节性大气温度等）作为分类的基础。这种分类系统也是唯一一类常常与生态系统相联系使用的分类方式，可以用一些宏观的生态系统，如湿地、漫滩、沙丘以及溪流廊道等来命名植物的栖息地类型，有时会扩展开并与植物的形态结构特征相联系。作为生物物种保护的一条重要途径，人们已越来越关注生物栖息地的保护问题，因此，这种与栖息地相关的生态系统分类方法也显得格外重要起来。

泸沽湖的植物分类系统总体上又被分成五个层次，每一层次对应一种不同的分类要素：基于植被整体结构；基于占优势的植物类型；基于植物的大小和密度；基于植被生长的场所和栖息地；基于重要的植物种类。其中，层次 5 包括了稀有的、濒危的、受保护的、具有特殊价值的以及对于现存景观的管理和设计有价值和帮助的植物。

4.6.1.2　水生植被的基本类型 [76]

泸沽湖地区水生植被根据优势种和植物的生活型划分了以下群落类型：1. 芦苇群落；2. 茭草群落；3. 水葱群落；4. 香蒲群落；5. 狐尾藻群落；6. 红线草群落；7. 鸭于草群落；8. 波叶海菜花群落；9. 亮叶眼子菜群落；10. 丝状绿藻类群群；11. 品藻群落。

1997 年浮游植物个体数量统计表　　　　　表 4-3

类群	落水	里格	合计数量	占总平均数量的%
蓝藻门（7 种）	1500	900	1200	1.0
绿藻门（31 种）	120900	16200	68550	60
硅藻门（15 种）	72900	11400	42150	36.9
裸藻门（2 种）	300	0	150	0.13
金藻门（2 种）	2400	900	1650	1.43
甲藻门（2 种）	330	900	615	0.5
隐藻门（1 种）	0	0	0	0
各门合计（60 种）	198330	30300	114315	100
占总平均数的%	73.5	26.5	100	

（资料来源：李英南 . 泸沽湖特有水生生物的保护初探 . 云南环境科学 .2000（19））

据统计，泸沽湖地区浮游植物 60 种（表 4-3）；水生植物 14 种；水生维管束植物共有 37 种，隶属 25 属，19 科。其中沉水植物 17 种，主要是：金鱼藻、狐尾藻、红线草、大茨藻、亮叶眼子菜、波叶海菜花等；浮水植物 16 种，主要是：细果野菱、青萍、鸭子草；挺水植物 14 种，主要有：芦苇、菖蒲、茭白、水葱、野慈姑、两楼翘七等。

笔者根据对泸沽湖十几年的走访调查共总结出芦苇、水葱、波叶海菜花、金鱼藻、狐尾藻、红线草、光叶眼子菜、亮叶眼子菜、鸭子草、细果野菱、黑藻、茭草、青萍及品藻等 14 种水生植物。泸沽湖上的珍贵水生植物有波叶海菜花，为雌雄异株的水鳖科植物，长在 1~5 米浅水带，叶丛沉浸水下，黄蕊白花似繁星天落水面，既可作蔬菜，也是湖上一大景观（表 4-4）。

泸沽湖水生植物群落类型　　　　　　　　　　　　　　表 4-4

群落类型	生长水深(m)	总盖度(%)	分布		主要植物
一、挺水植物					
1. 芦苇群落	0-1	30-60	里格村、落水村、三家村至普乐村湖边	2-3	芦苇、水葱、亮叶眼子菜、波叶海菜花、狐尾藻、红线草、品藻
2. 水葱群落	0-1	50-70	狮子山麓湖边，湖周零星分布	3	水葱、芦苇、品藻、波叶海菜花、狐尾藻
3. 茭草群落	0.2-1	40-60	小鲁坝、普米村、三家村湖湾	2	茭草、水葱、波叶海菜花、狐尾藻
4. 香蒲群落	0.2-0.7	60	仅见于竹地丫口湖湾	2	香蒲、水葱、波叶海菜花、品藻
二、沉水植物					
5. 波叶海菜花群落	1-5	30-90	全湖	2	狐尾藻、红线草、亮叶眼子菜、光叶眼子菜、金鱼藻、品藻
6. 狐尾藻群落	0.3-0.7	40-90	里格、落水、三家村、普米村、湖边	2	狐尾藻、眼子菜、鸭子草、红线草、波叶海菜花
7. 红线草群落	<1.5	50-90	里格、三家村、永宁、海保	1	红线草、狐尾藻、波叶海菜花、黑藻
8. 亮叶眼子菜群落	2.2-6.4	40-50	全湖	2	亮叶眼子菜、狐尾藻、波叶海菜花、金鱼藻、黑藻
9. 丝状绿藻类群落	>5	>90	全湖	2	波叶海菜花、亮叶眼子菜、丝状绿藻类
三、浮水植物					
10. 鸭子草群落	1-3	40-80	泸沽湖南岸湖湾	2	鸭子草、品藻、狐尾藻
11. 品藻群落	<0.3		泸沽湖湖湾		

注：除上述几个群落外，在普米村，大鱼坝湖边静水的沼泽和池塘中有蒩草群落，在三家村至普乐各湖湾，散布小片细果野菱。

（资料来源：李英南.泸沽湖特有水生生物的保护初探.云南环境科学.2000（19））

4.6.1.3　泸沽湖森林植被类型及群系的结构特征

根据 24 个样地调查所得，按照生态外貌学的方法将泸沽湖自然保护区的主要森林植被划分为 6 个森林植被类型 11 个群系 C27C37（图 4-41）[77]。

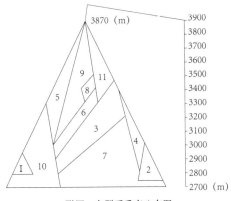

附图　各群系垂直分布图

Ⅰ 常绿阔叶林　1. 黄背栎群系；
Ⅱ 落叶阔叶林　2. 青榨槭群系；3. 山杨群系；4. 桦木群系；
Ⅲ 常绿针叶林　5. 苍山冷杉群系；6. 丽江冷杉群系；7. 云南松群系；
Ⅳ 落叶针叶林　8. 大果红杉群系；
Ⅴ 常绿灌丛　　9 杜鹃群系；10. 矮高山栎群系；
Ⅵ 落叶灌丛　　11. 杨树群系

图 4-41　各群系分布图

（资料来源：徐永椿.泸沽湖自然保护区森林植被及木本植物区系）

图 4-42 常绿阔叶林
（资料来源：作者自摄）

图 4-43 落叶阔叶林
（资料来源：作者自摄）

图 4-44 常绿针叶林
（资料来源：作者自摄）

1. 常绿阔叶林。古老的残遗植被在泸沽湖的一种新的适应状态。在林分结构上也具有自己的外貌特色，林冠整齐，多为单层纯林，灌木和草本层缺乏。由于人为的长期干扰破坏，该植被灌丛较多，在泸沽湖地区保留有少量的乔木林（图 4-42）。

黄背栎群系。该群系在泸沽湖地区分布面积较多，由于人为破坏而常以灌丛出现，但在大鱼坝和菩萨洞附近还保留有少量的乔木林，海拔高度在 2800~2950 米之间。

2. 落叶阔叶林。该建群层是由落叶的阔叶乔木组成，并在林下出现有喜阴湿、温暖的落叶灌木，杂草层主要有青榨槭、山杨、白桦群系（图 4-43）。

青榨树群系。该群系在保护区中面积较小，主要分布于乌马河附近，海拔 2700~3000 米的地带，土壤为黄棕壤或棕壤，土层厚而湿度大，枯枝落叶层分解良好，表土具有良好的团粒结构。

山杨群系。该群系面积较少，主要分布于狗钻洞和三家村后山附近地区，海拔高度在 2800~3450 米之间，林下土壤多为黄棕壤，多数出现在苍山冷杉、丽江云杉的火烧迹地和采伐迹地上。

桦木群系。该群系分布极似山杨群系，也是苍山冷杉、丽江云杉遭受破坏后形成的一种次生落叶阔叶林。主要分布在狗钻洞附近，海拔高度在 2800~3400 米的地带。

3. 常绿针叶林

泸沽湖地区常绿针叶林由暖性至寒温性针叶乔木树种组成，林下主要出现有中生的落叶灌木层；草本植物层不发达（图 4-44）。常绿针叶林是泸沽湖自然保护区森林植被的主体，无论从个体数量，蓄积量和分布面积上都占绝对优势，因建群种类不同可划分为下列三个群系。

苍山冷杉群系。该群系在保护区中分布较广，仅次于云南松在本区中的分布，海拔 3000~3870 米之间的地带几乎都有出现。

丽江云杉群系。主要分布在本区海拔 2900~3400m 的地带，林内阴凉，土壤潮湿，发育着棕壤和暗棕壤，粗腐殖质较多。林相呈淡绿色，群落郁闭度在 0.8 左右，一般可分为三层。

云南松群系。云南松是一个适应性耐干旱疮薄的树种，由它组成的群系占据着本保护区的阳坡和半阳坡，在面积和蓄积上都占有绝对优势，分布在海拔 2700~3200 米的地带，林下发育着黄棕壤、棕壤，枯枝落叶层厚 5 厘米。

4. 落叶针叶林

主要由喜光的冬季落叶的寒温性针叶乔木所组成，林下多阳性的中生灌木和草本，在本区中仅有大果红杉群系（图 4-45）。

大果红杉群系。该群系主要分布在海拔 3300~3500 米的地带，林下土壤多为发育在石灰岩、砂岩等冲积母质上的棕壤和暗棕壤，厚度多为 50~85.111，林地枯枝落叶层较厚，多成半分解状，粗腐殖质较多。

5. 常绿灌丛

由常绿革叶灌木构成，缺乏草本层或仅有一些中生草本植物生于其间，本植被型主要由杜鹃花属和矮高山栎组成群系（图 4-46）。

杜鹃群系。是高山带分布较广泛的灌丛之一，从海拔 3000~3870 米的地方都有分布，生境潮湿，土表黑色。

矮高山栎群系。该群系分布的海拔范围在 2700~3300 米之间，分布地区多为平缓山坡，土壤较薄，保土性差，地表干燥，经常乱砍滥伐和放牧践踏，是此类灌木林存在的主要原因。

6. 落叶灌丛

主要由耐寒的落叶灌木组成，依其种类组成，可划分出柳树群系（图 4-47）。

杨树群系。主要分布在海拔 3300~3870 米的范围内，土壤阴湿，暗棕壤或高山草甸土状。群落外貌绿色，冬季落叶，以山柳类为主要建群种类，如白背柳、乌柳、腹毛柳、巴郎柳、川滇柳等种类。

图 4-45　落叶针叶林
（资料来源：作者自摄）

图 4-46　常绿灌丛
（资料来源：作者自摄）

图 4-47　落叶灌丛
（资料来源：作者自摄）

4.6.1.4   泸沽湖植被分类

主要分为三类：1. 水生植物；2. 灌木；3. 乔木（图 4-48）。

图 4-48　水生植物、乔木
（资料来源：作者自摄）

4.6.1.5   植被景观形态

泸沽湖区域除一部分地区用作旅游开发外，还保留了大部分区域作为保留区。保护区不仅有不少珍稀濒危保护动植物，而且植被类型多样，物种丰富。如国家重点保护的野生植物有云南红豆杉、松茸，国家珍稀濒危保护野生植物海菜花以及云南省重点保护野生植物有冬海棠、高河菜等。

纵观泸沽湖区域总体植被格局，森林、植被、乔木、灌木、草甸兼而有之。如前所述，主要以生态外貌学方式将泸沽湖自然保护区的主要森林植被划分为 6 个森林植被类型 11 个群系，在此基础之上，本文主要站在景观的角度，以另一种与以往不同且全新的视野研究泸沽湖植被的景观分布特点（表 4-5）。

4.6.1.6   泸沽湖植被空间分布特点

在泸沽湖地区，植被的分布相关的因素有以下几点：
第一，现存环境条件（主要是地形学上的）；
第二，过去的某些事件（如火烧、洪水和变更土地利用）；
第三，物种对栖息地环境的可利用程度；
基于泸沽湖地区植被分布存在的高度可变性，常见的方法是绘制出植物类型和筛选环境特征的分布图，然后查看两者有何联系。本书主要从景观角度出发，致力于环境的某些特征和过程可能对植物分布造成的影响。

多层次植被分类系统表 表 4-5

植被结构	植被类型图	大小和密度	特殊植物种类
密林 (树木的平均高度超过 15 英尺,并有至少 60% 的林冠覆盖)		大小(树木胸高处直径) 密度(每英亩林地的平均树干的数目)	稀有或濒危物种;通常是地被植物结合有某种森林类型
疏林 (树木的平均高度超过 15 英尺,林冠覆盖度为 20%~60%)		大小范围(最大与最小大腕儿茎杆之间的差距)	稀有或濒危物种;通常是地被植物结合有某种森林类型
灌木林 (通常高度小于 15 英尺的乔木和灌木。而且茎杆密布,但林冠覆盖度变化较大)		密度	对于计划的开发项目,在景观营造方面有潜力的物种
湿地 (通常是低矮、高密度植物覆盖在潮湿地区)		覆盖百分比	物种和植物群落具有重要的生态、水文意义;稀有和濒临物种
草地 (草木占优势的地区)		覆盖百分比	物种和植物群落具有重要的生态、水文意义;稀有和濒临物种
农田 (农田种植用地)	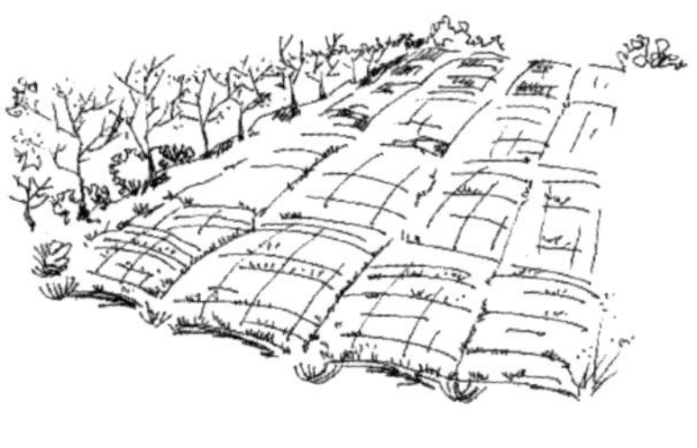	农田大小	特殊或唯一的农作物;在标准的农作物中有例外的生产力水平

(资料来源:作者自绘,1 英尺 = 0.3048 米)

例如泸沽湖地区湖滨周边区域地面一般都比较湿（除经过人工硬化地面），或为自然湿地或为耕种农出，这些区域有比山地环境更多类型的土壤。因此这些区域的植物类型就与远离湖边的植物类型有所不同（图4-49）。

泸沽湖地区。植被的垂直分布带明显，基于各种植物群系所处的海拔不同，以海拔为分类标准进行分类（图4-50）。

常绿、落叶阔叶林：位于海拔2800~3000米之间；常绿、落叶阔针叶林位于海拔2700~3400米之间；常绿、落叶灌木丛位于海拔3000~3700米之间。

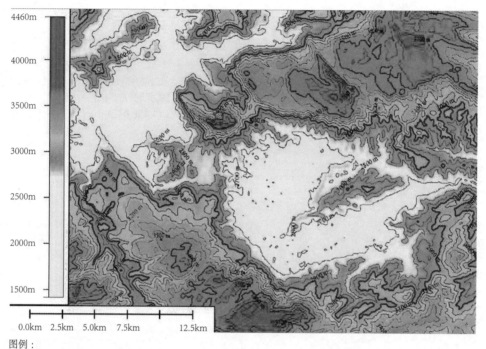

图例：
水生植物（海拔2700m以下）
常绿、落叶阔叶林（海拔2800-3000m）
常绿、落叶针叶林（海拔2700-3400m）
常绿、落叶灌丛（海拔3000-3700m）

图4-49　泸沽湖植被的海拔高度分类
（资料来源：作者自绘）

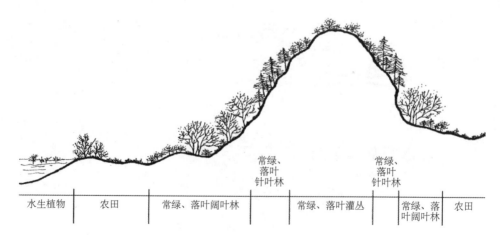

| 水生植物 | 农田 | 常绿、落叶阔叶林 | 常绿、落叶针叶林 | 常绿、落叶灌丛 | 常绿、落叶针叶林 | 常绿、落叶阔叶林 | 农田 |

图4-50　泸沽湖植被的垂直分布示意图
（资料来源：作者自绘）

4.6.2　泸沽湖地区的植被景观的改变

4.6.2.1　植被与土地利用和环境变化的关系

植被是与土地利用和环境变化结合最为紧密的景观元素，它们不仅是景观环境中最显眼的部分，而且还是环境敏感的"指示器"，在没有经过仔细观察和测量的情况下能够对大部分景观的现有状况和变化趋势起到一定的指示作用[78]。

除用作"指示器"外，植被在景观环境中还起着十分重要的作用，它们能够对径流、土壤侵蚀、坡体稳定性、小气候以及噪声等现象起到一定的调节作用。在场地规划中，植物不仅能调节环境，还能增加场地的美感、空间结构感，影响行人的行为、控制场地的边界。

4.6.2.2　泸沽湖农田对自然植被的影响

1. 泸沽湖地区农田分布较广，形成了初具规模的农业景观带，但是过度的农耕给当地自然植被带来了毁灭性的灾难，自然植被以惊人的速度减少和变化，大面积的湿地被毁，转化成农业用地，只有一些不适合耕作的地区（如沼泽、较深的山谷流域等）幸免于难。

2. 转化成农耕的林地，土壤肥力保持和农作物管理工作常常被忽视，一两代人尽力耕作后，由林地改造成的农田便被废弃了。

3. 少数当地人引入的外来植物品种，也造成了植被的变化。

弃林为耕，对农田的耕作不当，是造成植被减少，使植被构成发生变化的原因之一。

4.6.2.3　泸沽湖生活习俗对自然植被的影响

1. 泸沽湖地区原住民的传统是以井干式建筑为主，需要大量的木材修建房屋。

2. 由于当地经济的不发达，当地居民的日常生活大量以木材用作燃料。

以上两点造成对植被的砍伐相当严重。最初居民是在居住地附近就近砍伐，随着山脚及附近地区植被的减少以及木材用料的增加，居民的砍伐距离也向更远的地方和山上延伸（图 4-51）。

3. 最初当地居民修建房屋利用沿湖的冲积扇平地和废弃的耕地，随着各种开发活动速度的加剧以及由此造成土地价格的上涨，房屋的修建逐步蔓延到未被废弃的农田地区（图 4-52）。

4. 放牧也导致草坪减少、土壤质量下降，大片草地、栖息地破碎化现象严重，面积不断减少。

生活习俗对木材的大量砍伐、对草地的侵蚀，是造成植被结构发生改变的又一重要原因。

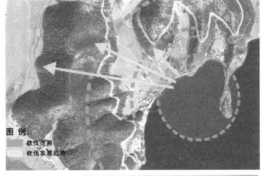

图 4-51　砍伐趋势示意图与砍伐现状（以里格村为例）
（资料来源：作者自摄）

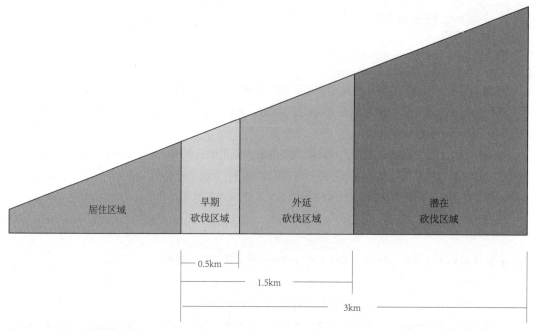

图 4-52   砍伐距离延伸示意图
（资料来源：作者自绘）

图 4-53   洛克时期的泸沽湖与现在的泸沽湖
（资料来源：左图为《中国西南古纳西王国》，右图为作者自摄）

4.6.2.4   泸沽湖旅游开发对自然植被的影响

1. 为了发展旅游业的需要，大量湿地、农田被侵占，修建成与旅游业发展相关的建筑。

2. 与旅游开发相关的建筑（如：客栈、宾馆、传统院落）需要大量的木材，又导致砍伐程度的加剧。

在如此背景下，农田、湿地被侵占、林地被砍伐，残存下来的植被斑块中的植被构成也发生了很大的变化。不仅如此，残存的植被斑块还面临着面积缩小、各种开发、土壤沉淀、洪水、本土原生植物树种减少以及外来物种入侵等多方面的威胁。因此，旅游开发也对植被结构变化造成了影响(图 4-53)。

4.6.2.5   泸沽湖植被恢复对策

无论对植被从科学的角度进行分类，还是从景观的角度进行归纳，都是致力于研究泸沽湖植被与人居环境的关系，以找出一种解决人地关系矛盾的对策。在景观的诸多要素中，仅有植被可以用来反映环境承受的压力和经历的改变，因而在泸沽湖的人居环境研究过程中，至少应该强调五个与植被相关的影响指标或标准[79]。

1. 植被覆盖的绝对减少量（各种开发活动导致植被面积的减少）是反映环境影响的重要指标，它能够间接地反映各种开发活动、砍伐等对地表径流、微气候和审美等的影响。

2. 有价值的物种、群落和生长地的减少，这是衡量环境影响的一个重要标准。

3. 经济损失（如木材等经济植被的丧失）是盈利的关键。

4. 植被是构成微气候、土壤和水文等环境系统密不可分的组成部分，植被的改变或丧失将导致这些系统的严重衰败。

5. 自然植被由于长期的自然进化而适应于一系列特定的环境条件中，这些环境条件有一点细微的改变及变化，就会在植物的活力、再生产能力和植物群落组成上反映出来。

基于以上对植被影响指标的分析，笔者总结了几点泸沽湖的植被恢复对策：

1. 环境保护条例的颁布和加强，特别是有关水生植被、湿地植被与森林植被保护法令的实施。

2. 原住民意识的提高，小块林地、湿地以及植被与房产一样是具有经济价值的。

3. 倡导原住民积极参与环境保护，呼吁社会各界、非政府性环境保护组织的加入。

4. 本土多样性植被的重新栽植，被占林地的逐步恢复。

植物与环境的关系是如此的密不可分，他们能及时告诉我们环境中出现的有害变化。因而，如前所述，本书立足于从景观的角度，从不同于以往植被分类的视野，研究植被对泸沽湖人居环境的影响及意义，致力于从泸沽湖人地关系的矛盾中研究一条通往人地关系和谐的道路。

4.7 泸沽湖的农业景观——土地利用关系演替

土地利用是指人类对其所利用的空间的自然安排。[80] 地球上几乎所有的土地都有人类以某种方式加以利用。人类对环境的影响是巨大的，但人类在很大程度上又依赖于土地，因此认识一个地区内人们如何利用土地以及不同的土地利用者对土地利用的改变就非常重要。

4.7.1 人口规模和土地利用

土地人口承载力是指在一定生产条件下土地资源的生产力和一定生活水平下所能承载的人口限度，即在农业生态系统与功能不被破坏的条件下，农业生态系统持续地为人类提供的食物所能健康地供养的人口数量。土地人口承载力同时也能客观地反映出人对土地的依附程度。

在泸沽湖地区，人们主要通过耕作所收获的各种农作物来实现从土地获取能量。农业是人从土地汲取粮食、蔬菜等生存所需资源的重要方式。而收入则是衡量人对土地获取程度的一个重要标准。随着科学技术的不断发展，人对单位面积土地的利用效率大大增加，这样也提升了其从土地获取能量的能力，加大了对土地获取的程度。传统的、较为单一的劳动力构成也逐渐向复合的劳动力方向发展，

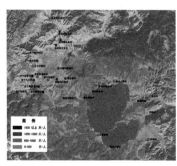
图 4-54 人均粮食收入分布图
（资料来源：坡度工作室）

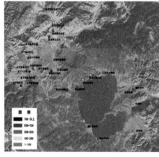
图 4-55 人均收入分布图
（资料来源：坡度工作室）

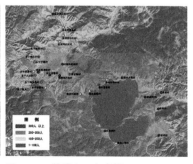
图 4-56 村落人口分布图
（资料来源：坡度工作室）

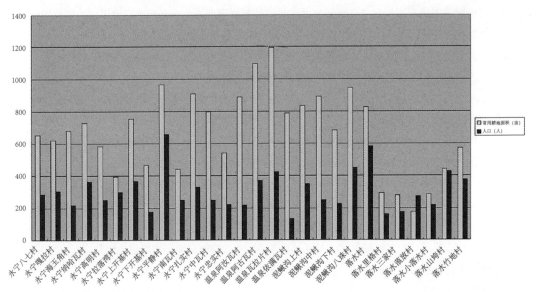

图 4-57　耕地与人口关系比较柱状图
（资料来源：解昊苏绘制）

在农业劳动力、林业劳动力、牧业劳动力、渔业劳动力等不断分工细化的同时出现了工业劳动力、建筑业劳动力、批发零售贸易餐饮业等更为多元的新型劳动力。从而也改变了单单以农作获取一切生活所需的生计方式，逐步创建各种顺应发展的产业。人们最初对土地的依附也开始减弱。当土地的承载力已经无法适应经济的高速发展和人口的迅速扩张时，人们便脱离了对土地的依赖，大力发展旅游业、服务业、运输业等新兴行业。

　　永宁坝片区的村落粮食产量普遍偏高，以开基村和忠实村为首，八珠村、者波村、嘎拉村、阿古瓦村等人均粮食收入也都在 500~750 千克之间。产生这种现象的原因可能有以下三点：首先，永宁坝拥有大量的湿地，土地资源丰富，土地肥沃；其次，受封建土司土地制度影响，这些村落在历史上拥有的土地比较充足，土地改革后相应的继承大部分土地；第三，传统耕作技术对土地的可持续利用比较重视，轮作与休耕制、大量的水利建设使得农田得到较好的维护和保养，农业水平程度高。

　　永宁拉落瓦村、落水村、里格村、三家村、蒗放村、小落水村、山垮村土地承载力都出现了不同程度的趋于饱和或已经饱和的状态，而像海玉角村、高明村、上下开基村、扎实村、中瓦村、阿汝瓦村、阿古瓦村、瓦拉片村、依满瓦村、泥鳅沟上中下村等土地相对充足，其土地承载力仍有很大发展空间。

　　落水村、里格村这类旅游发达和平静村这种商业收入较高的村落，土地承载力明显趋于饱和状态。从这个现象可以清楚地看到，当土地已经无法满足不断增长的人口需求时，人们必须寻求脱离这种仅仅依附于土地的生计方式，由此以农业为主导的生计方式逐步被旅游业、商业等取代，这是人为突破地的限制的一种土地利用方式的演进。

　　而永宁坝及其周边的大部分村落土地承载力尚维持在传统的以农业为主的人地关系基础上。并且在一定时期内有较大农业发展潜力，其村民的主要生计方式可能维持较长时间。这些区域仍以农业景观为主。

　　对比两种现象，泸沽湖地区的土地利用呈现出两类演进趋势，两种承载力格局会对泸沽湖人居环境产生两种影响：

　　（1）土地承载力饱和的村落随着生计方式的转变，其自然、人文景观也随之从根本上发生质变。

　　（2）同时，仍以农业为主的村落作为已改变生计方式村落的供给地，与其维持着农产品输出与经济输入的关系，这种农业与资金的经济平衡，改变了自给自足的模式，同样引起生计方式的改变，从而导致地景的变化。

4.7.2　农耕传统与土地利用

人类主要利用耕地、淡水等可再生资源，靠不断扩大农业规模和社会组织的广泛联系，以满足不断增长的人口需要，人地关系随之发生异化。对于泸沽湖地区来说，农业是主要产业，其收成是当地百姓生存的关键。人与自然之间的联系，相应地变为人与农业、农业与自然环境之间的联系，农业景观成为泸沽湖地区人类生存发展不可少的地理环境的一部分。

时至今日农业也仍旧作为泸沽湖地区各民族的重要生计手段而影响着不同的土地利用划分。该地区现今所呈现出来的土地利用空间格局来源于历史上封建土司土地所有制等文化要素对当地土地利用者的影响。

农业的基本建设情况：主要农作物有稗子、燕麦、小麦、玉米、青稞、荞子、土豆等。稗子是纳西族人民主要的粮食，已经有悠久的种植历史，所占的播种面积最多；占第二位的是燕麦；占第三位的是小麦，也是纳西族人民的主要粮食之一；占第四位的是玉米；荞麦是纳西族最古老的农作物，不仅作食粮，也是宗教祭祀中不可缺少的祭品。因长期受稗子、小麦各种农作物的排挤，荞麦的播种面积日渐减少。种荞麦还保留不少古老的刀耕火种特点。

图 4-58　农田轮休景观
（资料来源：作者自摄）

虽然耕作技术水平各有不同，但大体说来，稗子和玉米的耕作技术较为精细，翻犁 3～4 道后，还有平土、选种、密植、施肥、灌溉等一整套工序，收成相对稳定。一般年景粮食自给有余。蔬菜有萝卜、蔓青、白菜、青菜、瓜类等。豆类有四季豆（从外面传进来的）和大豆（多与玉米等间种）。

垦荒：新中国成立前，山区土地不固定，刀耕火种极为普通，每年 8~10 月，砍一片森林，火烧取肥，头一年撒荞子，第二年种燕麦，第三年种洋芋，第四年丢荒，最后搬迁到另一林区，再行毁林开荒。永宁坝由于地广人稀，每年约有 1/3 的耕地丢荒。新中国成立后，实行固定耕地、培育肥地，但受传统耕作方式的影响，年垦荒地仍有 2666~3333 公顷。永宁坝在 20 世纪 70 年代荒地已开垦完毕。党的十一届三中全会后，随着生产方针的调整，将边远陡坡地 8000 公顷退耕还林，6000 公顷退耕还牧，逐步实现固定耕地、培育肥地。

以永宁坝子为例，如图 4-58、图 4-59，

图 4-59　永宁坝农耕景观
（资料来源：作者自摄）

在农业耕作方面至今还沿袭过去的轮作与休耕制，即将土地划成大块的轮作区，在轮作区内再划为若干小块的轮作片。每一轮作片的土地，一部分实行稗子、燕麦和小麦三种作物轮作，第一轮种稗子，第二轮种燕麦，第三轮种小麦，第四轮又重新种稗子；另一部分土地休耕，使地力得到恢复，每次休耕一、二年，作为临时的公共牧场。如此周而复始，形成固定的制度。随着永宁地区人口增加，越来越多的土地普遍被改造利用为耕地，休耕时间越来越少。水利灌溉也适应农业上实行轮作的特点，分成大丘灌溉和小丘灌溉，在燕麦地上轮作稗子则实行小丘灌溉，在玉米地上轮种燕麦则实行大丘灌溉。

如今人们站在狮子山上俯瞰永宁坝子，展现在眼前的是一幅土地被沟渠和田垄隔成大大小小棋盘状的画面，这使人想起过去实行土地分配时的情景。这幅壮阔的图画是一种文化地理景观，它可以直观地反映出土地利用格局，它的形成来源于封建土司土地制度。我们研究残留在这种文化地理景观中的历史痕迹，探索其与当地文化演进的复杂过程，从而探索摩梭人与土地之间的联系。

4.7.2.1 封建土司土地所有制对土地的影响

封建土司土地所有制的基本特点：

1956 年实行和平协商土地改革以前，永宁的土地制度是封建土司所有制，土司是土地的最高所有者。在土司土地所有者内部又分为：

土司地和官地——封建土司对其所有的土地除直接经营一部分外，其余的一部分分封给土司家族的世袭土地，称之为"官地"；

责卡地——属于"责卡"等级所占有的土地。土司将一部分土地以封建份地的形式分配给本民族的其他成员和普米族，谓之百姓地，占有百姓地的人称为"责卡"；

俄土地——属于"俄"等级的土地。另一部分人，由于他们的人身隶属于不同的封建主，无权占有封建份地，只能从主子的领地中领取少量的耕食地，谓之"俄地"；

沙人地——属于没落封建主性质的；

喇嘛地——喇嘛寺院所占有的土地，多数落入上层喇嘛之手（图 4-60）；

拉梅地——又称"伙头地"，是土司政权基层组织的官员——伙头的俸禄地；

族公地和村公地——属于村落或者集体占有的，现列入责卡地中；

私地——由人民自己开的"私地"，汉族移民耕种的土地；

红照地——基于租佃关系而称为"红照地"，是土司租给汉、壮等外来民族耕作的土地；

图 4-61 基本上反映了封建土司土地制度下具体占有的情况。

4.7.2.2 土司等封建主直接占有土地的特点：

第一，全部土地都为土

图 4-60 寺庙周围的农田
（资料来源：作者自摄）

司所有。"普天之下，莫非王土"是土司等封建主的基本原则；第二，在世袭封建地主内实行裂土分封；第三，归农民或农奴占有的则采取封建份地的形式。

同样我们以永宁地区为例来看，以土司为首，先后建立达坡总管、陈把事、拖之斯沛，开基斯沛二爷，斯沛三爷，者波斯沛、巴珠斯沛、开基表老爷、阿扣拉卡、阿扣拉仇等 11 个大封建主。这 11 个大封建主分住忠克、达坡、开基、者波、巴珠和拖支等六个地区，在政治上是当地的领主，土司的代理人。

土司占有 29 块土地，面积约 504 架；达波总管占有 12 块土地，面积约 367 架（注：架为当地土地计量单位）；拖之斯沛占有 10 块，面积约为 185 架；开基期沛占有 12 块，面积约为 100 架；阿扣拉仇占有 16 块，面积约为 107 架；阿扣拉卡占有 19 块，面积约为 116 架。

归斯沛等级占有的大块封建土地，由农民或者农奴负责耕种，各个斯沛都对自己的领地设具体管理生产的人员，叫作"括黑"。

土司直属领地的生产情况和管理情况：19 块"厄路"由责卡等级的农民负责耕种。19 块"厄路"的全部劳役由 85 家责卡等级负担。35 家责卡等级的农民分散在 27 个村落里，按照负担劳役轻重不同的性质，划分成黑、白、花和西尼阿直阿等三种。

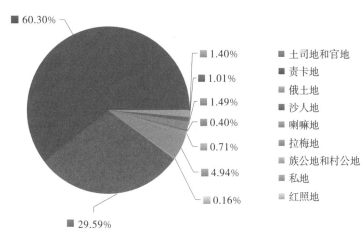

图 4-61 土司制度下的土地占有比例
（资料来源：作者自绘）

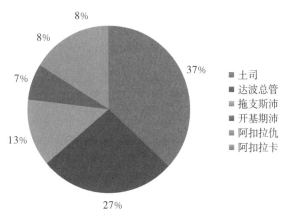

图 4-62 土司制度下占有土地比例分配图
（资料来源：作者自绘）

图 4-63 土地租佃与农田格局
（资料来源：作者自摄）

封建土司直属的第二种封建领地是"库路"。库路共有 10 块，面积约为 69 架。由土司直接占有的 27 家 34 人的"俄"等级，负责全部的劳役。库路的生产管理基本上与厄路同，由土司司署内的管家负责。在管家之下设括黑（官人），括黑二人负责摊派劳役和组织劳役，在生产时二人轮流监督俄生产。

4.7.2.3　归责喀等级占有的份地管理情况

耕种封建份地的责喀等级有义务向土司负担劳役地租，实物地租和货币地租。货币地租缴给中央政府，劳役地租、实物地租归土司封建主。

土司根据封建份地与司署的远近距离，分成内外两种；在永宁盆地中心区的叫作"内"，中心区以外则叫作"外"，耕地内份地则叫内百姓，耕种外份地则叫外百姓。

土司还根据本身生产、生活和宗教祭祀的需要，规定份地的种类，并规定耕种某种份地的村落负责缴纳某种实物地租。

土司把份地作为俸禄地分给为封建制度服务的基层人员，这些份地属于俸禄田性质的土地。另外土司等封建主为满足其需要，在永宁盆地中心区也建立了一种贡纳性质的份地，交给俄等级使用。这种份地面积都较小，多半在一架以内，它类似外领地的酒地、鸡地等。

在责喀和俄等级之间，不仅在劳动力和耕畜等方面协作，而且在土地使用方面尚保留了平等借地和换地的关系。这种封建份地制度下农民间借地与换地关系的存在多与实行大片土地的轮作相关。

4.7.2.4　封建份地制度下的土地租佃与抵押

伴随永宁地区责喀和俄等级的阶级分化，永宁地区摩梭人口的增加，使原有的封建份地占有关系产生了不适应的现象。占有关系的发生变化，表现在封建份地上发生租佃与抵押关系。

责喀等级抵出自己所占有的份地，而原来无占有封建份地权利的俄等级，可以通过抵押关系或者采取继承绝嗣份地的办法占有份地。占有份地与不占有份地，占有多与占有少之间，可以互相租佃。

土地租佃的形式基本上是分租制，一种是三股分租制，一种是五股分租制。租佃除去发生在责喀、俄等级之间外，封建主已开始将直接领有的领地，割成小块租与农民，然后按三股或者五股分租制收租。

引起土地抵押的原因主要为：①贫困缺粮，发生疾病和死人，外出经商购买牲畜所占比重为大。②犯罪。③由于赶马运输所引起的土地抵押。

土地抵押关系的频繁与复杂，则表现为抵进土地者又重新将土地抵给另一家。

在四川和云南的汉族、布依族（仲家）和苗族迁进永宁地区后，产生了佃客制。他们为了取得耕种土地的佃客资格，则先向土司赠送钱和鸡等"礼品"，作为租种土地的条件，而根据耕地面积缴纳地租。

土司为了达到长期剥削汉族等佃客的目的，第一年采取低租，一架耕地面积缴纳五市斗的实物地租，以后再不断增加。每逢土司等封建主办婚丧时还要送羊和酒等礼品。

土司还实行一种红照制。红照是土司发给佃客的红色地照。一些人最初本来是佃客，后由于招收佃户，而变成了二道地主。

我们在这里研究泸沽湖地区农业景观的变化，研究残留在这种文化地理景观中的历史痕迹，来探索其在封建土司土地所有制控制下演进的复杂过程，探索人与土地之间的联系。

4.7.3　现代性技术改变与土地利用

第二、三产业带来的土地利用方式的改变导致了地景的变化。由于旅游业的发展使人们有机会以文化为资本，改变了依赖土地的生计方式，彻底改变了传统技术为基础的土地利用模式形成的农业景观（图 4-64）

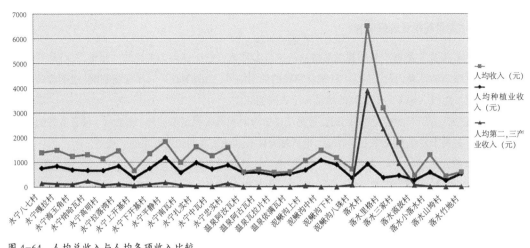

图 4-64　人均总收入与人均各项收入比较
（资料来源：作者自绘）

影响泸沽湖景观的现代性技术主要包括以服务业为主的旅游，以现代技术为主的交通、基础设施等，地表景观的现代化变迁。

平静村作为行政和交通的中心，商业日益发达。大落水村作为一个重要交通节点，旅游业已成为主导产业，原始的农业景观已经转变为文化景观的展示场所。

而随着一些村落的改变，开始出现聚落职能的分工，导致生活所需的农业分配到其他周边聚落的用地，这些聚落拓展农业用地，影响土地利用的整体格局。

4.8　地域性景观的视觉价值

4.8.1　泸沽湖是谁的景观——关于泸沽湖景观评价标准的讨论

要对泸沽湖的景观做出偏好评价，首先需要弄清泸沽湖究竟是谁眼中的景观，其次我们也需要找出在各种对泸沽湖景观的评价中，哪种可作为一种景观评价的标准。在这里我们将泸沽湖景观，看成是自然过程与人文过程相互影响关系结果的"可视现象"。而这种"可视现象"的不同视觉接收者都会产生各自不同的景观价值评判。

有人认为，在那些最关心景观品质的人之中，有许多事实上是外在者。这种说法不完全正确。一般看来对景观提出积极改变建议的规划者和设计者通常是外在者。但内在者通常会抵制从外面强加的，被视为威胁到现存景观品质的改变。内在者可能已经赋予了景观以价值，这种价值对规划者、设计者等外在者来说是不明显的，因此他们可能提议与内在者价值相矛盾的改变。就目前为止，还不能证明一个景观能否在某种情形中同时满足内在者和外在者，景观的发展总是在这两者不同的价值取向中博弈。

就泸沽湖地区的景观而言，像游客、外地商人等外在者对当地视觉经验是临时的、不完整。他们都很难真正体会到泸沽湖景观作为一种"符号"所具有的特殊的象征意义。而诸如规划者、设计者等的另一类外在者，他们在试图挖掘和理解泸沽湖景观特质的同时，也许是强烈的或者是无意的加入许多专业的、理性的设计观点。这些观点是否也适合于泸沽湖这样一个拥有丰富而独特人文景观的特殊地理空间呢？从里格村的规划方案我们似乎可以找出答案。而作为内在者的泸沽湖当地居民的景观价值是否就可以作为评判的标准呢？我们需要找到一种可以维持和谐的"人地关系"作为景观价值判断的最终标准，主导符合人地关系的景观价值。最终视觉评断的标准是符合人地关系发展惯性的一种景观价值，也就是泸沽湖或横断山区的人地关系利用或者人地关系复合的景观价值。

4.8.2 泸沽湖景观视觉偏好研究

这里的"视觉"是指广义的视觉系统——综合多种体验的以视觉为主导的"知觉"反应。"视觉"不只是一种眼睛的活动而已，而是一种视觉系统的使用结果，由眼睛看见而浮现在脑中，进而带动感觉、知觉、记忆、思维、想象等一系列的活动来反映周围环境。

梅洛庞蒂认为所有的视觉都有思想，但是仅仅思考对观看来说是不够的。视觉是一种有条件的思考，视觉的发生有赖于发生在身体上的情况，也就是身体五官感受之间相互联系的"通感"[81]。

而视觉偏好来源于人对"美"、"善"的追求，其与审美之间存在着一定的共性：一种完满的或本然的让人感到愉悦的感觉经验。偏好是主观的，也是相对的概念。偏好实际是潜藏在人们内心的一种情感和倾向，它是非直观的，引起偏好的感性因素多于理性因素。偏好有明显的个体差异，也呈现出群体特征。景观视觉偏好的研究乃经由观赏者的视觉经验对景观资源的偏好评价。

4.8.2.1 评价目的

经由各种不同类型的评价参与者的视觉经验和个人喜好对泸沽湖特有的自然景观和人文景观资源做出偏好评价，揭示泸沽湖自然与人文景观可见的视觉现象，目的在于认识人利用与改造"地方"的方法与演变规律。

4.8.2.2 当前主要评价方法的对比

景观评价方法目前有代表性的有以下四大学派：

专家学派认为形式美原则是评价景观的美景度的标准。专业人员分析景观空间的线条、形体、色彩和质地四个基本元素，评价其多样性、奇特性、统一性等形式美，决定景观质量分级。生态学原则也是其评价的标准。

心理物理学派研究景观对人的刺激——反应的关系，借用心理物理学的信号检测方法，重点在于公众对风景的审美态度与各风景成分之间建立起数学关系。

认知学派通过公众景观偏好研究来解释景观的价值。通过测量各构成风景的自然成分（如植被、山体、水体等）来评价风景质量。把风景作为人的生存空间、认识空间来评价，强调风景对人的认识及情感反应上的意义，试图用人的进化过程及功能需要去解释人对风景的审美过程。

经验学派高度强调人的作用，把景观审美评判看作是文化个性及其历史背景的表现。

4.8.2.3 多元评价方法策略

我们是将景观作为一种可视现象来做评价，回溯该地区的生态过程和文化过程的相互复合的过程。景观作为这种复合的结果。有益于我们提出对泸沽湖景观的保护定理。

我们着重从"人文"入手，在研究中遵循现象学模式、文化人类学模式、认知模式等。将景观作为一种自然过程与人文过程相互影响关系结果的"可视现象"。研究所关注的是"这种可视景观的不同接收主体所接收到的信息"，研究的中心命题是对"谁来看这些可视景观，他们又看到了什么"的研究。再通过他们所看到的内容回溯该地区的生态过程和文化过程的相互复合。首先通过景观视觉偏好评价的量化指标来反应不同类型的评判主体眼中的景观价值。不同的主体会得出不同的偏好评价，即不同的景观价值判断。究竟哪一种景观价值是符合人地关系发展惯性的一种景观价值，能够作为人地关系利用或者人地关系符合的主导景观价值，就是我们这次研究所需要探讨的。而这种人地符合的景观价值正是我们进一步对泸沽湖景观的保护（生态保护，规划保护）和发展所要去做的一个指导性价值评断。

在此我们提出以心理物理学派与认知学派的结合，介入式体验性的定性分析与综合性的量化评价模式相结合的评价方法。

量化与质化研究的结合：景观作为一种可视的现象，反映一种人对地改变的生态过程。人对于景观的认知和评价是相当复杂的。单纯使用数据量化这种多样而易变的偏好感知的方法会给评价带来不足和遗憾。首先，事先设定的指标结构难于完全同实际情况相一致；其次，主观量化测量再精确也只是表面层次的，无法涉及文化、个性等深层的细节；第三，对变量进行控制时，会遗漏许多自然情景中的动态信息。量化评估技术关注的是景观的形式属性，而景观的不可捉摸的符号意义却很难测出。量化评估常无法作超出表面现象去容纳道德和人文价值的分析。

所以在研究当中，质化的研究方法，也就是人文主义的研究方法，是必不可少的。这种以社会学、心理学和行为科学等人文社会科学为背景质化研究方法，主要从整体上介入对象，真实和全面的把握事物的复杂性和内在特质，以开放的观念全面研究事物的背景及意义，在归纳的基础上建构理论。不过其中包括一些非证实的思想和研究范式，但对实践很有价值。其主要特点是立足于使用者的情感、价值观和心理经验等方面，注重考察社会文化环境因素如文化、制度、人群的感性经验、思想差异等要素对环境评价的影响。例如拉卜普特提出的人文主义环境评价图式，强调人的主观环境质量感知即环境评价受文化、经验、环境适应程度、人群差异性的影响。拉卜普特的文化图式评价可参考图 4-65：

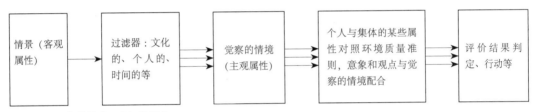

图 4-65　拉卜普特的环境评价图式
（资料来源：Rapoport Amos.Human Aspects of Urban Form.New York：Pergamon Press，1977）

但质化的研究方法也存在如主观性、可靠性不足以及难以建立公认的比较标准等弱点，所以我们这次在做景观视觉偏好评价研究的时候，特别注意质与量的统一，设计研究方法立足于科学化的目标和客观性的原则，在量化和人文评价之间建立有机的互动关系，综合心理物理学派与认知学派等不同维度的多元评价方法。

介入式体验：就美学角度而言，审美经验是日常经验中一种特别有强度的、参与的或提升的形式。对于景观审美领域来说，作为介入的审美经验是正确的，能够合适地将风景景观接纳为审美对象。不仅处理了景观中的艺术因素，而且也处理了景观中的人工的和自然的因素。

现象学信奉客观世界不是独立于感知主体而是依赖于主体的意向性的观念。杜威认为，人类对景观的经验，比单纯的生物需要的满足要复杂得多。对人类而言："空间因此变成了不只是人类于其中漫游的空地，同危险的东西和满足食欲的东西一起在这里或那里出没。空间变成了一个全面包容的场景，其中有次序的分布着人类从事的多种多样的行为和经历"[82]。对景观的经验既不是纯客观的，也不是纯主观的，而是一种主体与客体交互作用的事情。这个作用的过程即是介入式体验（图 4-66）。

针对各种不同评分主体，专家作为评价主体对量化评分结果所反映出来的客观性作分析，总结。

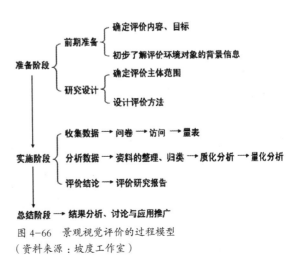

图 4-66　景观视觉评价的过程模型
（资料来源：坡度工作室）

4.8.2.4 评价过程

景观图片的获取。为全面、真实的反映泸沽湖的景观特性，同时也使图片所传达的信息有较大的可读性，易于大众辨识，拍摄和收集图片工作按一定的规范进行。

评价图片选择。先由景观建筑专业学生从大量图片中，根据评判目的进行初选和筛选工作，然后由专家讨论再次筛选，确定 90 张有关泸沽湖景观的图片作为评价对象。所选出的图片要有典型性，即基于泸沽湖地区不同景观类型选择：自然景观——天景、地景、气候、水景；人文景观——聚落与单体民居、文化活动、住屋行为等。同时还必须有代表性，能代表泸沽湖景观特质的图片，"暗藏"专家的观点（图 4-67 ～图 4-69）。

图 4-67　景观视觉评价调查样本图（一）
（资料来源：坡度工作室）

图 4-68　景观视觉评价调查样本图（二）
（资料来源：坡度工作室）

图 4-69　景观视觉评价调查样本图（三）
（资料来源：坡度工作室）

4.8.2.5　划分不同视觉接受主体群的关键要素

专家与群众：视觉评估是融合着对文化的解释，所以不是专家或是受过训练的观察者可以取代群众来做评估的，群众扮演着评估中的关键角色。

群众是生活的主体，他们没有专业知识和训练的背景，不论是在一个地方居住的或是在一个地方参观的，他们对景观的视觉偏好更多的是依靠直觉，这是一种直观的评价。这种评价的标准往往是隐性的、不稳定的、感性的。这种标准的不一致常表现为评价者的态度和行为的不一致，如旅客对原始民居评价很高，却因为卫生问题不愿意在里面居住，又如当地人很反感破坏民俗的行为，却因为经济的需要而大量拆毁具有历史文化价值的传统建筑，新建适应旅游发展的旅舍。

群众的直觉体验也有其独特的价值，那些长于直觉的人，往往能够更好地体会和领悟景观的真正价值所在，而很少受规定和成见影响。群众中的不同群体对景观的关注角度和重点也不相同。以泸沽湖地区为例，当地生活的普通人（摩梭人、普米人等）、在当地经商的外来族（以汉族为主）、世界各地的游客等群体对湖的景观偏好评价各有特点。

与群众的直观评价相比，专家对景观的评价考虑更全面，多种评价因素综合考虑的特点更加突出。专家不但掌握审美的理论和景观的规划、设计、建设、保护、管理方面的专业知识，而且具备社会科学研究的基本知识。专家能更准确和全面地对景观的价值做出判断。更重要的是，专家能够通过景观现象分析其背后所蕴涵着的复杂而丰富的人文过程。

其次还应考虑种族差异、性别差异和年龄差异。

由于不同种族受不同的文化传统和不同的宗教影响，有着不同的习俗、不同的信仰和不同的价值观，这些都会导致景观偏好差异，这些差异也可以理解为不同种族群体赋予了景观不同的文化内涵或者说不同的种族群体在景观中发现了不同的符号价值。

性别上的偏好差异可能是因为"女性做判断时既注意事物的整体特征，又注意它的局部特征，而男性往往只注意整体特征"。在相关研究中，无论男女，受测试者脑部最活跃的地区都是顶叶，这是大脑负责处理各类感觉讯息的部分。但是，男性只有右脑部顶叶活跃，而女性则左右脑都活跃。女性评判看到的某一事物时，倾向于找出适当的词语描述它，而男性的脑海中往往浮现的就是这一事物的具体形象。"男女审美时脑部活动差异可能与他们在人类进化过程中担当的不同社会角色有关。"（塞拉·孔戴）

评分主体：不同的主体拥有不同的心理特质和特有的文化背景，对同一景观的感知也不尽相同，根据以上分析我们需要将主体分为几个不同的类别以建立一个动态视觉偏好模型，尽可能全面地反映不同类型的人眼中的景观价值。

评分主体的设置：

角色：摩梭人、其他族（当地人）、游客、专业学生

性别：男，女

年龄段：20 岁以下，20 ～ 30 岁，30 ～ 40 岁，40 岁以上

评价分析主体：专业人士（包括风景园林专家、美学专家、心理行为学家、建筑规划师、生态学家等）

4.8.2.6　评分方法

知觉偏好法：让评分者与景观处于同一时空中，对景观直接做出评判，通过简单描述或打分方式来表达起主观判断。做到完全现场评价是有难度的，研究采用照片、图片等来代替现场环境景观作为刺激。

主观感知的量化分析：心理物理学的观点认为，任何存在着的事物，不论它是痛感的强度，还是对金钱的态度，都是以某种量的方式存在的。同样，这里也可以认为人们对景观的感知也有量的属性。

标准化同一景观评价值中不同个体的主观评价值：

语义差异（Semantic Differential）量表（优点）（图 4-70）

确定评价的每一维度→选择正反形容词语意对→确定标度方法

语义空间分为评价、力量和行动三个向度。在此选择测量评价向度的形容词：满意—不满意、好—差、喜欢—不喜欢

（反向语义）	-5	-4	-3	-2	-1	0	1	2	3	4	5	（正向语义）
差	不满意	不喜欢	非常	很点	有点	一般	有点	很常	喜欢	满意	好	

图 4-70　语义差异量表的评价尺度

（资料来源：坡度工作室）

数据有效筛选及分类均值处理

有效评分 75 份（总 80 份）；均值处理可以精确反映出样本的集中趋势。

按不同需求将分值建立图表（视觉直观化）

1）各年龄段之间比较；

2）男女之间比较；

3）摩梭人各年龄段比较、摩梭人男女比较；

4）其他族（当地人）各年龄段比较、其他族（当地人）男女比较；

5）游客各年龄段比较、游客男女比较；

6）摩梭人之间比较（随机选取 6 人）、其他族（当地人）之间比较（随机选取 6 人）、游客之间比较（随机选取 6 人）、专业学生之间比较（随机选取 6 人）

7）各类角色之间比较

分类比较的原则：根据社会角色理论、个性理论、环境与个人心理学，比较种族差异、性别差异、生活背景差异、景观知识的差异对景观认知和知觉敏感度以及对景观偏好的影响。

4.8.2.7 评价分析

从各年龄段之间的评价量化曲线比较来看是比较统一的，评分无明显区别，不同年龄段对景观的偏好差异不大（图 4-71）。

可以看出男性评分曲线波动比女性较大，且明显表现出对一些与当地传统建筑风格不相符的新建建筑的厌恶，亦不喜欢在服饰穿着方面现代元素的植入。可以看出男性对原生的、传统的文化、艺术等方面的保护意识更加强烈（图 4-72）。

图 4-73 显示出评分曲线大体上比较一致，20 岁以下的年龄段对人文景观部分的偏好要高于其他三个年龄段，和游客相比颇为有趣，摩梭族的 20 岁以下的年龄段成为整体分值较高的年龄段，而且几乎没有不满意的负分出现。在摩梭人当中评分波动最大的是 30~40 这个年龄段。

从图 4-74 可以发现，40 岁以上的年龄段对于表现摩梭族文化活动或住屋行为一类的图片评分明显其年龄段。30~40 年龄段的评分综合来说相对较高，在对人文景观一块的评分中尤为明显，与 40 岁年龄段偏好差距较大。

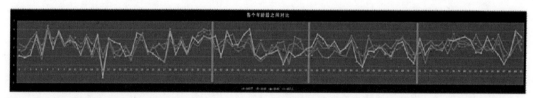

图 4-71 各年龄段之间分值对比曲线图
（资料来源：坡度工作室）

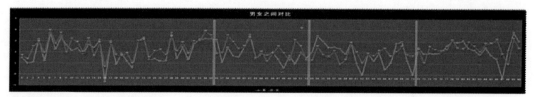

图 4-72 男女之间分值对比曲线图
（资料来源：坡度工作室）

游客各年龄段比较，如图 4-75 所示，可以明显看出 20 岁以下这个年龄段的评分值波动最为强烈，对于传统的农耕景象和一些看上去比较脏乱的传统院落特别不喜欢。40 岁以上的年龄段的游客分值曲线比较平稳且整体分值偏高，几乎没有出现负分，对各种自然景观和人文景观的接受度较高。20~30 岁与 30~40 岁年龄段的评分曲线大致相似，极少出现不喜欢的负分情况。

通过对图 4-73~ 图 4-75 纵向比较可以看出摩梭人和其他族（当地人）的分值曲线比较趋同，各个年龄段对于当地的景观偏好较为一致，而游客的评分波动明显，受各自文化、生活环境、教育程度等影响，对于风景视觉偏好有不小的差异。

从以上（图 4-76）纵向比较可以发现游客男女之间的评分曲线惊人得一致，整体来说都比较偏爱宁静且干净的景象，而且都对传统院落或聚落中出现的不和谐的现代元素表示出了一定的排斥。摩梭人和其他族（当地人）男女之间偏好评价出现了较大分歧，男性分值波动较女性剧烈，也是特别排斥有着不协调元素、非传统文化入侵的景观。女性整体评分较高，体现出性格上的温和，男性则表现出性格的直爽。

从图 4-77、图 4-78、图 4-80 纵向比较可以发现专业学生之间的风景视觉偏好分值曲线一致性最高，尤其是对自然景观有高度一致的喜好。而摩梭人的分值曲线波动最大，受文化影响最深，对于景观的喜好差别很大。而且可以看出专业学生有较强的生态意识，游客有较强的直观性。

通过对图 4-81 分析，可以发现：

在自然景观部分，摩梭人与其他族（当地人）对自然风景的打分总体低于另两类，尤其对出现雨天的图片评分较低。专业学生表现出明显高于其他评价者的生态环境保护意识，并对灰色调和气氛宁静的朦胧水景评价高，表现出某种追求天然祥和，弃俗归真的情调。游客对这一部分评价适中，对风景的审美不如专业学生敏感，但对泸沽湖的景色又很新奇并且其正常游赏活动受各种自然因素影响较小，因此评分处于专业学生和当地人之间。

聚落景观部分，专业学生与游客分值曲线走向一致，对原始聚落中出现新建的与周围环境不相协调的图片评分很低，对外来不和谐的物质文化入侵的反感。而其他族（当地人）对一些正在改造成商业、旅游业的聚落更为喜欢。

建筑景观部分，各类人评分曲线走势较为杂乱，对建筑审美存在一定差距。摩梭人对传统建筑和宗教建筑评分高于其他类，并且和其他族（当地人）一样，都对新修的一些建筑评分较高，表现出大部分当地人想改善生活、居住条件。专业学生和游客曲线基本一致，对旧、脏、差的传统建筑评分低，并且不喜欢新建的与当地传统特色格格不入的建筑。

人文活动部分，摩梭人对展示自己传统的民俗活动的图片评分颇高，表现出对传统和信仰的自我肯定；对反映劳作、营建情景的照片评分高，对劳动的热爱。摩梭人对本族人追求时髦的着装的图片评分很低，出现老人、宗教人士的图片分值较高。专业学生和游客都对旅游者穿上民族服装做作的模仿摩梭族的照片评分低。

泸沽湖景观演进有其自发发展的进程，就其景观进化发展而言，我们基于心理学、社会学等分类讨论了泸沽湖景观特质在不同人群的心理定性，得出以下结论：

在自然、聚落、建筑和人文活动四类景观中，摩梭人对自然中特别宁静的山景湖景颇为喜欢，对赋有神圣意义的神山格外崇敬，对反映传统和宗教相关景观评价很高，并且特别对劳作场景偏爱有加。他们与外来人群对泸沽湖感观主要区别在自身的生活方式、文化传统和宗教三个方面。研究的价值在于明确了泸沽湖景观演进方向：应以摩梭人的景观价值为基准，基于保护其自身生活方式和文化这一命题，引导泸沽湖自然景观和人文景观的合理演进，只有明确这一点，泸沽湖景观的演进才能导向多元化发展的趋势。

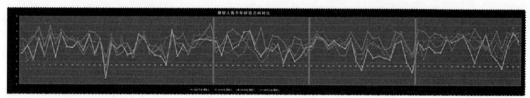

图 4-73 摩梭人各年龄段之间分值对比曲线图
（资料来源：坡度工作室）

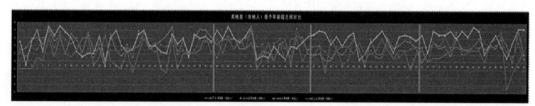

图 4-74 其他族（当地人）各年龄段之间分值对比曲线图
（资料来源：坡度工作室）

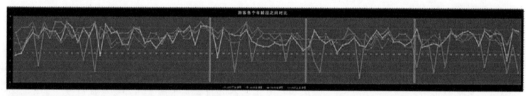

图 4-75 游客各年龄段之间分值对比曲线图
（资料来源：坡度工作室）

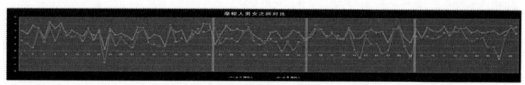

摩梭人男女之间分值对比曲线图

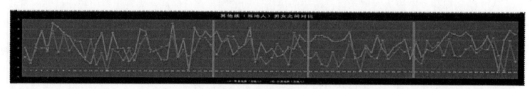

其他族（当地人）男女之间分值对比曲线图

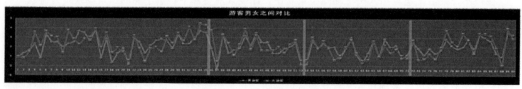

游客男女之间分值对比曲线图

图 4-76 调查采样分析图
（资料来源：坡度工作室）

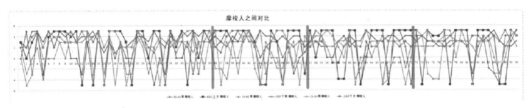

图 4-77　摩梭人之间分值对比曲线图
（资料来源：坡度工作室）

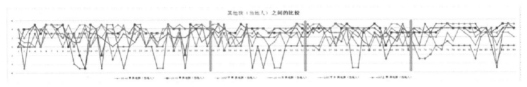

图 4-78　其他族（当地人）之间分值对比曲线图
（资料来源：坡度工作室）

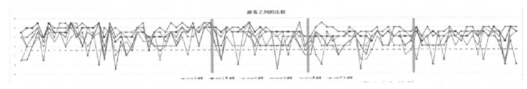

图 4-79　游客之间分值对比曲线图
（资料来源：坡度工作室）

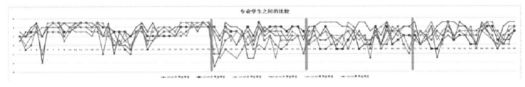

图 4-80　专业学生之间分值对比曲线图
（资料来源：坡度工作室）

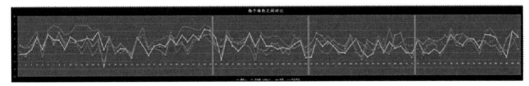

图 4-81　各类角色之间分值对比曲线图
（资料来源：坡度工作室）

4.9　小结——维持摩梭人的传统生计与自然观，持续泸沽湖景观演替发展，保持和谐的人地关系

　　本章揭示了泸沽湖特质景观的生成原理。我们把景观作为人地关系复合的视觉现象，讨论了景观过程中各要素的发生规律；通过对地质过程的研究，提出了泸沽湖地质景观特质主要由塌陷形成的高原断陷湖泊、永宁坝断陷盆地、泸沽湖的洪积扇分布、泥石流等要素构成；研究了泸沽湖的水文景观的空间分布、河流形态与等级等方面的水文景观形态，特别研究了泸沽湖永宁坝开基河景观形态改变的主要原因；提出了泸沽湖的湿地景观有三种类型，以及其变迁的规律，人对湿地的改造是其变迁的主要原因；还研究了泸沽湖所处区域气候形成因素，分析了气候景观的特点，如云景、雾景；提出了

泸沽湖的植被景观的类型、空间分布规律及变化趋势。

　　本章重点研究了泸沽湖的土地利用过程，将其作为人对地改变的主要内容之一。厘清聚落的人口规模和土地利用、传统文化要素与土地利用格局、现代性技术改变对土地利用的影响。

　　最后，我们讨论了一个关系到泸沽湖景观发展的问题，即通过调研，分析了在不同类型人群中，人们对泸沽湖特质景观的看法，了解了摩梭人对他们的环境的看法及主张。这项研究的价值在于明确了泸沽湖景观演进方向：应以摩梭人的景观价值为基准，充分保护其人地关系复合的状态。摩梭人深刻认识到自然提供的生存条件，从自然中获取生存资源，在长期的发展中形成一套完整的传统技术和自然观，维持泸沽湖景观特质，必须在充分尊重摩梭人的生计方式的前提下，通过适宜的规划管理手段，维持其特有的景观演替过程。

第5章
泸沽湖聚落系统

　　本章在文化生态学说的聚落研究理论体系下，从地理空间层次的划分与对聚落分布的影响、生态过程对聚居的影响上提出聚落分布是受生态过程的支配，研究自然空间结构对聚落结构的影响，得出泸沽湖自然地理空间格局构成中的空间廊道、冲击扇等空间要素。通过分析核心圈对聚落分布与发展的影响，提出了泸沽湖聚居的空间系统中三个主要层次及以下的次级空间层次，初步得出了泛泸沽湖的聚落系统的空间分布规律。

　　本章重点研究了泸沽湖的聚落结构的类型，以及导致聚落形态异同的原因，分析了聚落形态演化的过程。提出自然空间、人文要素、技术特征作为"属性组合"的不同要素的配置表，并依此划定出泸沽湖地域的典型聚落类型。通过研究不同层面的文化要素控制不同的空间范围、社区的层次，得出泸沽湖聚居单元关系、泸沽湖聚落规模金字塔等结论。

　　本章还通过"属性组合"的分类方法，把摩梭传统民居分为三种建筑类型进行论述，归纳总结了三类建筑的空间结构关系和建筑形态之间的差异。

　　本章的主要成果在于从自然地理、生态演化发展上认清聚落现象生成的原因，聚落结构、形态的演化在文化控制力下发展的方式；提出文化对聚落类型及建筑类型变迁规律的作用。

　　聚落研究在揭示聚落的现象所指向的内在规律本身。这就要求将揭示出来的聚落现象放在更宽广的空间系统中去考量。同时，应将聚落现象看成是"人地关系"的现象，而非仅仅是"具体的建筑现象"。聚落现象看成是人们为其存在而与自然间的相互适应的现象过程。本章首先应揭示泸沽湖自然空间是怎样对摩梭聚落限定的规律。其次，借助人文地理学的角度，来研究摩梭文化的要素在聚落空间形式和本质结构上的作用。第三，揭示摩梭聚落适应与影响泸沽湖自然空间的现象。

　　本章的重点是通过聚落现象研究，揭示影响泸沽湖聚落系统的相互关系和相互联系的要素。泸沽湖聚落空间全面、系统地研究应该包括空间的构成要素、空间结构和空间形态这三个方面，透过聚落空间现象，解析聚落的结构与形态，剖析聚落的聚落类型。

5.1　聚居系统研究的方法论

5.1.1　人类聚居概念

5.1.1.1　人类聚居概念的阐释

　　1. 基于"人类聚居"的研究对象

　　人类聚居的概念：UNCHS（United Nations Centre for Human Settlements-Habitat）认为，人类聚居是由社会、物质、组织、精神、文化元素支撑的整个人类社会（Totality of the Human Community）。可以看出人类聚居是一个包含内容十分广泛的概念。在众多的研究中道萨迪亚斯（Constantions Apostolos Doxiadis）对人类聚居的含义进行阐述："人类聚居是人类为了自身的生活而使用或建造的任何类型的场所。它们可以是天然形成的（如洞穴），也可以是人工建造的（如房屋）；可以是临时性的（如帐篷），也可以是永久性的（如花岗石的庙宇）；可以是简单的构筑物（如乡下孤立的农房），也可以是复杂的

图 5-1　泸沽湖的聚落现象
（资料来源：作者自摄）

综合体（如现代的大都市）"[83]。

人类聚居是人类生活其间的聚居。在这里，"人类"这个词限定了聚居的类型（是人的而不是动物的），同时又传达了这样一个含义，即人类聚居必须使人得到满足。据此，人类聚居由两部分组成：

内容，即单个的人以及由人所组成的社会；容器，即由自然的或人工的元素所组成的有形聚落及其周围环境。"人类聚居实际上指的是我们的生活系统。它包括了各种类型的聚落，从简单的遮蔽物到巨大的城市，从一个村庄或城镇的建成区到人们获取木材的森林，从聚落本身到其跨越陆地和水域的联系系统。由于我们无法以一种比较简单的方式来识别我们的生活系统，所以可视其为人类聚居的系统，以形象地反映出我们的生活。"

对泸沽湖人居环境（图 5-1）的研究应包括以下的方面：第一，可供人类生活直接使用的、任何形式的、有形的实体环境；第二，研究"居住"的聚落，并研究聚落与自然生态环境的关系；第三，泸沽湖文化系统与聚落的关系是人类聚居研究的内容，人及活动、社会组织、社会结构等方面。"总之，只要是有人生活的地方，就是人类聚居；人类聚居实际上就是整个人类世界本身。"

当然，人类聚居有大有小，整个世界是一个人类聚居，一个城市是一个人类聚居，城市中的一幢住宅是一个人类聚居，一块平整过的栖息之地也是一个人类聚居。

在《为人类聚居而行动》一书中，道氏对人类聚居提出了一个广义的定义，即"人类聚居是人类为自身所作出的地域安排，是人类活动的结果。其主要目的是满足人类生存的需求，使儿童的生活更加轻松、愉快；像亚里士多德所指出的那样，使人类幸福和安全；像我们目前所希望的那样，满足人类发展的需求。为了更好地认识人类聚居，我们必须在时间和空间两个方面，从认识整个宇宙开始，逐步深入到地球上的自然界、生物圈、人。"

2. 人类聚居的分类

在人类聚居建设的实践中，道氏建议根据统一的尺度标准，对人类聚居的类型和规模进行划分，以澄清概念，形成对人类聚居的统一认识，便于对人类聚居的研究。道氏提出人类聚居的分类框架，即根据人类聚居的人口规模和土地面积的对数比例，将整个人类聚居系统划分成 15 个单元，从最小单元——单个人体开始，到整个人类聚居系统——普世城结束。在 15 个聚居单元中，除规模较小的几个单元外，其他各单元无论在人口规模还是土地面积上，大致都呈 1 : 7 的比例关系，与中心地理论相一致。

15 个单元还可大致划分成三大层次，即从个人到邻里为第一层次，是小规模的人类聚居；从城镇到大城市为第二层次，是中等规模的人类聚居；后五个单元为第三层次，是大规模的人类聚居。各层次中的人类聚居单元具有大致相似的特征。

3. 人类聚居的组成

在前人的研究中，道氏认为人类聚居由内容（人及社会）和容器（有形的聚落及其周围环境）两部分组成；而这两部分继续细分为五种元素，即所谓的人类聚居的五种基本要素，包括自然、人类、社会、建筑、支撑网络。而自然是聚居产生并发挥其功能的基础；人类指作为个体的聚居者，相互间交往的体系构成社会，指为人类及其功能和活动提供庇护的所有构筑物中；这些所有人工或自然的联系系统，其服务于聚落并将聚落联为整体，如道路、供水和排水系统、发电和输电设施、通信设备以及经济、法律、教育和行政体系等，形成支撑网络。

"五种要素之间的相互关系便形成了人类聚居，这是人类聚居学的全部内容。"他指出，由于人们对人类聚居的组成缺乏清楚的认识，常常出现许多容易产生混淆的看法，"特别是在环境问题出现和发展之后，对环境一词，大多数人只理解为自然环境；其实环境和人类聚居一样，也是由五种基本要素构成的"。

①许多人在考虑人类聚居问题时，往往是一叶障目不见森林，"尽管许多人都明白，聚居实际上是

由五种要素组成的，但人们总是倾向于对他目所能及的东西给予更多的关注，所以人们在探索人类聚居时，只能论及他所看到的聚居的容器和实体的一面"。

②以建筑和支撑网络为代表的有形的实体环境，并不能完整地反映人类聚居的真实面貌；实际上，容纳人类各种活动的任何空间，都应被视为某一聚落整体的部分。"当我们面对任何一种类型的人类聚居以及与此相关的任何一个方面的，必须保证我们清楚地知道其中涉及的基本要素。一个村庄的布局，不能只局限于其中的建筑，还必须涉及它的土地和森林、联系的道路以及村庄的居民，这其中包括每一个人以及整个村庄社会的整体运作。"

因此，作为第二层次的人类聚居单元，对泸沽湖人类聚居的研究不能只把注意力局限在聚居的有形实体上，而忽略了其他无形的要素，如宗教、血缘、组织等文化要素；不能只把注意力局限于五种要素的孤立研究上，而应当注重各要素之间的相互关系。"因为正是这些关系才使得人类聚居得以存在。"

4. 人类聚居的影响因素

道氏指出，虽然人类聚居由五种基本要素组成，但其发展还受到其他因素的影响，在人们对人类聚居的不同认识中有所反映。在现实生活中，人们常常从不同的角度来认识人类聚居，用不同的方式来表达自己的看法，因而会有不同的结果。即使对于同一个聚落，由于人们的出发点和立足点不同，评判标准不一样，也会产生不同的结论。从第3章中可以了解到泸沽湖的聚居系统除了由人类聚居的五种基本要素构成外，其发展也受到来自摩梭文化的多个要素的影响。聚落现象作为摩梭文化的表征，由于摩梭文化的出发点和立足点不同，产生了迥异于汉文化影响下的聚落现象。从聚落分布的规律、聚落单元的布局、建筑形态都呈现出摩梭文化下的聚落表征。

因此，"无论是作为个体的市民还是专家，在谈及和研究人类聚居时，都迫切需要澄清不同的认识方式。这样的认识方式可以有许多种，所以必须有基本的划分标准。就此，我们已有一个结果，即通过经济的、社会的、政治的或行政的、技术的、文化的这五种方式来认识人类聚居，并以此检验研究中每一个可能的方面；任何特殊方面的问题或观点都可以作为这五个分类下面的分支继续划分。有朝一日可以建立一个涵盖所有方面的模型，即便是最陌生的问题，也可从中找到自己的位置"。

5.1.2 基于文化生态学说的聚落研究理论体系

5.1.2.1 结构主义方法论对聚落研究的影响

结构主义思潮的兴起，反映了人文社会科学领域继自然科学的综合趋向之后出现的一种新综合趋向。结构概念与系统、功能、元素等紧密联系在一起，是将聚落看成是巨系统中（文化）的要素之一，这些要素是相互关系和相互联系的个体现象。"结构"是一种将各个部分连接而构成的一个整体。而作为"部分"的聚落只能在"整体"上才有意义。因此，结构主义是根据诸因素之间的关系，而不是根据"建筑事物"来解释聚居现象。将聚落纳入更大的系统来解释，而非仅仅是研究其内部的系统。它的基本原理是，聚落作为可观察的事物，只有当把它用一个潜在结构或秩序联系在一起时，才是有意义的。所以，解释不可能单凭对聚落现象的"经验主义研究"就能完成。或许就建筑学的经验而言，我们更感兴趣于建筑的部件单位与摩梭工匠的经验知识，这种"唯主体论"的方法，不足以构成我们对聚落现象的解释的切入点。

以结构主义的模式和方法论看来，聚落只是复杂的关系网络中的一个元素，它本身的独特性，是由"结构"决定的，因而是被动的，这与以唯主体性出发的人本主义对聚落的研究有着原则上的分歧。

结构主义对聚落研究最有影响的有两点：

1. 从结构的整体性去认识聚落现象事实，强调研究在空间上的整体性——区域的整体性，将聚落现象的分布放在更宽广的空间系统中去考量，以寻求单个现象自阿空间系统中的印证，如赵万民教授的团队研究三峡聚落以流域为空间单位，来证实他们对特定聚落的认识，如重庆大学赵万民教授带领下对三峡工程与人居环境建设的研究[84]。陆元鼎教授的团队提出了"区域类型"的概念，来阐述某一区域类型的广泛意义。这样的研究必定要将聚落放在"人地关系"系统中去研究，可以看出聚落研究的整体性要求以突破聚落系统本身，达到联系更广泛现象的层面。

这个广泛的层面要求将聚落现象看成是"人地关系"的现象，而非仅仅是"具体的建筑现象"。这样，我们首先面临的问题就是聚落与自然的关系问题，我们将聚落现象看成是人们为其存在而与自然间的相互适应的现象过程。我们关心的第一个问题是自然空间是怎样对聚落限定的现象。

2. 认识到空间对聚落的约束仅仅完成了我们工作的一半。聚落研究的整体性要求我们超越地理因素寻求深层结构来解释聚落现象。千差万别的地理现象是表层结构，而要真正解释则需把握人地系统中的深层结构，就必须认识人们是怎样通过文化系统来改变自然空间的约束。

我们借助人文地理学的角度，来研究摩梭文化的要素在聚落空间形式和本质结构上的作用。我们关心的第二个层面就是摩梭文化对泸沽湖自然空间的适应与改造。

"聚居学"（道格迪亚斯）历来是一门"整体性"学科。研究者一直倡导在探求普遍规律和原则时，对人类的居住行为作广泛的比较研究，而迄今的研究几乎包括了有关的各个方面。所以，当我们发现在试图理清聚落差异问题上的混乱时，竟涉及如此广泛的知识领域，大概就无须惊异了。例如，学者曾经将聚落研究联系到生态学、历史学、文化等方面及与这些学问相关的学说来解释人类的居住行为。本节的目的是探讨将"环境"用于聚居研究的解释途径——一个当前基于"生态人类学"的开拓中的领域。这是我们搞清泸沽湖聚落的一个（但不是全部）重要方面，我们通过生态文化学，将聚落现象作为文化与自然的共同作用的结果来考量。

我们看到的泸沽湖聚落现象，是作为摩梭人及其他民族的"定居"的行为结果，是人们在不同时间阶段"生存下来"的过程现象的积累，是他们将自己融入环境，以获取生存的条件，并对环境做出改变的过程。因此，聚落作为"定居"现象的意义，根植于人们生活的环境，在这个环境中"自然空间要素"作为这个结构的一个重要环节，而文化被看成是与之对应的另一个环节。那么，我们的探索，就可以集中在聚落现象是人地关系的结果这个主体上了。

5.1.2.2 文化人类学的相关理论

1. 环境决定论（Environmental Determinism）

我们对聚落的生态人类学研究，根源于学者对环境解释的几种不同学说，其中的一些是与西方思想观念交织在一起的。在环境决定论发展的不同时期，决定人类发展的原动力作用的因素体现在物质环境的不同方面。该理论的要旨是认为物质环境对人类事务起着"原动力"的作用。文化的各个方面都可以用环境决定论来解释。

1）19 世纪，希波格拉底（Hippocrates）的体液论（Humour Theory）。希波格拉底认为气候是造成体液"平衡"的原因，因此，也是形成体质形态和人格的地域性差异的原因[85]。

把气候与政体相联系也是环境决定论的有趣的例子。柏拉图和亚里士多德认为希腊的温和气候造就了民主政体和产生适于统治他人的民族气质。专制政体则是热带气候的产物，因为其民族缺乏志气和对自由的向往，而且偏激狂热。在寒带没有形成完善的政体形式，因为其民族缺乏本领和才智，并且过于偏爱个人的自由。

2）宗教也与气候直接关联。18 世纪，法国人孟德斯鸠（C.Montesquieu, 1689~1755 年）在他的《论法的精神》一书中对地理要素与政治的关系作了系统阐述，认为一个国家的政治制度和法律性质及其演变以及民族生理、心理和宗教信仰是受其环境和气候条件决定的。在他看来，炎热的气候导致嗜眠症，因而易于和消极的宗教相联系；印度的佛教就是一个典型的例子。在寒冷的气候下，宗教则受与偏好个人自由和能动性相适应的侵略性所支配。

德国拉采尔（F.Ratzel，1844~1904 年）认为"环境以盲目的残酷性统治着人类的命运"。在他的《人类地理学》一书中，用达尔文生物学的观点研究人类社会，他把地理环境对人的影响归结为四方面：直接的生理影响；心理影响；人类社会组织和经济发展影响；人类迁移和分布的影响。认为人类同其他生物都是环境的产物，其生存发展都由地理环境决定。美国学者亨丁顿（Ellsworth Huntington，1876~1947 年）在他的《气候与文明》一书中，认为一个民族不管是古代还是现代，若无气候促进因素，就不能达到文化的顶峰。

20 世纪地理学家 E·亨廷顿（Huntigton），把这种思想全盘搬到了他的《文明的主要动力》（1945 年）一书中，认为最高形式的宗教均产生于世界的温带。他的基本主张是：温和的气候更有益于产生理智的思想。

到了 19 世纪末和 20 世纪初，环境决定论的线性解释模式，也是试图对当时世界性探险而搜集到的大量人类学材料进行分类和解释的一种简单的方法。"文化区"的概念特别适合于这一目的。这种概念把因包含某些共性的地理区域范围内的各种不同的文化划入一种单一的类型中。对文化区的划分，源于一些早期的地理学家和人类学家注意到在"文化区域"和"自然区域"之间在空间分布上的一致性的现象。他们认为环境是产生某种特定文化的主要原因。现在看来，当时方法还是以探索简单的、单线的因果关系为目标，即 A 类事物会引起 B 类事物，在由 B 类事物导致 C 的出现。而尚未认识到形成当今科学的复杂的相互作用和反馈过程。

日本中尾佐助博士的"照叶树林文化论"是环境决定论的线性解释的例子。他发现东南亚热带雨林带的北方温带森林是以常绿青冈栎为主的，名曰"照叶树林"。他认为由于热带作物所受到的限制，人们相应地就要适应环境的变化，从而诱发了当地农耕文化的产生。这样一来，就在广阔的照叶树林带中发生了文化的复合——照叶树林农耕文化要素的基本复合。日本学者更进一步提出了"东亚半月弧"的假设，认为从印度到云南、贵州这一半月弧形地带是照叶树林文化的中心地带，甚至可以认为是由热带作物——照叶树林——顽强地演变而来的文化现象。这个学说的价值被认为在于"从文化发生的背景转换成文化发生的动力"，根据这个说法，产生了"东南亚建筑文化圈"的划分。这个极端的例子似乎牵强地将"农耕"的产生归于人们对热带雨林的适应，而自然环境单线地决定建筑的类型。其实在这个"东亚半月弧"的空间中，不仅有各自不关联的文化类型以及建筑类型，自然环境的差异性也十分巨大，不可能由"照叶树林"为自然特征来概括文化类型[86]。

的确，物质文化和技术被认为受环境影响最大的要素。W·H·霍姆斯（Holmes）在讨论美国西南部史前时期环境的决定作用时认为，他们居处的环境是决定物质文化形式方面重要原因，而特殊血统民族的能力和文化遗传就显得不那么重要了。

人们也以环境解释非物质文化。今天，环境决定论主题已基本上被"人与环境模式"的出现所取代。这一模式认为环境起着一种"限制性的"但非创造性的作用。或者说，认识到了复杂的共同的相互作用。

但是，我们也不能因此完全否认环境的影响力。在泸沽湖的研究中，我们深刻地体会到摩梭人通过其宗教、艺术的非物质形式，对环境的解释。这个来自于环境的作用力，是摩梭人在与环境博弈的过程中，对自然的珍重。我们可以通过他们的仪式看到自然在他们"定居"过程中环境的影响程度，以至于在他们的非物质方面，环境作为了重要的主题。在第 3 章中提到的摩梭人"送魂路线"实际上是他们将死亡与再生与自然环境相互联系的记忆；每年一度的"转山节"也是他们迁徙行为的祭奠，这种仪式广泛存在于横断山其他民族（特别是游牧民族）中，是征服环境的理想表达。

F·W·霍奇（Hodge）在谈到美国西南部时指出："环境的作用（在此地的生存斗争中，泉水的发现最为迫切）会影响社会的结构和功能、生活方式和习俗、艺术作品和题材、知识和符号的使用。而最为重要的则是无休无止对水的渴望所规定的教义和祭礼。"[87]

意识到潜于人类——环境相互作用研究中的复杂性，没有采取一种简单的、一对一的联系。

环境决定论在"人类生物差异"方面的解释有强有力的、决定性的影响。例如，人类种群的遗传变异模式还是受支配于自然选择理论——一种认为环境对基因库的形成起有力的和积极作用的理论。因此，有关肤色分布最流行的解释是基于有助于防止太阳过量紫外线辐射的色素的渐进"选择"之上的。海拔和温度的生理适应模式也打上了环境决定论的印记。

不管怎样，人们对海拔和温度等环境要素的"生理适应模式"远远不如人类通过文化方式来快速地适应改变中的环境。人们通过物质文化的各个方面来适应人们生存的要求。例如，建筑形式的产生与环境适应性相关。而建筑的变迁也直接地或间接地受环境影响。我们看到横断山区域的自然环境造就了独特的区域性建筑类型。这是文化适应环境的方式不同。聚落的发展在一定阶段，不能摆脱环境的影响的要素。

另一方面，当前一些研究者已经提出了一些模式，认为环境作为聚居变异的一种动因，其作用是有限的。认为小种群中出现取样错误而导致变异的"遗传偏移"说便是这类模式中的一个重要部分。由于认识到基因并不属于由环境因素所轻易控制的孤立的存在物，而是复杂的互动系统的组成部分，因而自然选择的作用就尤其受到怀疑了。

环境决定论在聚落研究上的影响显著，但是"地理环境决定论"的不足之处有三：

第一，把地理环境对人类文化的影响从特定的时间范畴抽象出来，加以无限制发挥，因而难免偏颇。地理环境对文化创造影响的深度和广度，"取决于人类历史发展不同阶段的特性，尤其取决于生产力发展的水平"[88]。

第二，"地理环境决定论"忽略了自然借以作用于人类社会及其文化的若干"中介"，其结论难免陷于"直线化、简单化、夸大化"。冯氏强调指出，"人类历史和文化的发展，是多重因素相互作用的结果，地理环境只是形成人类历史和文化的复杂网络中的一个重要成分，它对民族性格和文化风格的建造，在大多数情况下都不是直接起作用，而主要是通过提供生产力的物质条件间接发挥效力的"。

第三，"地理环境决定论"把地理环境视作决定人类文化特征的一种"外力"。而实际上，经过人类的社会实践，地理环境已经演化为"人化的自然"，成为文化发生发展的内在因素。

2. 生态学观点（Human Ecology）

环境决定论和可能论有一个共同点，即人类处于一个方面而环境处于另一方面，两者决不相容。两种模式的目的是要确定一方对另一方的作用影响。这种主张被称为人类与环境之间关系的亚里士多德学派的观点。决定论观点坚持环境能动地塑造人（反之亦然），而可能论观点则认定环境起一种限制或选择的作用。照人类学家C·吉尔兹的看法，"根据这样一种公式，人们只能提出这样最笼统的问题：'环境影响文化的程度多大'、'人类活动改变环境的程度多大'，而最笼统的回答只能是：在一定程度上，但不完全"。

环境思想中的第三种重要主张——生态学的理论。非亚里士多德学派的观点认为，相互作用始终不断地发生，两者之间明确的"分野"是不存在的，这种观点有可能更准确地理解人与环境的关系。要理解一方就要了解另一方，这一假设提供了生态学的理论基础。

生态学一词显然是由德国生物学家E·黑克尔首创的，这个词指动物谋生的方式，"首先是批发其与其他动物与植物有利和不利的关系"，而且也包括与无机环境的关系（引自M·巴特思，1953）[89]。但是，人们发现生态人类学倾向深深根植于西方传统之中。的确，相互作用的思想产生于柏拉图和亚里士多德的著作里以及更晚的犹太裔基督教传统的文学作品中。物理——神学跻身于 18、19 世纪的"正规"科学之列而具有一种更为世俗的倾向。地球和宇宙被看成是精确完美的、时钟装置般的机械机构，支配它的与其说是神的意志还不如说是完全可以预见的自然法则。

关于生态学的讨论继续到 19 世纪，在 C·达尔文的"生命网络"概念和范·汉博尔特的论著中得到了特别的表述。根据达尔文的观点，所有生物在其"生存斗争"中必须彼此相互适应。在《物种起源》(1859 年) 一书中，当论及这一关系时，他举了生命网络一例。大黄蜂在英国乡村担负着为草原传授花粉之职，但是黄蜂的数量受到田鼠的限制，因为田鼠毁坏蜂巢。由于蜂越少，得以受粉的草也越少，因而草原就不会尽其所能地繁盛。但是，达尔文观察到，靠近村庄和市镇的草原更丰饶，为什么呢？由于在这些居住区有大量家猫捕食田鼠，因而大大减少了田鼠的数量。随着田鼠的减少，黄蜂就兴旺，草也就茂盛。

范·汉姆博尔特 (一位 19 世纪初期德国的博物学家和旅行家) 的观点和达尔文相似。他特别有兴趣于世界热带地区植物与人类之间的关系。根据他的看法，人类常常通过引进具有优势的外来品种，驱使本地植物灭绝或仅存于偏远地方，从而改变本地植物的特征。这种做法最显著的结果是造成了地表的单调一色，清除了自然的多样化以利于对人类有用的少数植物。但是，植物对人类有相应的影响，他认为，植物的多样化，正像其在热带那样，刺激着人类的想象力和艺术灵感 (他曾在美洲热带广泛旅行，为热带丛林中前哥伦布时代文明的废墟所深深感动。毫无疑问，那些壮观的遗存导致他得出了这种结论)。当人类的单调取代自然的多样性之时，人类对知识和艺术的探求也相应蒙受了损失。

5.1.2.3 文化生态学

作为一门科学的生态学繁盛于 20 世纪，但大多限于对动植物而非对于人的研究。然而，早在 20 年代，生态学在人类学中的优势地位就已为 J·斯图尔德所表述。他的"文化生态学方法"最重要的贡献或许就在于认识到环境和文化不是分离的，而是包含着"辩证的相互作用……或谓反馈或互为因果性"。

生态学观点的两个基本思想是互为因果概念中固有的，即：一是环境和文化皆非"既定的"，而是互相界定的；二是环境在人类事务中的作用是积极的，而不仅仅是限制或选择。同时还必须牢记，在反馈关系中环境和文化的相对影响是不同等的。据此观点，有时文化起着更为积极的作用，有时环境又占上风。斯图尔德认为，文化的某些部分比较其他部分更易受强大环境关系的影响，生态学分析只能用于解释这种"文化核心"方面的跨文化的类似性。社会经济部分——与生计活动和经济安排最密切相关的社会特征，构成文化核心。因而，文化生态学"方法"涉及对下列问题的分析 [90]：

1) 环境与开发或生产技术之间的相互关系；2)"行为"模式与开发技术之间的相互关系；3)"行为"模式对文化其他部分影响的程度。

斯图尔德的文化核心未包括社会结构的许多方面，也几乎不包括仪式行为。这些都被认为与环境无重要关系。此外，斯图尔德把生物学研究排除在文化生态学之外，他说"文化不仅反映人类在适应、调节和求生存方面的遗传潜势，更表明了人类社会的本质"。

文化生态学与可能论者一样对特殊文化形貌研究感兴趣。斯图尔德的目的是"解释那些具有不同地方特色的独特的文化形貌和模式的起源"(1955 年)。他的方法要求对地域群的详细研究首先必须对其环境进行生态学概述 (瓦达和拉帕波特，1968 年)。无疑，这一重要问题推动了当前人类学中生态学研究的兴旺发达。

瓦达和拉帕波特 (1968 年) 在认识到斯图尔德学说重要性的同时，也批评了其方法上的不足之处。斯图尔德的主要目的在于解释某种文化特质的起源，但是，他的方法首先证明文化形貌与环境特征如何协变（Covary），亦即它们如何有机地相互联系；其次表明同样的关系在历史上的不同地区如何重现。瓦达和拉帕波特认为这种方法并不必然意味此环境特征造成此文化形貌，理由如下：

1）抽样过程中难免出现虚假的相互关系的可能性。

2）即使相互关系具有统计意义，也并不意味着必然是一种因果关系。

3）即使表明了意义重要的相互关系和因果性，也不是像斯图尔德认为的那样必然意味着这种关系不可避免。

斯图尔德文化生态学的第二个不足是把文化核心假设为只包括技术。正像我们将要看到的几项研究所表明，仪式和意识形态也与环境相互作用。瓦达和拉帕波特进一步指出，斯图尔德为研究而选择的环境特征既未包括其他生物（如病菌），也未包括其他人群，或许这是他的最大缺陷所在（然而，当前文化生态学的应用已把"社会环境"考虑进去了，并且成果甚丰）。最后，他的方法未包括有关文化与生物学之间相互作用的研究，既无遗传研究，也无生理研究。而很多研究已表明，文化与生物学在诸如营养学等多个领域内携手共进，而且不了解一方也就不可能了解另一方。

5.1.2.4　种群生态学

由斯图尔德文化生态学引入的特殊人群环境关系的研究，标志着人类学中种群生态学的肇始。生态学种群是指属于相同物种，具有独特生活方式的生物群体。所谓"具有独特生活方式"是指群体的成员以同样的、特有的方式获取食物，对于周围的环境具有基本相同的忍耐力，被相同的他类捕食者所食等。种群生态学就是关于影响生态种群的分布与数量的那些过程的研究。外部作用影响种群与食物、水、气温和其他生物等的关系；相反，内部作用包括如行为、生理以及遗传诸方面对种群密度的影响。

种群研究对人类生态学具有几个显著优点：首先，种群多少是"有限的"单位，便于定量描述与分析，可以对种群规模和分布范围诸方面进行计算。其次，生态学种群是非人类生态学的传统研究单位。因此，人类种群"与其他种群一样，相互作用形成食物网、生物群落和生态系统。其能量获取以及与其他种群的物质交换可以计算，然后作定量描述。而如果把文化作为分析单位，这些优点就显示不出来，因为文化不像种群，它不以捕食为生、不受食物供给限制，或者不因疾病而衰弱"（瓦达和拉帕波特，1968 年）。换句话说，生态种群概念提供了同样适用于人类和非人类生态学研究的一种可以定量分析的共同标准。其他学者建议，种群应作为人类生态学研究的重点。

斯图尔德在 20 世纪 30 年代对大盆地和西南印第安人的文化生态学研究，就明确表明目的是为了解种群与其环境之间的关系。他特别研究了环境对种群分布的影响，因此在他对土著大盆地人的经典性研究中，着重于"把地理上相互联系的自然特征"，包括水、海拔、温度、地理障碍和食物存在的年度变化作为种群分布的决定因素。

之后的研究者也通过聚落形态的研究，把对种群分布方面的成果继承下来。聚落形态是与自然条件和"社会"环境的相关联的人类群体的分布状态。影响聚落形态的因素众多，包括诸如自然障碍、技术和生计、政治组织、亲属关系、战争和意识形态以及象征符号等（崔格尔，1968 年）。这些变量中复杂的相互作用都影响到一个种群的实际分布，由于 G·威利对于秘鲁沿海维鲁谷地研究的有力推动，聚落形态的研究在考古学中得到了特别的重视。自 1953 年威利的研究发表以来，关于种群分布与其自然和社会环境之间的相互关系的研究一直没有中断。最近，这种相互关系已被表述成如 S·斯特维尔的"聚落—生计系统"之类明确的"系统"方式。

斯图尔德也有兴趣于环境与种群数量之间的相互关系。但是，他对此倾向于持可能论的观点。因此，在大盆地，他把人口密度看成"与自然环境的肥力相关"（1938 年）[91]。克鲁伯在他发表于 1939 年的经典著作《土著北美洲的文化和自然区域》一书中，也阐述了人口数量问题上的可能论观点。克鲁伯引用北美部落较早的人口估计和他本人的估计论证在"自然"区域与人口密度之间的一种普遍联系。他总结道:"如果条件相同,我们(可以)推论较稠密的人口来自于较丰饶的生态,或者照农学家所说,来自于较大区域的较肥沃的土壤。"(1939年)

1953年,J·伯塞尔发表了一篇论土著澳大利亚年平均降雨量与人口数量之间关系的具有划时代意义的研究。他不是根据"肥力"或者"生态丰富度"来界定环境,而是选择了单一的变量——年平均降雨量来表述有关的环境。伯塞尔的理由是,年均降雨量决定着植物的生长,从而直接或间接通过动物性食物限制着人类食物的利用。因而,年均降雨量的变化(研究中应考虑到"额外获得"的水,如通过排灌系统来自本地区以外河流的水)应当与人口密度相关。他的研究论证了这一联系。应当指出,这种研究在取向上是可能的,因为年均降雨量的增加只是许可而非导致更高的人口密度。负载力概念已被用于类似的研究。负载力是使人口能够发展、并由环境长久维持的理论上的限度。当人口接近这一限度时,将对提供生计所需资源的环境产生"压力"。反过来,人口压力又促使人口控制力量来限制进一步的人口增长,这些力量包括降低生育率(流产、避孕)和增加死亡率(战争)等文化方式。

当然,环境的负载力取决于群体拥有的谋生方式,而通过更有效的开发或生产的技术革新,可以改变负载力。事实上,已故考古学家V·柴尔德认为人口的增长取决于生计。因此,攫食者的数量受低负载力的严格限制。但是,农耕的采用提高了负载力并且可能造成"人口爆炸"。柴尔德创用"新石器时代革命"一词来强调农耕与人口增长以及其他要素之间的关系。

近年来,有些人对人口增长的"可能论"观点已提出了一些疑问。现在许多人类学家接受一种人口增长的因果关系模式。经济学家E·博塞鲁普提出了一种流行(虽然还有争议)的见解,他认为人口增长迫使人们更加精细地利用土地,并采取可能更为精细利用土地的技术革新,从而取得一种更高的负载力。例如,从一种粗放农耕方式(如刀耕火种)转变成基于施肥和灌溉的精耕方式,可能就是由于人口压力造成的,而这一转变增加了土地负载力(负载力并非定义为一个恒量,而是随技术和环境变化的)。其他人很少采用决定论立场,而是认为人口增长和生计是相互依赖的,即人口压力刺激技术革新,不仅使更加集约化的土地利用成为可能,而且也增加了负载力并导致了进一步的人口爆炸。正如我们已指出的,这种互为因果关系是生态学的基本思想。

和许多其他学科的研究一样,界定问题也同样困扰着人类种群生态学的研究。地域群的界限不总是清楚的,它常常与邻近群体相互渗透,因而种群界说表现出任意性。更为重要的是,地域群并不总是经济上独立的,因此不构成一种明确的生活方式。例如,先进农耕者的地域群可以生产一些专门的作物,而依赖与其他群体贸易获得其他必需品。在此情况下,"生态种群"不仅仅是地域群,而是参与贸易网络的所有群体。

5.1.2.5 系统生态学

C·格尔茨的《农业退化》一书是生态人类学的另一个里程碑。的确如作者所言,他的观点源于文化生态学。但是,他的观察则基于系统概念。一个系统是"一组事物以及该组各个事物之间及其属性之间有相互关系的总和"(霍尔和法根,1956年)。与重点在于两个事物或过程之间的"相互因果关系"不同,系统着重于一个互为因果关系的复杂网络。系统分析方法的运用,首先要确定一系统的界域与环境;其次要建立复杂事物的系统模型,采用此种方法系统的行为能被研究和预测。

格尔茨认为生态学系统概念是文化、生物和环境之间持续的相互作用观点的逻辑结论。从理论上说,生态学系统是生物和非生物之间关系的能动配置,通过它,能量得以流通、物质得以循环,并且因为它,生存的其他问题得以解决。实际上,生态学系统是由一群植物和动物及其非生物环境确立的,由此构成一个"食物网",并对各自的生存机遇产生全面影响。

照格尔茨的观点，人类参与其中的生态学系统一般说可以像那些无人类参与的生态系统那样加以研究。这种研究方法"同样注重系统的普遍特性（系统结构、系统平衡、系统变迁），而不只注意'文化'和'自然界'变化的成对变量之间点对点的关系。它引导人们思考的问题从'各种条件是否……导致文化发生抑或这些条件只能制约文化的发生？'转向这样一些深刻的问题：'假定一种生态系统是通过比较文化核心和有关的各种环境因素之间的不同关系而加以界定的，那么，这个系统又是如何被组织在一起的？''调节其功能的机制是什么？''它所具有何种程度和哪种类型的类型稳定性？''其发展和衰落的特有方式是什么？''如何将一系统的这些特征与其系统特征进行比较？'等等"。

尽管格尔茨对于系统理论的运用提出了极好的论证，但在他的理论中缺少概念工具和分析方法。实际上，他只把它作为一种观点运用。而后来的研究，特别是 R·李和 R·拉帕波特（1968 年）的研究，已经这样做了。例如，拉帕波特研究策姆巴加一马林（新几内亚）农耕者与其参与的生态系统中的能量关系。对于所收集的热量和蛋白质消费、生理压力、生计活动中的能量消耗、负载力、限制因素和人口统计学等资料，都细致地加以定量分析。

但是，由拉帕波特的工作招致的批评（J·安德森，1973 年）表明，生态人类学中这种"整体论的"研究还处于褴褛之中：

1) 用于研究某一族群的生态系统的地理范围过小会难以认识许多重要的生态过程（如物质循环和其他限制因素）；

2) 在研究中的关于人类营养的取样资料太少，会使生态系统地解释过于简单；

3) 技术手段的缺失使定量资料的分析还不充分成熟（只使用描述的数学），因而系统理论还不完善；

4) 没有把能流的研究扩展到人类种群之间的交换中去。

生态人类学的系统方法也由于强调自我控制作用，忽视干扰系统和导致进化变迁的"破坏"作用而受到批评，也就是说，人类参与的生态系统被认为是由消除偏差的机制所维持的巧妙的平衡"机器"。大部分这种观点来自生态学家对"自然"系统的研究。但是，当前的著作强有力地表明，自然界并非处于平衡状态之中，而是受到"气候变迁和其他地理作用的破坏和冲击"。生态学家 C·霍林指出，生态系统的"自我控制"实际上包括两类作用：平衡和恢复力。平衡作用用以稳定系统，使其不至波动太大，但实际上它可能并不那么重要；恢复作用则起到防止系统自毁，确保其一直持续下去的作用。这些作用是重要的，而在某些时候，可能实际上有利于波动的系统而不利于稳定的系统。例如，如果一个系统的能流"迸发"出来，并迅速发展，尔后"瓦解"成很小规模但不至于绝灭的物种或种群，这样的种群往往更具有选择优势。瓦达和麦卡指出，研究人类参与的生态系统应当从平衡转变到恢复作用。还应指出，一些人类学家用系统观点研究了非稳定性和进化的变迁，其中最值得一提的，是人类学家 K·弗兰纳里。不过，人类学中系统生态学的发展处于早期阶段是显而易见的。

长期以来，学者们一直有兴趣于人类与环境之间关系的研究。在人类学中，环境被用于解释文化的起源和变化，至少有三种不同的观点：环境决定论、环境可能论和生态学的观点与方法。近年来，生态学观点已取代其他两者，并且在今天已成为人类学解释最流行的方法之一。当然，生态人类学不应视为"未来的人类学"，人类学的问题像任何其他学科一样，也是变化的，需要多样化的解释。生态人类学也不可能提供最好的答案和解释所有问题。人类行为是如此复杂，以致不能用单一的原则去理解。同时，生态人类学已表明对一些问题提供了有力的解释。

综上所述，在研究泸沽湖聚落现象的问题时，关注聚居的影响因素正是聚居于此地的人们的出发点与立足点，立足于摩梭文化的判断标准，而非其他群体。在建立相应的研究体系时，通过对以上不同视野下的理论体系的整理，作者基于文化生态学说的聚落研究理论体系，首先应该注重结构主义方法论中强调将聚落纳入更大的系统来解释，而非仅仅是研究其内部的系统，尤其在本章节中对聚落现象的观察与研究，将泸沽湖的地理空间层次、聚落的分布与形态、聚落形式等作为聚落系统中的各个环节，弄清各自的构成及相互间的关系。其次在文化人类学的相关理论中，采纳了环境决定论中认为环境是产生某种特定文化的主要原因，放置在泸沽湖地域中来看，它应当说明西南特殊的地理条件与空间格局影响了文化的生长与形式，使作者关注到在"文化区域"和"自然区域"之间在空间分布上的一致性的现象，摩梭人居处的环境是决定物质文化形式方面重要原因。生态学观点则启示作者关注人地关系的平衡和恢复力，泸沽湖的生态系统从平衡转变到回复作用，技术使生计方式的转变，从而改变土地的利用方式，最终导致聚落形态的演化。在本章中，将竭力理清泸沽湖文化因素与聚落空间之间关系。

5.2 泸沽湖聚居的空间系统的层次划分与聚落分布

5.2.1 地理空间层次的划分与对聚落分布的影响

地理空间层次的划分与对聚落分布的影响——自然地形要素

由地形地貌决定的自然地理空间的格局对聚落空间分布的现象之间的关系，取决于环境对文化的决定作用。自然空间格局与文化圈在空间分布上惊人的相似，早就引起了不仅是建筑学科的重视，而且引起了包括人类学家的研究。

5.2.1.1 泸沽湖的自然地理空间格局是聚落空间分布的决定原因

在第 2 章藏彝走廊的地域人居环境复合研究中对横断山地理空间层次进行了划分，泸沽湖自然地理空间格局从总体综合自然区划上属于川西南滇北中山山原峡谷自然区（图 5-2），地形上属于东北部山原峡谷型，具有该地理类型的典型特征，如境内山体多南北走向，安宁河以西的山地，

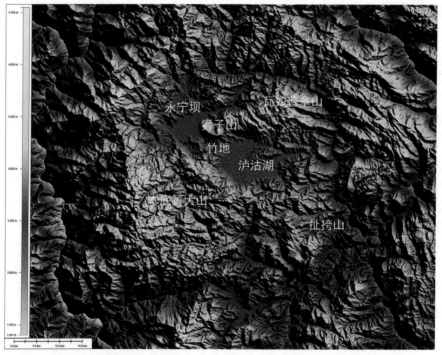

图 5-2　泸沽湖自然空间格局
（资料来源：DEM 数据分析软件绘制，作者自绘）

岩性坚硬，山势陡峻。盐源盆地四周，山地海拔多在 2900~3100 米间，岩性软硬相间，分别形成山脊和斜坡。山地之间有断陷河谷盆地和地堑河谷，长江流域的支流体系下形成的高山湖泊，气候上属于滇北川西南亚热带山地亚湿润气候区，植被类型则偏重于青藏高原山地针叶林区的交界地带。多种地理综合条件下造就了泸沽湖的自然地理空间格局。山原峡谷间的地理条件较为优越的、开阔的高山平原与环湖地带成为聚落空间分布的主要区域。在这个山原峡谷自然区中，瓦如普拿山与扯跨山峡谷间逐渐形成主要的 V 型河谷与冲刷平原，分水岭与岸线是划出村的地理边界的主要因素，即现有的永宁坝区、环泸沽湖冲击扇区及竹地海子冲击扇区，而泛泸沽湖区域的现有聚落分布在空间上按照此空间格局延展生长。应该说，泸沽湖的自然地理空间格局是聚落空间分布的决定因素。

5.2.1.2　泸沽湖自然地理空间格局构成中的空间区划——地质构造因素的控制

泸沽湖自然地理空间格局的形成原因：泸沽湖空间的深受地质构造因素的控制。由于其分布在断裂构造的交汇地带（那个断裂带）。是由地壳断裂陷落而成，湖盆面积较大，呈多边形，断层岸较平直（图 5-3），山体直抵湖边，断层崖或断层三角面明显，断层岸湖底坡度大，湖水深。

四周环状的高山将这三个空间包围，将泛泸沽湖地区与金沙江流域、雅砻江流域的广大地区隔离开来。这个主要由塌陷形成的地形是泛泸沽湖空间独立性的保证。塌陷的地质过程改变了四周"高阶地"的地形地貌（图 5-4）[92]，形成了 50 公里 ×50 公里，大约 2526 平方公里的塌陷区域。其塌陷的基准平面高程大约为 2700 米左右。最高点在木底箐大山的南面，海拔约为 4379 米，最低处在永宁坝的东端海拔高程约为 2636 米（据：global mapper 提供的世界高程数据）。这是空间区划的第一个层次。我们称为"高阶地区域"。

在这个断裂陷落的大范围内，由于瓦如普拿山、木底箐大山、舍夸山以及永宁坝北面的无名山对这个塌陷取得大范围进一步分割，可以清晰地辨认出"塌陷的核心区"。这个核心区呈现为自西北向东南走向，长约 30 公里，宽约 14 公里的矩形的封闭空间。面积约为 422 平方公里。这是空间区划的第二个层次。在这个区域中，由于狮子山与皮枯瓦山共同形成的一个相对与泸沽湖与永宁坝更高的小台地，将泛泸沽湖的区域空间分为了更小的三个空间区域。形成了泸沽湖、永宁坝、竹地海子三个较为独立的空间系统。

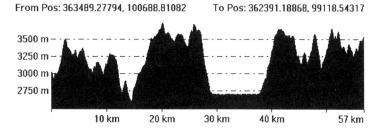

图 5-3　泸沽湖塌陷形成的断层岩与 V 字形河谷
（资料来源：DEM 数据分析软件绘制，作者自绘）

图 5-4　高阶地区域与塌陷核心区分析图
（资料来源：DEM 数据分析软件绘制，作者自绘）

5.2.2 生态过程对聚居的影响——聚落分布是受生态过程的支配

云南省西北部依据海拔高度的高低，虽生活空间一部分重复，隔离居住着摩梭族、普米族、纳西族、白族等少数民族。

聚落分布在海拔高度最为高的地域，海拔高度有 2750~3000 米之间。之所以这个地域分布居住着摩梭族可以推测的有以下原因。第一，其地域直接与汉族最多聚集地四川省连接在一起，地形气候等自然环境非常相似。第二，其地域适合于摩梭族等族群传统的居住形态，即以种植为中心的农业和牧畜业。由于高阶地区域的形成，构成的冲击坝区与冲击扇区，成为雨水汇聚的区域，塌陷的核心区形成湿地与水体集中的区域，水体边界的演变，构成坝区与水体间的湿地区域，成为生态繁殖的冲击扇区—湿地—湖区三个地带，而靠近湿地的冲击扇区则成为生态过程的转换地。

5.2.3 自然空间结构对聚落空间分布的现象

5.2.3.1 泸沽湖自然地理空间格局构成中的空间廊道

由于泸沽湖地质运动形成的原因，空间上存在几组有规律的带状地理空间单元，它串联了系列的更小的空间单位——冲积盆，形成我们称之为"地理格局的空间廊道"。空间廊道通常有两种情况，一是指由两座山之间的"山谷"；二是山侧与湖或湿地相邻而产生的带状空间。空间廊道首先是一个地理单元，其次是较为独立的生态单位。空间廊道的范围是指人们得以生存的基本土地资源，高程大约在 2640~2714 米之间。空间廊道实际上是泛泸沽湖土地资源的有效范围（永宁坝区内的土地资源没包括在内，它是人们对湿地改造来的"人工土地"）。它界定了人们文化活动的主要空间，也界定了聚落分布的空间布局与空间几何关系，从而划定了文化要素影响的地理单位与文化传播的空间方式。冲积盆呈有规律的等距分布，也限定了聚落的等距关系。

边界一般有三种条件构成：一是冲积盆靠山体的边界，也是可耕土地的高程的上端线；二是湖岸线；三是湿地的边缘或河流靠聚落的岸线。

次空间是由冲积盆构成，按一定的空间距离串接形成，在每个廊道的不同的区域分布。泛泸沽湖地区的皮枯瓦山、狮子山、木底箐大山、舍夸山、左所山、瓦如普拿山及拉瓦山七个山系与湖区、周边河流构成了七个主要的空间廊道，而这七个空间廊道又由若干个次空间构成，形成了以廊道为地理单元的空间结构。

1. 瓦如普拿山与瓦如普拿廊道（图 5-5）：瓦如普拿山形成泸沽湖的北岸。瓦如普拿山西端始于永宁坝的前所河，与狮子山共同形成的在山的南麓。东端止于盐源县盖祖乡的盖组河，呈西北—东南走向，在瓦如普拿山的南麓有一条明显的断层崖。断层岩分为两段，西段在泸沽湖的北岸，形成泸沽湖陡峭的湖壁；东段断层岩前有明显因坍塌而形成的破碎的山体，这段山体与东段断层

图 5-5 瓦如普拿山与瓦如普拿廊道的空间分布
（资料来源：作者自绘）

岩共同构成了泸沽湖北岸的长廊。

瓦如普拿山廊道的空间特征：瓦如普拿廊道东西长约 21 公里，可用土地面积约为 90 公顷，由几乎是等距的次空间串接形成，在瓦如普拿廊道的中部，有一处拓展空间，形成明显的中心。这种空间分布特征，有利于在聚落形成聚落中心。

2. 舍夸山与舍夸廊道 (图 5-6)：舍夸山呈东北—西南走向，构成泸沽湖的东南岸。南端与木底箐大山相接，东端与作所山成犄角状夹角，呈西南—东北走向，长约 12 公里。可用土地面积约为 110.7 公顷。泸沽湖的出水口就是从这个地方流出。

图 5-6　舍夸山廊道的空间分布
（资料来源：作者自绘）

3. 吐布半岛与吐布廊道 (图 5-7)：在草海的北岸，主要由吐布半岛的南麓的冲积扇与草海岸线之间的土地构成。吐布半岛东端与左所山相邻，西段逐渐延伸至泸沽湖中，将泸沽湖分为两部分。湖中不远处的里乌比岛就是吐布半岛的一部分。吐布半岛廊道呈东—西走向，长约 6.2 公里。可用土地面积约为 21.5 公顷。

图 5-7　吐布半岛廊道的空间分布
（资料来源：作者自绘）

4. 木底箐大山与木底箐廊道 (图 5-8)：木底箐大山形成泸沽湖的西岸。西北端始与永宁坝，东南端与舍夸山相交。在靠泸沽湖的沿岸，有明显的断层岩，其边缘与湖岸几乎平行，形成泸沽湖盆的上缘。北段形成永宁坝的边缘。

木底箐廊道的空间特征：木底箐廊道呈西北—东南走向，长约 21 公里。该廊道分为三段：北端在永宁坝的西面，这一段由于山形没有发育明显的冲积盆，廊道空间没有区分为"等距的次空间"的模式，呈现为狭窄的带状空间，这个空间模式限定了聚落带状（而非点状）发展；在西端，又一处与廊道分离的空间，位于木底箐大山的北端；该廊道的南段，在泸沽湖的西岸，有一处较大的冲积扇，形成明显的中心。这种空间分布特征，有利于在聚落形成聚落中心。

图 5-8　木底箐廊道的空间分布
（资料来源：作者自绘）

5. 狮子山与狮子山廊道 (图 5-9)：狮子山位于泸沽湖与永宁半岛交界的中间，其西南部发育的两处山脊与皮枯瓦山连接，并与木底箐大山形成对峙状态。形成了一处相对泸沽湖与永宁坝较高的台地。这个台地是独立的地理单元，将泸沽湖与永宁坝隔离开。狮子山是产生这三个空间区域的关键地理要素。

狮子山廊道的空间特征：本廊道成弧形，分布

图 5-9　狮子山廊道的空间分布
（资料来源：作者自绘）

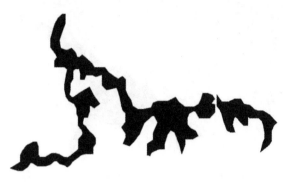

图 5-10　皮枯瓦山廊道的空间分布
（资料来源：作者自绘）

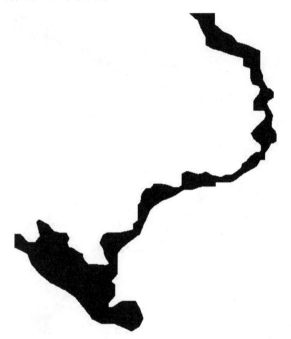

图 5-11　永宁山廊道的空间分布
（资料来源：作者自绘）

于狮子山的南麓和西麓。分为三段：第一段是位于泸沽湖岸，由五个相互分离的冲积盆构成；第二段位于狮子山的中部，形成狮子山空间廊道的拐点，有三个海子构成其边界；第三段在永宁坝的范围，由一系列几乎连接在一起的次空间构成。廊道长度为 10.5 公里，可用土地面积约为 29.4 公顷。

6. 皮枯瓦山与皮枯瓦廊道（图 5-10）：皮枯瓦山是一座规模不大的小山，位于永宁坝的南部。由三个段构成，那段为东西走向，中段为南北走向，北段为东西走向。其中两段山体的汇水面，都汇向永宁坝。另外一段是竹地海子的汇水面，汇水面积不大。相对高度为仅仅为 250 米。这个自然条件，决定了其次空间—冲积盆不具备生态的吸引力。

皮枯瓦廊道的空间特征：皮枯瓦廊道并没有分布在皮枯瓦山的四周，而是仅仅分布在此山的北端，呈东西走向。由于皮枯瓦山的规模小，该段的冲积盆规模不大，且湿地的边缘与山体近，这个条件限定了皮枯瓦廊道成狭窄的曲折形带状。该廊道长约 5.3 公里。可用土地资源约为 85.8 公顷。

7. 永宁山与永宁山廊道（图 5-11）：永宁山位于永宁坝的北端，是一座规模不大的小山，山的西端与木底箐大山相交，东端止于耳之河。永宁山廊道的空间特征：

永宁山廊道分布在拉瓦山的南麓，呈东北至西南走向。由于皮枯瓦山的规模小，该段的冲积盆主要集中在现在的永宁，与永宁冲击坪壤，沿耳之河呈河谷狭窄的曲折形带状。拉瓦山西南侧的蜿蜒形成了廊道西南面较为开阔的坪坝，永宁最长的街道在改平坦地区展开，以皮匠街为区域中心，形成规模较大的几组聚落，开基河与流经该廊道的冲击坪，该廊道由多个次空间串接形成，长约 11 公里。可用土地资源约为 750 公顷。

根据对七个空间廊道的研究发现，泸沽湖的廊道空间主要为带状，其中由若干个次空间串接形成，而次空间多为聚落分布的主要地带，自然村的分布根据次空间的土地条件所决定。构成次空间的冲积盆、冲积扇则促进了自然村落与中心村的形成，主要体现在：第一，冲积盆的空间要素对单个村落形成过程产生影响，原始自然村形成；第二，空间廊道对聚落发展过程产生影响，聚落群组、中心村形成。

由冲积盆的形态决定的聚落的组合方式（图 5-12）：

1）空间廊道的次空间（冲积盆）之间无通道相连，形成各自分离的冲积盆，村落间的道路连接只能通过翻越山体来连接。由于地理要素的阻隔，聚落无法形成互补的态势。村落仅仅成独立发展的点状方式，聚落的变迁受到空间制约的程度强烈。如：狮子山廊道的泸沽湖段，里格、里舍、小落水呈

相互隔离的村落　　　　　　　　通过狭窄通道相连与有较宽通道相连的村落

图 5-12　由冲击盆的形态决定的聚落组合方式
（资料来源：作者自绘）

现独立发展的变迁模式。中心村落不对周边村落产生强烈的影响。

2）空间廊道的次空间（冲积盆）之间有狭窄的通道相连：通过狭窄通道相连的村落。

3）空间廊道的次空间（冲积盆）之间有较宽的通道空间，冲积盆之间没有明显的地理要素的阻隔，联通村落之间的道路一般从村落中间穿过。村落从点状发展为团状，然后可以形成带状。如：者波上、中、下村就是如此。

5.2.4　泸沽湖聚居的空间系统的层次划分与聚落分布现状

目前，沿七条廊道分布的聚落组团中包含了约 51 个自然村落（图 5-13）。从行政区划上，主要隶属于永宁乡泸沽湖镇。根据前文对自然空间结构中廊道的划分，可以得到聚落成组的次空间区域，由于自然空间结构与生态过程相复合，使其界聚落系统产生了一定的层次结构，界定出泛泸沽湖地区的空间层次。在划定空间层次时，聚落是物质空间形态，它的分布与相互间的联系又隐含着特定的地方社会结构秩序，具有自身的空间发展特征，属于一个空间层次的聚落必然是从聚落边界、地理特性、文化辐射范围三个评价要素整体协调、相互影响进化的。基于此可以从三个层面上划分出泸沽湖地区空间层次（表 5-1）。

图 5-13　环泸沽湖聚落空间现状
（资料来源：2008 年作者自摄）

土地利用方式与价值评价表   表 5-1

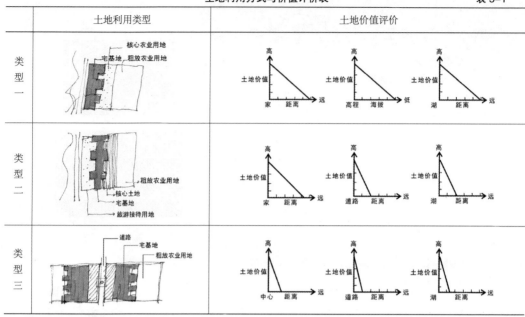

（资料来源：作者自绘）

5.2.5　泛泸沽湖的聚落系统的空间分布

5.2.5.1　环泸沽湖的聚落系统的空间分布（图 5-13）

环泸沽湖的聚落系统的空间层次可划分为四个次级空间层次；聚落主要沿湖的冲积扇分布，其中，大落水村、舍夸村规模最大，集中在舍夸河与泸沽湖交汇坝区。

草海——舍夸冲积坪次空间包括海门村、布尔脚村、密瓦村、拉瓦村、直普村、舍夸村、母支村、阿六村、扎窝洛村、博树村、五支落村、博瓦村。吐布半岛作为湖区中最大的半岛，沿线分布有多个村落。

左所——大嘴冲积坪次空间包括多舍村、赵家湾村、中洼村、格萨村、凹夸村、大嘴村。

小落水——里格冲积扇次空间包括小落水村、里舍村。

里格——蒗放冲积扇次空间包括里格村、小鱼坝村、大鱼坝村、大落水村、三家村、蒗放村。

以下是草海——舍夸冲积坪次空间中吐布半岛廊道及舍跨村的调查。吐布半岛包含了多个自然村落。体现出湖区典型村落特征，并且由于近年来旅游产业的发展与村镇建设项目的实施，村落形态逐渐发生变化。

1. 吐布半岛廊道

村落概况：吐布半岛廊道位于泸沽湖草海边上，吐布半岛南侧，属于四川盐源泸沽湖镇辖区，历史上是左所喇姓土司管辖之地。吐布半岛廊道沿草海呈带状分布，东接多舍村，西至博瓦，与山南村、舍垮村隔草海相对望，由东向西分别为啊六、扎窝落、博树、五支落、落洼（其中博瓦是落洼村的一个分组）等五个自然村，自然条件非常优越。吐布半岛廊道长约 5 公里，宽约 1 公里，总面积约 1.5 公顷（图 5-14）。根据 2005 年统计数据总户数 132 多户，总人口 1049 人，主要是摩梭人，另外还有少数汉族。现在已接近 200 户，其中落瓦 43 户，五支落 100 多户，博树 37 户。吐布半岛廊道以土豆、玉米、黄豆为主要农作物，畜养牛、马、鸡、鸭等牲畜，同时也会在泸沽湖捕鱼，随着旅游业的发展，旅游收入逐渐成为人们重要的经济来源。

村落地理环境：吐布半岛廊道依山傍水，背靠吐布半岛，面向草海，风景秀丽，资源丰富，廊道

以吐布半岛山脊和草海湖岸为村落的边
界，是一个相对独立的生态系统（图
5-15）。沿草海进入吐布半岛廊道，共有
7 个冲积盆，面积约 6 公顷，形成了 7
个冲积扇，面积约 1.5 公顷，冲击扇是
汇水和收集资源的坝子，吐布半岛廊道
的 5 个自然村就分布在这 7 个可供居住
和耕作的冲积扇上。吐布半岛廊道各自
然村都有出海口，通过水路进入草海，

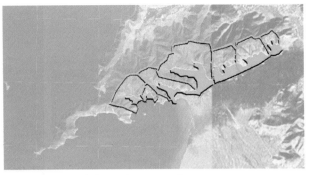

图 5-14　吐布半岛廊道村落与地理环境
（资料来源：作者自绘）

获取各种资源，包括海草、牛蛙、野鸭
蛋、湖鱼等，旅游开发后，划船则成为
一项重要旅游活动，其中博树、五支落、
落瓦村都有码头，各自然村可通过水陆
相连。

聚落选址与空间布局：聚落选址与
地形和交通密切相关。聚落选址一般都
在冲积扇面积较大，交通方便的地方，
以便能最大的获取和利用环境资源。吐
布半岛廊道的各自然村都占据较好的位
置，其中五支落的面积最大，达到 0.48

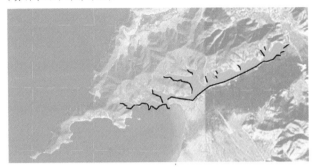

图 5-15　吐布半岛廊道分布
（资料来源：作者自绘）

公顷。吐布半岛廊道上两个最西的冲积
扇，由于面积较小，分别是 0.03 公顷和
0.06 公顷，而且交通非常不便，至今只
有 6 户人家。

吐布半岛廊道的聚落，在空间上
沿吐布半岛山脚呈带状分布，呈东西
走向。北以吐布半岛山脊为界，南接
泸沽湖水岸，东边与多舍村相连，西
至博瓦。

图 5-16　吐布半岛廊道村落路径
（资料来源：作者自绘）

各村落则以冲积扇的边沿和草海湖岸为有效边界。聚落一般沿山脚布局，避开冲沟，形成
组团，这样既安全，又可以得到最大的肥沃耕地面积；也有沿草海布局，这样更利于出海和获取
草海丰富的资源。公路建成后，同时由于旅游开发的影响，聚落布局产生了较大的变化，现在许
多院落都是沿公路两旁布局，传统的聚落布局方式发生重大变化。

路径：吐布半岛廊道有一条呈带状的主要干道（村级水泥公路），沿草海湖岸呈东西走向，串接
并贯穿吐布半岛廊道五个自然村，此路向西延伸至落洼村，向东是半岛廊道出口方向，经啊六村向西
不到 3 公里里可到达泸沽湖镇，向东则是去县城盐源方向，同时也可以经草海桥，到草海对面的山南村、
直普村和舍垮村。村内还有较多连接院落与院落、院落与主干道的曲折小路，形态如同主干道上长出
的树枝（图 5-16、图 5-17）。

吐布半岛廊道沿草海分布，因此水路交通非常发达，村落的各个连接主干道出口都有一个出海
口通向泸沽湖，交通十分的方便而有规律，村民通过水路获取草海丰富的资源。在博树、五指落、
落洼这三个自然村都有自己的码头，船只可以通向泸沽湖沿湖的其他村落和景点，其中博瓦的水路
还是主要的交通方式，建造房子的木材和购买物质都是通过水路运输，水路是他们与外界进行联系

图 5-17　吐布半岛村落不同季节的特质景观
（资料来源：作者自摄）

的纽带。现在水路划船已经成为吐布半岛廊道重要的旅游活动之一，村民按顺序轮流出船，划船已成为当地人一项重要的经济收入。由于环保的原因，当地人使用的都是比较原始的猪槽船，并用人力代替汽油发动。

聚落中心、节点、开放空间与地标：在吐布半岛廊道的聚落中没有明显的聚落中心，码头、玛尼堆是开放空间和节点，观景亭则是聚落的地标。

在博树、五指落、落洼各有一处码头，位于村落前草海边上，在码头前都有一个较为宽阔的开放空间，供游客候船和观景，其中落洼的码头最大，视野非常宽阔，可一览泸沽湖的美景。

在扎窝落路边和落瓦的山上、五指落的码头各有一个玛尼堆。

在博瓦、落洼的半岛上都设有观景亭，既可供游客到山上观景，又起到地标的作用。由于处在较高的位置，无论在村里行走，还是在泸沽湖中，都可以看到这两个观景亭。

院落与建筑：吐布半岛廊道的院落形态以摩梭传统的四合院为主，但另外也有些三合院和"L"型合院，在公路的两旁甚至还有些单体的建筑，一般为新建的商业建筑，用于旅游接待或商业经营。由于吐布半岛廊道正在经历由农业村落向旅游村落发展的过程，这个变化过程非常明显地投影在空间上，特别是建筑的功能和规模变化发展过程，根据院落的改造程度和我们的实际调查，可以将吐布半岛廊道的院落分为三种类型：

传统型建筑。由祖母屋、经堂、花房、门楼四部分组合成的封闭院落，其中祖母屋是院落的中心，是家庭的神圣空间、精神中心，经堂是摩梭人供奉藏传佛教的地方，花楼是女儿房，门楼是院落出入口，一层一般作为牲畜房，建筑单体功能明确。

改造型建筑。在这种院落中，院落内部没有牲畜房，而是将牲畜房移出合院，在合院周边另建一个牲口棚，一定程度改善了卫生条件和人居环境；主要是为三合院或"L"型合院。

商业型建筑。用于旅游接待和商业经营，在吐布半岛廊道有接待宾馆 10 多家，比较出名地有女儿国、扎西家园、摩梭花梅园家、草海人家等，这些宾馆沿道路两旁，建筑规模较大，建筑高度和院落面积都比传统的院落要高大；商业经营是另一种商业建筑，主要销售一些旅游产品，包括当地的工艺品和银饰等，该院落通常为前店后屋式，即合院的前院，临公路面为商店，后面为生活居住，商业建筑中还有一些纯粹的商业经营的单体建筑。商业型院落已不再饲养牲畜。

院落发生这样变化的原因有三个：一是旅游开发的影响，随着旅游业的发展，传统的院落改造为接待建筑，为了提高院落的环境卫生条件，提高居住环境的质量和舒适度，适宜游客的要求，也是为了增加客房数量，牲畜房逐渐被移出合院内，而被客房所替代。二是公路开通，促使院落选址都在道路两旁，从而受到用地条件的限制，只能建成三合院，甚至是单体建筑。三是随着旅游业的发展，旅游服务的收入逐渐增加，畜牧业在生计方式中所占比重的下降，人们已经不再畜养牲畜。

在传统的院落布局中，院落之间往往相互独立，并相隔一定的间距，用道路串联起来，院落之间的真正边界是用矮墙围合起来的外院，这个围合的土地是合院的核心土地，一般用夯土墙把院落及其周边用地围合起来，用于种植常需蔬菜、水果或一些重要的农作物，以保证粮食收成。在这种看似松散实而紧凑的院落布局中，一是实现了对土地资源的有效利用，二是保持了村民家庭之间必要的私密和亲切的联络。

建筑以传统的井干式建筑为主，也有少数干栏式建筑，建筑外墙通堂用夯土墙围合，以保护木结构；除部分祖母屋仍采用木板瓦覆顶外，其余屋顶多已盖瓦。吐布走廊的建筑呈以下特点：一层的木结构被砖结构代替，形成砖木结构相结合，已不完全是传统的井干式建筑；木板屋顶已逐渐消失，新建建筑全部采用瓦屋顶；建筑颜色鲜艳，装饰精美，在窗户的装饰中，还采用了西藏的装饰手法；精美、高大的门楼，大开间的门窗，这在摩梭传统建筑中是很少的；建筑规模不断扩大，横向、纵向都在生长。

吐布半岛走廊的建筑形态发生变化是有其内在原因的：首先，为了防火安全的需要，"全身是木"的传统井干式建筑，一旦失火就难于扑救。2006 年 5 月左所镇发生大火，导致大量传统建筑毁灭殆尽。其次，旅游开发导致大兴土木兴建宾馆，致使泸沽湖的木材严重紧缺，木材价格不断上涨，人们在建造房子时只能选择其他更方便、环保的材料，渐渐地砖墙代替木墙，瓦屋顶替代木板屋顶。再者，随着旅游开发的发展，为了提高接待游客的数量，接待宾馆的规模不断扩张；同时为了吸引游客，使建筑看起来更美观特别，建筑改变了摩梭朴素的风格，增加了门楼，丰富了窗户、墙体等装饰细节。

特殊景观。作为湖区最大的半岛，该廊道中有景观优越，尤其是位于泸沽湖东北侧，属于四川盐源辖区的草海湿地。草海是泸沽湖的出水口，湖水流向盖祖河再汇入雅砻江，草海景观层次丰富，湖水清澈透明，水面近处漂浮水性杨花，露水的水草和挺拔的芦苇、麻普草，远处湖岸成排的柳树和白桦树，连绵起伏的大山是草海典型的景观界面。草海不但具有丰富的美学价值，也具有重要的生态价值，作为典型的湿地景观，小水路分布着其中，各种动物发出的声音与船桨、水流的声音交汇于此。景观感受强烈，草海上的"走婚桥"目前也成为出名的景点（图 5-17）。

玛尼堆作为地域景观的代表一般分布于山间、路口、湖边、江畔。最初称曼扎，意为曼陀罗，是由大小不等的石头集垒起来的、具有灵气的石堆，藏语为"多本"；还有一种是在石块或卵石上刻写文字、图像，以藏传佛教的色彩和内容为其最大特征，有佛尊、动物保护神和永远念不完的六字真言，然后堆积起来成为一道长长的墙垣，这种玛尼墙藏语称"绵当"。每逢吉日良辰，人们一边煨桑，一边往玛尼堆上添加石子，并神圣地用额头碰它，口中默诵祈祷词，然后丢向石堆。扎窝落路边和落瓦的山上、五指落的码头各有一个玛尼堆。

目前，在多舍村保留有末代王妃家宅，这个建筑是传统的摩梭井干式四合院建筑。作为泸沽湖历史的见证人，末代王妃肖淑明是 16 岁从四川雅安嫁到泸沽湖，当了土司王妃，为民族团结做出贡献。现在该建筑已由旅游公司购买（图 5-18）。

村落的变迁对比：吐布半岛廊道的村落，由于邻近泸沽湖镇交通方便，又有草海这样得天独厚的自然环境，在旅游开发的刺激下，村落生长速度较快，聚落的规模迅速增长，传统的院落选址方式也因为公路的建成而改变，导致村落失去了原生摩梭村落的某些特色；村落的生计方式也发生了很大的改变，农业已不再是主要的经济收入，参加旅游服务业的劳动力还在不断增加。

以五支落村为例，五支落村位于吐布半岛廊道中间，东接博树村，西连落瓦村，冲击盆面积为 2.01 公顷，冲击扇面积达 0.48 公顷，是该廊道上面积最大的冲积扇（图 5-19）。从聚落规模来看，五支落 2002 年卫星照片显示为 39 户，2008 年调查统计为 100 多户。从这组数据中，我们可以读到，村落在 6 年间迅速膨胀，已达到一定的极限。传统的聚落的平面决定于生产资料，聚落规模控制在一定的常数内，这个常数是院落户数与冲击扇面积之比，当这个常数的比例被打破，超过了冲积扇能承受的范围，

图 5-18 末代王妃家
（资料来源：作者自摄）

图 5-19 五支落村落现状
（资料来源：上图为 global mapper 卫星图，
下图为作者自摄）

那么生态容易被破坏，以五指落村落快速演变来看，政府应该进行合理的引导和调控。

公路的建成，对吐布半岛廊道的聚落和景观有很大影响，尤其是改变了原有的聚落布局和组团关系，院落不再是沿山脚选址，而是沿公路两旁迅速发展，并且院落规模普遍较大，在地形条件受到限制的位置，开始出现一些主要用于商业经营的单体建筑。

吐布半岛廊道生计方式也在悄然发生改变，为了发展旅游，保护自然生态，泸沽湖实行了退耕还湖的政策，这样保护了环境，减少了耕地，同时也使一些村民粮食不能自给自足，粮食从别的地方买入，例如永宁坝子，从而实现了产业调整和物质的交流。吐布半岛廊道的劳动力主要从事旅游服务活动，例如经营旅馆、旅游产品、饮食、划船等，旅游服务已成为他们重要的经济收入。

2. 舍夸村落

舍夸集中分布在舍夸冲积坪的东南部靠山的广阔的地方。从数量与分布的空间广度上，舍夸村落是泸沽湖与永宁坝最大的聚落（图 5-20）。

舍夸村落在空间上位于扯挎山脚与草海之间的冲击坪上，延带状分布，呈东西走向。北接草海为界，南靠扯挎山泸沽湖水岸，东边与直普村、拉瓦村相连，西临滇放村。舍夸河从南端扯挎山汇集流经舍夸村落，汇入泸沽湖。村落则以冲积扇的边沿和草海湖岸为有效边界。聚落沿山脚布局，避开冲沟，形成较大规模的聚落组团，北面与草海间形成最大耕地区域。目前，公路建成后，聚落布局伴随道路的建设内部产生了局部的调整，沿道路两侧逐渐形成了院落，但传统的聚落布局方式没有发生根本性的改变（图 5-21）。

舍夸村南面为扯挎山脉，扯挎山脉成东西走向，山头延伸进了村子的中部。步道从中部至山上的第一个平台，海拔高程为 2760 米。较小的山头上面现有一处祭祀神灵的场所，该处可俯瞰着舍夸村落全景。祭祀场所占地不大，四周用土夯墙围合起来，只有一

处出入口,中间有两处祭祀用的装置 (图
5-22)。一是白色的焚烧塔,这可能与藏
传佛教的白塔有关,但从其型制上看来
具有摩梭文化的特色。另外的是一个用
木做的盒子,用一根木棍支撑起来,强
调了向上天敬奉的意图。盒子里也是有
燃烧的痕迹,所想来也是用来燃烧香料
的神龛。这种燃烧香料的仪式在泸沽
湖可以常常看到,成为当地人生活的
一部分。

　　在往山下走,不远处现有一个高大
的木桩,大约有 7~8 米高。当地人作为
防止冰雹的神物。据说是喇嘛竖立的,
但是具有当地的达巴教的图案要素。木
桩上面用白线缠绕,装饰有许多羽毛,
具有较强的装饰效果。上端是一块写有
藏文咒语的木牌,绘有太阳、云彩、莲
花瓣 (图 5-23)。从图上看来,应该是与
祈祷上天保佑。中段是彩色线缠绕而成
的主体部分,线组合成菱形,上面均匀
的点缀着白色的羽毛和红色的布条。白
色羽毛是否象征着这里夏天常见的冰雹。
底部是由干草与木制的令符捆扎并围合
起来的。令符是达巴常用的那种,上面
绘有祥云等图案,与上端的咒语相互呼
应。举行仪式时在周边的场地上留下火
烧的痕迹。

　　在这个神符下方不远处,有更低的
平台。上有两处经幡和一个用来焚烧香
草的白塔。从烧香的方向是朝向最高处
的那个祭祀场所从空间上形成了对景轴
线。白塔的下方现有一处玛尼堆。是在
自然的山石上堆放了一些白石,将自然
石头的形状改变成常见的嘛尼堆的上小
下大的塔状。在顶上放上了一块造型奇
怪的石头。草海这边的玛尼堆除了白塔
之外,另外建造了木头的神龛。神龛被
制作成摩梭民居的形式,具有祈祷住屋
的平安的寓意。神龛四面墙是严格按照
摩梭人的井干结构做成,没开有门,但
是上部开有小窗,寓意神灵出入的地方,

图 5-20　舍夸村落现状
(资料来源:作者自摄)

图 5-21　通往村落中部的公路
(资料来源:作者自摄)

图 5-22　祭祀神灵的场所
(资料来源:作者自摄)

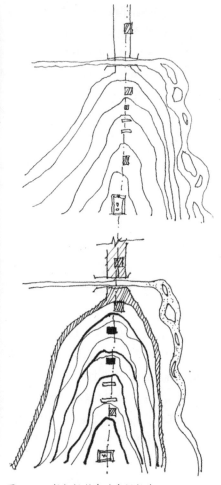

图 5-23 当地防止冰雹的神物
（资料来源：作者自摄）

图 5-24 祭祀场所中的空间轴线
（资料来源：作者自绘）

旁边贴有木刻的神符保佑。内容表达的是马驮着象征吉祥的神物，上有两种形式的木刻。屋顶也是传统建筑的木瓦片，上有一个木桩，应该是他们建筑上的"三叉戟"。可见这是忠实当地建筑原貌的神龛。

奇怪的是，仅仅在十米远的地方，在河的对面也有一处相同的玛尼堆，型制与山下的哪处没有区别但是强调的重点有些不同，这个玛尼堆的木神龛上面，有一个被放大了的"三叉戟"，这个现象非常有趣，这时一种文化意义的表达方式。

这几处构筑物顺山脊排列，一直延伸到村落的中央（图 5-24）。可以看出这座山是舍夸的神山。在神山的北面，有三处摩梭的火化场地。调查表明，每一支部落的摩梭先民有自己的火化场。他们同时到达的一批人，不管姓氏家族，都在一个地方火化。场地分布在神山靠舍夸河一侧。从这种布局上可见本地居民对土地的崇敬（图 5-25）。

舍夸村落在空间布局上难以显现出明显的布局规律，区别于其他村落中院落是以家庭单元的土地为中心布局的方式。导致舍夸村落聚落规模如此之大的原因可能是多方面的：首先，舍夸坪的土地承载量是村落得以发展的基础，村后的舍夸河也为村庄带来了丰厚的水资源。先民选择此地定居，紧邻长年不断的舍夸河。其次，村民建立了定居需要的基本条件之后，逐渐改造自然条件。另外，作为重要的支配要素，文化上也成为主要的原因，北面的狮子山作为促使定居的生活要素。周边山水的能量收集过程成为村民需要的养分收集的过程，成为聚落选址的根本原因（图 5-26）。

图 5-25 不同的祭祀物在空间上形成的对应关系
（资料来源：作者自绘）

3. 海门村

海门是彝族村，分布在草海—舍夸冲积坪次空间的尾部。由三个自然村组成（图 5-27）。由于是 20 世纪 50~60 年代从高山迁下来，其空间分布结构明显与摩梭村不一样。决定其空间结构的主要因素有两个：一是土地的要素。二是沿公路布局。土地是从一大队（左所镇所在大队）所有的土地中划拨给他们的，因此离左所镇最远。聚落分布在三个不大的冲积扇上。与附近的摩梭聚落相比，海门村拥有的土地资源最少。湿地延伸至次，水土的缺失使其缺少利用价值，剩下不到 50 米宽的一带已经干枯的土地，水汇集为河流。聚落的空间形态主要受土地资源的支配，也像其他的摩梭聚落一样，每户间的土地边界分隔划为院落。土坯墙是核心土地的界限。今年来，聚落的发展重心开始向公路一侧集中发展。院落体量体现出彝族建筑的主要特征。建筑单体较之于摩梭建筑要小，通常有外廊。这里的院落受摩梭文化的影响组成四合院。彝族家庭区别于摩梭族的强烈的血缘家庭为单位，彝族建筑不遵循封闭的院落形式。海门村的彝族院落受环湖摩梭院落的影响，开始有明显的封闭院落的趋势。这种现象是否象征这类村落在失去文化特征？聚落由高山向下的转移，也是居民逐渐改变他们传统的生活方式。但是，笔者几次到泸沽湖，感觉这类彝族村民还未完全融入族群社会交往圈中。当地摩梭人更能接受普米、汉族等其他民族。

4. 密瓦村、拉瓦村

密瓦村、拉瓦村分布舍跨河—草海的东侧两个冲沟间，由一个小山隔开（图 5-28）。密瓦

图 5-26 聚落选址的特点
（资料来源：作者自摄）

图 5-27 海门村全景
（资料来源：作者自摄）

图 5-28 拉瓦村全景
（资料来源：作者自摄）

村靠近草海湿地，约有 39 户。村落结构形态受土地分割与湖的岸线的影响。空间布局的要素体现了聚落依靠冲积扇的土地资源。草海的资源成为村民的生计来源。在公路兴建之前，聚落一般建在湿地边缘，现已被公路隔断。大多数院落没有改变，仅有几家靠近湖边建有新院落。鉴于交通不够便捷，使得聚落形态常年未产生较大变化。在近日，才开通镇中心至这里的公路。

图 5-29　村落的开敞空间
（资料来源：作者自摄）

拉瓦村分布在小山靠舍夸坪的那一面。选址是在一处半封闭的山湾里，聚落呈现半弧形分布。由三个组团构成：靠山边有两个组团，北面的组团是拉瓦村的中心。大约有 26 户人家，享受着背后一条冲沟带来的水土资源。在这个组团的前方有一个村落的开敞空间(图 5-29)，是村民们聚会跳锅庄的地方。从其区域位置优势看来，它是拉瓦村最先形成的地方。另一个组团是在这个山湾的南边，仅有 7 家人。但从建筑的类型上看来，这几家人也是较早定居的村民。同其他古老的院落一样保留着庄严的传统文化。第三个组团是沿新建的乡村公路发展而形成的新的组团，沿两个方向发展：沿通往直普村的乡村道路两边向纵深发展，这种聚落展开方式沿袭了摩梭人选址的原有方式：院落之间保留了农地的现象说明了迁建至此的目的出于更好地利用土地，而非简单受交通的吸引。从时间上判断，而分布在通往舍夸的"旅游公路"两边的院落更靠后。公路的延伸，提高了原来土地的利用价值，交通便捷带来的机会，从而改变了聚落选址的方式。

聚落原来的格局是在靠山边按一定高程布局，在其他村落通常采用的沿湖的岸线道路，已经变成了连接两个靠山组团的弧形道路。从弧形道路以及田地间的排水堰沟的走向，可以看出当地村民对这片土地的改变利用的意图。随着湖水的下降以及村民对洪水的控制能力的提高，村民开始向湿地中央迁移，以得到更多的可居住的土地。

这是个典型的聚落，从中观察得到聚落改变的几个阶段的空间变迁结果。

5.2.5.2　永宁坝的聚落系统的空间分布

永宁坝的聚落系统的可划分为五个次级空间层次（图 5-30）：

永宁坝北缘——耳支河次空间：高明村、阿古瓦村、依马瓦村、阿若瓦村、瓦拉片村。

永宁坝南缘次空间：八珠村、达坡村。

永宁坝东缘次空间：泥鳅沟村、者波上村、者波中村、者波下村、者波新村。

永宁坝西缘次空间：达实村、忠实村、海玉角村、八七村、开基村、拖支村、皮匠街（永宁）、平静村、嘎拉村。

永宁坝中部次空间：木底箐移民村、内坝、高屋脚。

就永宁坝者波上中下村落为例，从聚落整体形态、院落空间、路径方式、节点与中心、特殊景观等要素，对聚落空间形态进行解析。

图 5-30　永宁坝聚落空间现状
（资料来源：作者自摄）

1. 者波村落

总体概述：者波是永宁坝子周边规模最大、形态保持较为原始的一个摩梭聚落，它的历史悠久，洛克在《中国西南的纳西古国》一书中就曾介绍过该村，提及该村居民多随永宁土司姓"阿"，在阿云山之前的永宁总管就出自这里。者波背靠狮子山西麓、占据永宁坝子的东缘，隔着平坝与永宁皮匠街遥遥相望，自然条件优良（图 5-31）。整个聚落沿狮子山西侧山脚大致呈南北向条状分布，长约 4 公里，宽约 1 公里，总面积约 4 平方公里，由三个紧邻的自然村组成，从南向北分别是上村、中村、下村，院落总数约为 133 座，其中上村 48 座，中村 54 座，下村 31 座，根据 1998 年统计数据居民人数已达 786 人，目前人数当在千人以上，村民 90% 以上为摩梭人，另有少数外来汉族、普米、纳西移民。

者波村落的聚落形态：者波村中的院落形态主要以反映摩梭传统的四合院为主，建筑单体内部为木结构，主要建筑外部筑有夯土墙一周，除部分祖母屋仍采用木板瓦覆顶外，其余屋顶多已盖瓦。另有部分三合院落和其他形态院落（图 5-32）。

在传统的摩梭院落内部牲畜房是一个重要单元，而整个院落又包围在菜园之中，这恰反映出摩梭人畜牧与农耕并重的传统生计方式，我们观察者波三村的各种院落形态，其中变化最为明显的部位是牲畜房，以此作为考察点，可以将目前村中的居住院落分为三种形式：

传统型，即由经堂、祖母屋、花房、牲畜房四部分围合成的封闭院落，院落经数代人建设，面积一般较大，建筑单体功能明确，人畜共居。此类院落目前最多。

改进型，主体格局仍是传统四合院形，但将牲畜房作为附加院落衔接于主院，或者在院落中间砌墙将牲畜房和起居空间分隔，一定程度改善了卫生条件和人居环境。此类院落数目次之（图 5-33）。

新建型，有三合院落，也有两合院甚至独院，规模较小，多为分家新建或移民新建，牲畜房脱离起居院落，在附近择地另行搭建，有的院落干脆就不建牲畜房。此类新建院落目前数量还较少。

图 5-31 永宁者波村落全景
（资料来源：作者自摄）

图 5-32 者波村传统摩梭院落
（资料来源：作者自摄）

图 5-33 者波村改进型摩梭院落
（资料来源：作者自摄）

图 5-34 者波村落的院落布局
（资料来源：作者自摄）

院落发生这样的形态变化原因有两个：一是人们对清洁、卫生的生活环境的追求；二是畜牧业在生计方式中所占比重的下降。部分新建院落完全抛离摩梭传统，观感也极不协调，我们认为改进型院落更为合理，既维护了摩梭文化空间载体的完整性，又提高了居住者的生活质量，并且相对独立的牲畜房也具备功能继续调整的弹性。

院落之间：者波同其他摩梭村落一样，院落布局总体是疏松的，院落建筑之间往往相隔一定的间距，之所以我们强调是建筑之间的间距，因为这里的院落大都由两个基本单元构成，一是合院形成的空间，二是环绕合院的菜园。菜园的面积一般大于合院的面积，栽种有蔬菜、水果等作物，围绕菜园的夯土矮墙才是这个院落的真正边界，而这个边界就往往已经与旁边的院落紧紧相邻了，在这种看似松散实则紧凑的院落布局中，一是实现了对土地资源的有效利用，二是保持了村民家庭之间必要的私密和亲切的联络(图5-34)。

道路与院落布局：一条主要干道（村级道路，路况不好，不下雨时农用车等小型车辆可通行）呈南北走向串接并贯穿上中下三村，此路向南延伸至者波新村前分路，一条向南翻越皮枯瓦山、经竹地村与环泸沽湖的公路相接；另一条沿皮枯瓦山北侧山脚，经八珠村、达坡村，在扎实村与永宁至泸沽湖的公路相接，此路向北延伸经泥鳅沟与永宁通往四川前所的公路相接，也可到温泉村方向。此外，三个村子还各有一条东向出村、穿越坝子的辅助道路，上村机耕道直通达坡村，中村机耕道伸至坝子中央后折向扎实村，下村机耕道可抵开基河河渠边，河对岸有一条小路经内坝村到永宁皮匠街。这三条道路一是满足坝子上农耕所需，二是为村民徒步出行提供便捷路径。村内还有较多连接院落与院落、院落与主干道的曲折小路，形态如同主干道上长出的树枝。

上村几乎所有的院落都分布于主干道的两侧，有多条东西走向的村内小路将两侧较远的院落与主干道相连，中村有一半数量院落分布在主干道近旁，另外一半数量的院落，尤其是新建院落多环绕中村的马场分布。下村院落除了沿主干道两侧分布外，在下村出村便道沿线也分布有近三分之一的院落。

村落综述：上中下三村之间没有明显的界限，上中下的命名似乎是依照河流的流向（或者还有其他原因，如迁入的先后、发展的时序等），拥有达伽林寺的上村是整个者波发展过程中的核心，上村占据了狮子山西坡最为宽阔的冲积扇，人口户数很长时间以来一直居于三村之首，根据 1998 年的统计数据，上村相较中村、下村非摩梭人多、父系家庭多、人均收入多、一夫一妻多，这应该是这里产生过永宁总管因而受土司制度影响的结果。中村是整个者波聚落的节点，虽然中村所处的狮子山冲积扇小于上村，冲积扇边缘的院落群已经非常密集，但它居中的位置、宽阔的马场、锅庄台、小卖部形成了三村的民间活动中心，这种活跃的氛围似乎促进了中村近年来的发展，发展的空间则多围绕马场周围。下村所占的冲积扇零碎且面积小，历史上户数人数一直最少，是一处较为单纯的居住区域，下村的摩梭文化传统相对保持最完好，截至 1998 年尚无一户一夫一妻家庭，是三个村子中近 20 年来变化最小的村落。

聚落中心与节点：上村村口山丘上有白塔一座，村内主要十字路口有玛尼堆一座；上村与中村交界处山丘上有白塔一座，中村内主要十字路口有玛尼堆一座；中村与下村交界处有水井一处，下村内主要十字路口有玛尼堆一座，村后山脚有白塔一座，下村出村口处有嘛呢堆一座。

达伽林寺：位于上村，紧依山脚。永宁坝子现存唯一的藏传佛教萨迦派（俗称白教）寺庙，据说始建于北宋时期，主要建筑屡遭毁坏，最近在十余年前恢复重建，现有正殿一间、偏殿一间，僧侣宿舍两排。寺庙院内草木茂盛，还见有一直径约 1.3 米的大型铁釜，僧人称是元代遗物。萨迦派的达伽林寺与格鲁派的扎美寺隔着永宁坝子遥遥相望，和平共处，表现出摩梭人精神信仰的包容与宽容。

锅庄台：位于中村马场东侧、出村便道旁。全村老少每有重要庆典就会围聚与此，燃起篝火载歌载舞。此锅庄台为石砌正圆形平台，台面高出地面约 0.5 米，直径约 20 米，台内用小碎石铺平，圆心还有一直径约 2 米的石砌同心小圆台，作为堆烧木材之用（图 5-35）。

小学：位于中村通往坝子方向的村口，希望工程项目。

小卖部：三村共有小卖部 6 处，分布于各村主要道路交口附近。

加工厂：位于上村北部主干道左旁，有多排平房建筑和宽阔院坝，从院坝中堆放的原材料来看，可能与木料、石灰加工有关。至于以前有人曾提及的烧瓦厂倒未曾发现，可能已经停产转产。

内部空间格局：者波三村的分布范围同其周边自然环境密切相关，聚落东面以狮子山西坡，以山脚为界，西面是广阔的永宁坝子，聚落的西界却是一条距山脚不远，且大致平行的小河，山脚与河流共同划定了整个聚落的大边界。

狮子山西坡：者波的东界是狮子山的西坡山脚，西坡山势陡峭，如同一面天然屏障维护者波村的后方，可以想象，在者波的发展历史上，险峻且森林茂密的西坡既能提供一个相对安全的后方，也曾是林猎活动的资源宝库（图 5-36）。

图 5-35　者波村内的锅庄台
（资料来源：作者自摄）

图 5-36　者波院落周边植被
（资料来源：作者自摄）

　　者波三村的最初选址也是和狮子山西坡的冲沟紧密关联的，我们可以在地图上发现三个村子的最初位置都是位于靠近山脚的冲积扇边缘，只是由于西坡山势较陡，一条冲沟形成的冲积扇面积有限，村落选址往往在由邻近几条冲沟共同形成的冲积扇边缘，上村、中村尤为明显。以上村为例，在狮子山西坡两条向东延伸出来的山脊之间，是由四条冲沟共同形成的冲积扇，上村的院落分布于这个簸箕形区域的敞口部，早期的农田则分布于冲积扇的缓坡上，依托冲沟带来的水分、养分生长收获，相较于历史上洪水泛滥无常的永宁坝子，这里耕地面积虽小，收成却是稳定得多，时至今日，冲积扇上的农田仍是村民看重的沃土。

　　现在的狮子山西坡，山坡上植被覆盖率较低，只在部分冲沟沿线和山脚区域长有低矮的多刺灌木丛或杂草，土质疏松，容易流失，攀爬不易，几乎未见任何成材树木。摩梭传统的木板瓦普遍被烧制瓦代替、部分木楞房被砖瓦房代替，失去了廉价方便的木材来源是一个主要原因。

　　河流：者波聚落以西侧小河为西界，这条小河由于各种排涝、灌溉工程的实施，上游河道已发生较大变化，我们可以从卫星照片上辨识出，它的主流自扎实、达坡方向流往者波，在者波上村前面曾有一条从皮枯瓦山上海子流下的小河汇入，然后河流沿永宁坝子的东部边缘，大致环绕狮子山西坡山脚蜿蜒流淌，最后向北经泥鳅沟汇入开基河。这条小河连同背后的高山成这个聚落选址的重要条件，它们既为聚落提供有力的天然保护，又贡献出丰富的物质资源，同时也成了整个聚落的自然边界。

　　永宁坝子：者波三村的西面就是广阔平坦的永宁坝子，坝区面积近100平方公里，坝上河渠交错、阡陌纵横、村落环集，农田、湿地、牧场、水塘密布坝区，农牧开发已是一片繁荣。由于开基河将永宁坝子一分为二，者波三村因其位置优势占据了坝子东部的大部田地，然而者波村民对于这片地域的开发就如同摩梭人对整个永宁坝子的开发过程一样，是缓慢而艰难的，既要治理洪水，又要解决灌溉，还要排除统治者人为的阻碍。尽管如此，永宁坝子明显优越的自然条件仍然滋养了这个聚落的发展，否则仅靠狮子山西坡有限的冲积扇是不足以使者波生长成为如此规模的大型聚落。现在，者波三村的主要耕地均在坝子上，农作物产量丰厚，根据1998年统计，三个村子年人均粮食产量就已达1041斤（520.5千克）。

　　特殊景观：者波三村除了背靠巍峨的狮子神山，面对广阔的永宁坝子这一显著景观外，在聚落中还有一些让人侧目的特殊景观。

　　中村马场：在者波中村的西部，有一处面积广阔的马场，马场土地平整、水草肥沃，四周种植有树冠茂密的大青树，牛羊马匹与村民和谐共处在村落之中，充分体现者波村落自然条件的优越。村民放牧不需要爬山远足，且为村民之间的交流往来提供了绝佳场所，前文提及的锅庄台就在这个马场上。

　　者波村落植被：村落之中种树颇多，者波除了在路旁、河畔、院内种树这种惯例外，村民在很多院落的西面会种植一排树木，少则三四棵，多则七八棵。院落东侧来风被狮子山阻挡，常年风向多来自一马平川的西方，院落西侧种植一派树木如同修建起一堵挡风墙，减弱了西风的风势。这样成排的防风树形成了者波村落内部的独特景观。

　　聚落的生长、变迁：者波三村这个大型聚落虽距永宁皮匠街直线路程仅七八公里，但由于开基河以及坝子的阻隔，使得它与人来客往的永宁保持了恰当的距离，依仗自身优良的自然条件得以相对独立的生存发展，它的聚落形态保持一种原生面貌。由于摩梭人特有的母系大家庭传统的影响，分家是一种招致非议的选择，导致院落会随家庭人口增加而进行改扩建，但聚落内部新建院落数量却很少，整个聚落形态变化极小。具体来讲，者波下村1998年户数为29户，2002年卫星照片显示为31户，2008年调查统计仍为31户，近20年来仅因分家新增两户；者波上村1998年户数为45户，2002年卫星照片显示为47户，2008年调查统计为48户，20年来仅增加3户；变化相对较大的是者波中村，中村1998年统计户数为30户，2002年卫星照片显示中村范围内院落有50处，2008年观察结果为54处，20年来新增24户，相较于2002年具体变化为撤除院落1处，改建院落4处，新建院落5处。究其原因，上村、下村土地分配趋于稳定，空地不多，新增院落似不易安身，所以在上村南面皮枯瓦山脚下有者波新村一处，住户均为外来移民和分家出去的者波村民。中村范围内因设有面积广大的马场一处，这为中村的聚落生长提供了一块储备用地，我们也观察到中村新建、改建院落大多位于马场周边，当然对马场用地的侵蚀也有畜牧业在者波村民生计方式中所占比重下降的原因。

总的来看，者波三村偏居永宁坝区一隅，凭借得天独厚的自然资源，在与自然和谐的关系中宁静而平稳的发展，它的聚落形态相对改变较小，大致保持了原生面貌，是一处典型的永宁坝区摩梭聚落。同时，竖立在村口的旅游性质的村名标志，这预示着这里的旅游开发已经被纳入视野或计划，只是由于交通或对美景度的认同等原因，目前游客寥寥，一时未成气候。

5.2.5.3　竹地海子的聚落系统的空间分布

竹地海子的聚落系统的空间包括了最大的竹地海子、中部的中海子、西北面的小海子三个由海子形成的聚落组团。其中，竹地海子南端分布着拉比努村，北端分布着竹地村，两个村落的规模较小，呈东西带状，分别沿北面的狮子山和南面的木底箐大山北面山脚分布（图 5-37）。

由狮子山的西麓与皮枯瓦山的东麓平行的一带狭长的高地上。由狮子山发育的东西向的小山是永宁坝与泸沽湖的分水岭。

竹地海子的聚落东面是连接泸沽湖、竹地海子与永宁坝之间的一条狭长的走廊。东西走向，全长3790 米。北面是竹地海子，东端是泸沽湖，西端通向永宁坝区。这里的高程高于泸沽湖，汇水的方向是从东往西。竹地三个海子的水，较早前从这里流入永宁坝，再汇入开基河，这时这两个山脉的区域

图 5-37　竹地海子聚落空间现状
（资料来源：作者自摄）

空间的联系，也是生态联系的廊道。竹地海子与这条廊道相交处的第一条冲沟，理应流入竹地海子的，不就近注入竹地海子，却向遥远的永宁方向流去。这也是人们改变自然条件的一个例子。

竹地海子南北两端是平坦的高原草坪。植被的分布也有特色，平坦处是以草坪为主，球状的灌木成组团状或伴水而生，勾勒出草地景观的线条，是典型的高山草地的景观特征。在与山体交界的地方是成片的树林，是另一块生态斑点，有较高的郁闭度。草地的开敞与树林的封闭形成强烈的空间对比。

南北两端的水体汇集塑造了竹地海子的高山盆地地形，由于海拔的升高，在竹地海子的周边形成了高山坪地景观。

这条沟与永宁坝交界的地方，有一处较大的泥石流多发的冲沟。连接泸沽湖与永宁的唯一的一条公路必经过这个泥石流滩，雨季发洪水的时候不能通行。与沟竹地前端的那条冲沟、大鱼坝的泥石流冲沟，山上的地质情况一定十分不稳定。

泸沽湖的聚落空间分布体现了自然地理条件对聚落分布的边界、发展方向的主导作用。

根据笔者的理解，泸沽湖空间层次的研究可以得到以下几个层面的理解：首先是聚落位置的选择，从中分析当时的村民与泸沽湖地理环境的关系，村民选择地理条件优越的空间廊道营建村落，比如环泸沽湖聚落空间、竹地海子聚落空间（目前竹地海子聚落空间仍然延续着传统的选址特色）；在水利工程改变永宁坝之前，村民只能依靠天然的水源，因此最先形成聚落的是紧靠耳支河、木底箐河的冲积扇区，水利灌溉和排涝技术的使用后，村民对聚落选址的余地有所夸大，但一般仍然选择接近水源的地方，比如永宁坝聚落空间。

需要指出的是，聚落位置的选择，除了上述自然条件的制约之外，其次还受到人文条件的制约。如中心聚落周围的迁移聚落，出于为中心聚落中的宗教、土司贵族服务的需要和反映向心及凝聚的意识，一般都位于中心聚落的周围，呈现出众星捧月状，比如者波村。在交换和贸易比较发达的地区，如永宁皮匠街，中心聚落往往成为重要的贸易中心，建于交通便利的地方。

在研究划分泸沽湖的空间层次后，同一空间层次下的聚落仍然在聚落内部布局，即聚落内部各种功能的建筑之间的关系，如院落形制是否相同，规模发展变化的条件，聚落空间组织方式的各种差异产生的不同聚落现象进行更深一步的探讨。需对其中的聚落进行类型学上的深入研究，从建筑类型学的角度分析区域中的聚落演变线索。

5.3　泸沽湖聚落类型研究

5.3.1　建筑类型学对民族建筑研究的反思

以往的建筑研究中，建筑类型的例子中，建筑类型被放大为历史、文化的替代物。余英博士认为"在人类生活的不同地方，存在着许多不同类型的建筑，这些建筑之间呈现出令人惊叹的地域性特征。建筑的这种地域特色，有时表现在聚落的形态与结构上，有时直接表现在建筑物本身的造型、空间和类型上"。因此，他应用"建筑区系类型"来研究中国东南系建筑。"就是根据建筑的共同特征而对建筑进行分类。一般地讲，各地区的建筑可以从历史的、地域的、类型的三个角度进行分类"。他的类型研究的层次是：区域类型——历史的——地域的——类型。

建筑历史分类的目的是"谱系划分"。"主要根据不同时期、不同地域的建筑在发展演变过程中保留下来的共同特征（型制、构架、细部方面的共同之处）来划分建筑的源流和谱系关系。有共同特征的建筑可以组成一个系属，再根据建筑的系属的亲疏关系对建筑进行谱系划分"[93]。正如作者本人所看到的，这种分类方法来自考古学的"标本分类排比"。语言学家也采用这一方面进行语言系属分类。

这种方法在一定程度上能解释有共同特征建筑的流变过程，很明显，这种基于达尔文进化论基础理论为背景的比较分类方法，更适合于研究物种变异，以及语言学界对语言现象的"分类学"，而不适合与文化要素研究的类型学的方法。某个文化所属的建筑，不可能仅仅是"进化"而来，何况我们也不能回到时间的历史中去证实推理；建筑的"共同特征"之间没有"科学的界限"，建筑谱系并不像动物的"属"与"类"那样有分明的区分。由于文化交流的复杂性，看似相同的建筑不一定有共同的普系。

关于聚落与建筑的分类中，应该包含有历史要素的关系——文化流变过程对建筑特征的影响。将建筑变化的现象作为文化流变的现象，而非将建筑从文化中剥离出来的标本。在分类方法上更注重将建筑形态要素与它所属的文化的其他要素进行组合排列，并与其他文化的建筑要素组合进行对比研究，从目前的现象中导出其"源流与谱系"的类型。关于聚落与建筑的分类，应某种建筑类型在空间上的分布，并反映类型间的相互影响。

建筑的地域分类，实际上就是空间分布规律。这种分类主要依据地理上相邻的区域之间，由于自然环境和社会环境的相似，或匠师之间的交流等因素的相互影响而产生建筑特征的相似，甚至一些本无关联的区域之间，由于人员迁移等文化交流的影响而出现某些相似的特征。但同时，又由于地域单位的限定，在同一区域内部又存在各具特征的小传统或小模式，这些小传统或小模式之间有共同特征的一面，也有各具特色的一面。如同为南方穿斗式建筑，闽南与江西又有不同的差异；同样是南方宗族聚居村落，皖南与客家在村落形态与结构上具有明显差异。

建筑的类型分类：类型分类是按照建筑构成的同形特点，把建筑划分为若干类型，既不考虑它们的源流谱系关系，也不考虑它们过去和现在的地理分布，即不管因相互影响而产生的相似性，完全根据建筑形制、构架、造型等在构成上的共同性而对它们进行分类。建筑类型研究的进展，主要是结构主义的兴起。结构主义语言学与语言类型分类与同构有关，和语言的亲属关系和相似性不同，同构既不包含时间的因素，也不包含空间的因素，同构可以把一种语言的不同状况或者两个不同语言的两种状态统一起来，而不管它们是同时存在的还是时间上有距离的，也不管所比较的语言在地域上是接近的还是距离遥远的，是亲属语言还是非亲属语言。"同构"是数学上的概念，是指结构格局相同，或者两种或多种语言之间在语音、语法或语义结构方面的类同现象，是借助于结构主义语言学将语言分成几个不同的层面来进行不同层次的类型分类的方法。建筑界也有将建筑分成不同层面来进行类型研究的探讨。

对于建筑或聚落特性的研究，诺伯格·舒尔茨认为可以采用形态学、场所学（Topology）和类型学（Typology）的方法 [94]。

从希腊城邦时期就产生的类型学（Typology）是一种分组归纳方法的体系。类型的各个成分是用假设的各个特别属性来识别的，这些属性彼此之间互相排斥而集合起来却又包罗无遗。这种分组归纳方法因在各种现象之间建立有限的关系而有助于论证与探索。一个类型学可以代表一种或是几种属性。18 世纪，把一个连续的、统一的系统作分类处理的方式用于建筑，从而产生了建筑类型学。

从在 19 世纪晚期至 20 世纪初，在语言学及逻辑思想的影响之下，类型的观念获得学界的中心地位。之后的建筑类型的解释为按照相同的形式结构对具有个性特征的对象进行描述的理论，试图从中找到建筑形式中的"法则"，去发现这类建筑中的普遍形式，即心目中理想形式。其普遍性来源与这一类建筑中"类特征"，在建筑中呈现出这些特征的就叫着"某类建筑"。

类型，本身是从众多现象中抽象的结果，有"积累到现在"的意思是把建筑纳入到"永恒概念"中去，在我们看到的建筑具象中显现出来的一种思想。以时间为维度，我们可以把它看作去掉时间的"历史主义"——透过目前的现象看到历史。以空间为维度，类型学可以扩充到聚落，因而建筑与聚落是同构甚至同一的。建筑作为一种生活与秩序的对应物，具有永恒的性格。某种类型是通过文化的传承沉积于形式之上的。海德格尔认为，类型作为"存在之家"，应是人类进行诠释的对象，人栖居于其中。诺伯格·舒尔茨进一步认为"人栖居于类型中"。

舒威霍弗（Anton Schweighofer）说："类型学建造的目的，不是发明新东西，而是发现某些已经存在的新东西"。从已经存在的事物之中去找出过去没有发现的事物，而这些事物却是一直存在着，只是人们一直没有注意。例如，罗西从意大利古老的城镇中，找出城市建构的法则，将这些属于过去的法则，换运用为现在的城市规划的基准，而这些法则是先前就已存在，借由罗西的类型学的方法显现出来。

类型与原型是最容易混淆的两个概念。原型（Archetype）的概念是包含在人类心理经验中一些反复出现的原始表象，这种"原始表象"荣格称之为原型。在泸沽湖聚落研究中，我们将原型对应于摩梭文化本意的对应建筑特征。将它作为定性的参照物，确定变化了的聚落与建筑特征。而泸沽湖的聚落与建筑类型是一种生活方式于形式的结合。类型的变化是源于生活方式的变化。并不是对"原型"以"进化"的方式进行改变。

建筑类型与建筑形式的区别关键，在于我们将建筑的本质看成是文化系统中各个要素关联的产物。在这个中，文化某些特质决定了建筑形式。而类型包容了整体的文化要素的信息。我们看到由血缘家庭这个文化要素决定了祖母屋的建筑形式，它归于某个建筑类型，而这个建筑类型是由文化要素的组合来决定的，反映的是它指向的"人地关系"，从社会学的角度看来，它是生活方式的结果。这样，表现形式就是表层结构，类型则是深层结构。"建筑形式"是具体的形象，而类型则是"抽象"的规律，它是形成某种建筑形式的法则。一个建筑类型可能存在于多种建筑形式之中，但一种建筑形式却只能归属于一种建筑类型。

类型与建筑图形是关联的两个概念。舒尔兹认为"图形"（Figure）是可识别性的类型学问题。建筑语言通过图形方式变成了场所的表白。这个场所具有一定的拓扑性（Topological）和形态性（Morphological）的关系。建筑图形研究属于类型学的范畴，图形作为研究认识建筑的基本媒介。

5.3.2 泸沽湖聚落研究的适宜性类型研究理论

人类思维活动的轨迹总是呈现出循环向上的规律，以解决新问题开始，又总是以新问题产生为结束。在类型学领域也是如此。由于现代主义范型类型学贬低了形式及其携带的情感因素（当然是历史的），作为第二次世界大战后 60 年代反思的中坚思想之一的类型学的兴起，正是出于一种全新的评价，即对现代运动的批判。这是越出科学技术嫡系实践之外的研究。迅速促成了一种新的第三种类型学。

阿尔多·罗西的研究将类型学的概念扩大到风格和形式要素、城市的组织与结构要素、城市的历史与文化要素，甚至涉及人的生活方式，赋予类型学以人文的内涵。[95] 将类型学作为基本的设计手段，通过它赋予建筑与城市以长久的生命力，并具有灵活的适应性。卢森堡建筑师 R·克里尔的类型学方法注重回归历史，注重操作性，他对类型学的研究深入到城市的基本元素和建筑的基本元素之中，着重于城市空间的研究。他的《城市空间》和《建筑构图》应用类型学方法讨论了城市空间的形态和空间类型，提出重建失落的城市空间的问题，从形态上探讨建筑与公共领域，实体与空间之间的辩证关系。这种建立在欧洲悠久的历史文化的基石上的第三种建筑类型学——当代建筑类型学的方法在实质上是结构主义的方法，是一种对建筑与城市的结构阅读。

新理性主义类型学的最精确解释是来自伊格纳新·索拉—莫哈勒的学说。在他的学说中，建筑类型是可以对所有建筑进行分类和描述的形式常数（Corlstarlts）。这种形式常数起着容器的作用，它可以把建筑外观的复杂性简化为最显著的物质特性。从类型论视角，可以理解作为系统的建筑形式，这个系统描述建筑自身的构成逻辑，描述某些形式的全部作品中的各个成分转变。类型的观念也允许研究城市的生产关系以及形式的发展和破坏。最后，城市的物质结构和城市建筑的物质结构可在整体分析中联系起来。

第三种类型学，以新理性主义为代表，标志着当代类型学的形成。在前两种类型学中，建筑（人制造出来的）曾和它本身以外的另一"自然"进行比较并使其合法化。同前两种类型学相比，当代类型学研究不再以外在的"自然"来使类型学元素合理并系统化，而是作为艺术形式理想的变体在城市的层面上展开，显示出真正建筑类型学的特点。新类型学把城市当作元素集合的场所和新形式产生的根本，表达了突出形式与历史连续性的愿望。城市作为显示在有形结构里的整体，其过去和现在应同时被考虑。所以城市本身就是一个类，一个建筑类型层次的终端形式，这种思想导致了城市—建筑的产生。而这正是我们所见到的当代类型学的基本性格。因此，这种新类型学的学者以一种持续的类型学把设计技巧引向去解决大道、拱廊、街和广场、公园和住房、社会机构和设施等问题。摒弃单体建筑跨越聚落的套路，直接联系到整体文化与社会——这个在范畴上大得多的对象。

　　类型学研究的结果即关于类型的运用，本章节的研究将对历史模型形式的还原（抽象）中获得类型，再将类型结合具体场景还原到具体的形式。作者提倡从泸沽湖聚落中抽象出摩梭人聚落建筑的类型，以用于今后发展过程中的创造。在这个意义上，等同于提倡的"文化传承"的意义。（具体→抽象→具体）并不重新创造有组织的类型—形式，也不会重复过去的类型学的形式，而是根据意义的 3 个层次推导得到的准则来选择和重新集合，这 3 个层次是：第一，继承过去存在形式所属的意义；第二，从特定的片段和它的边界推导出来，并往往跨越以前的各种类型之间；第三，把这些片段在新的脉络中重新构成。传统文化与继承的回归。综上所述，对泸沽湖聚落类型的研究从分类的方法论——属性组合——聚落现象类型——类型层次间关系——聚落发展这几级层面依次开展。

5.3.3　泸沽湖聚落类型的分类特征

　　分类，是认识泸沽湖聚落、建筑现象的一种方式。人们认识聚落现象具有多维视野和丰富的层次。由于人的认识的途径不一样和聚落生成过程本身就各自的复杂性，由此产生了多角度的聚落分类途径。人们对聚落现象的认知形成对特定聚落特有的概念，结合原有的知识、概念之间相应的运演又构成我们对聚落现象的分类网架。凭着分类网架，我们得以正确认识聚落现象并将它们分门别类。值得重视的是，我们的认识会通过预期和矫正控制聚落的发展活动。

　　海德格尔认为，类型作为"存在之家"，应是人类进行诠释的对象，人栖居于其中。诺伯格·舒尔茨进一步认为"人栖居于类型中"，对于建筑特性的研究，诺伯格·舒尔茨认为可以采用形态学、场所学（Topology）和类型学（Typology）的方法[96]。类型研究是在各特殊的事物或现象中抽象出共通点。聚落类型研究的目的，是从聚落现象的具象中总结出来潜在的倾向。聚落分类就是将某些满足一系列约束条件的聚落进行归类，是依照某种规律，在聚落现象间建立组群关系，从聚落现象中抽象出特定秩序。这种秩序也是我们限定与诠释聚落的方法，从某种程度上决定了我们对聚落的结论。

　　在关于聚落研究的概念中，我们需要理清以下概念间的区别。

　　对聚落进行分类研究源于自然科学中的分类行为——分类学。分类学由于是对"自然属性"进行分类，可以用"属"与"类"这类概念作为分类标准。但是，由于聚落的各类型之间却没有"科学的界限"，研究的领域还涉及类型的可变性与过渡性等模糊性问题，特别在一个界定的区域内，聚落类型间变化越细微，限定类属的区别因素就越困难，所以按照自然科学的分类学就越不胜任。建筑与聚落的类型研究与社会和文化的研究一样，类型的区别并不像"属"与"类"这类概念那样具有分明的界限。建筑学上常以功能、形态、结构、地域等分类，由此可见，建筑学中讨论的分类行为应该是基于社会与文化的类型学。文化类型学较自然分类学更模糊。"例如，红苹果与绿苹果都属于苹果类，但如果以色彩为分类标准，红苹果则又可能同其他红颜色的东西归为一类了。"

　　目标不同，分类就有了不同的方法。道萨迪亚斯认为"对聚居进行静态分析的第一步工作是搞清楚聚居的数量和基本类型。聚居可以有多种不同的分类法。比如，按用地或人口规模可分成大型聚居、小型聚居；按永久性程度可分成临时性聚居和永久性聚居；按聚居形成的方式可分成自然形成的聚居和按规划建成的聚居等等。但最主要的还是按聚居的功能和性质进行分类"。

道氏将人口规模作为划分聚居性质的标准。他主持的研究中心提出以 2000 人的规模为乡村型与城市型聚居的分界线。他认为按照聚落的性质可以分为乡村型聚居与城市型聚居是两种性质完全不同的聚居类型，它们之间的区别是很明显的 [97]。

这种类型学不是研究分离的空间构件，也不是单独仅仅依据地理要素、社会文化或技术特征中的某一方面来对聚落或建筑进行分类。它应完整包容那里本来是同一类型的空间片段。这些空间片段的"特征"而呈现出的"属性组合"，就是我们要的"类型"。某一类型与其他类型一定有排他性。这个类型由其完整的"社会历史"等方面的"生成原因"，类型的空间特征是"属性组合"在空间上的投影。

聚落类型的分类特征：聚落分类并非简单地按照某个简单的特点进行归类。满足我们对聚落研究的目的，聚落分类应该满足以下几个特点：

（1）聚落分类的空间形态特征辨识。聚落在演进过程中凸显出的可辨识形态要素，有较明显的排他性，通过对其深入分析，能辨识出决定聚落空间个性的人居要素。

（2）聚落分类的层次性特点。由于研究的视野不同，人居环境空间可分为不同的层次。某一聚落类型，可能是高层次人居空间聚落类型的一个亚类。例如，泸沽湖区域的摩梭聚落可以分为三种类型，在其之下还可以细分出 8 个亚类（见下文），而针对更高一层次人居环境而言，整个泸沽湖摩梭聚落则可能仅是横断山区域某聚落类型的亚类。

（3）聚落分类的广泛性特点。在相似的地理、人文环境中，对某聚落类型的研究成果应具有广泛的适用价值。

（4）聚落分类的复合性特点。决定聚落类型的要素一定是多要素组合形成的特征，单独比较某个要素并不能区分出聚落的类型，只有将一系列要素组合起来比对，才能辨识与揭示聚落类型生成的规律。类型要素特征组合分析是聚落分类的基本方法。例如，两个不同的聚落类型中摩梭院落看起来区别不大，但是将其与聚落的其他特征组合起来研究，就会发现实际上的区别。这个区别根源于生成这个聚落类型的深层次原因，看似相近的院落，将它放回到各自聚落关系中去，就能辨认出各自在聚落系统中的起到的作用。

泛泸沽湖区域的建筑类型是横断山建筑类型中的一种，这种类型在横断山区域有广泛的代表性。这是基于决定这些个类型的要素，特别是自然要素，有类似的构成。因此，这个"要素组合"的分类方法，在相似的地理、人文环境中有应用价值。

①自然地址要素：对聚落发展有影响的自然地理要素，首先体现在自然资源占有上，它是自然地理条件对聚落影响最大的要素。其中，可用土地面积也是聚落选址的前提；水的资源利用，即利用方式（洪涝排水是获取土地资源的一种特有的方式）。泸沽湖景观的价值也是聚落形态变化的主要的原因。从中，我们选取有代表性的要素。这个要素应该全面反映泛泸沽湖区域地质因素对聚落的影响；虽然，地形地貌这个因素是影响聚落形态的重要方面，由于泛泸沽湖地区聚落的选址，在这方面有共同的特征，不是形成类型差异的主要因素，本次分析不将它作为观察指标；在笔者的调研中发现，聚落的自然景观是影响聚落类型的地理空间要素。土地资源要素决定了聚落选址、形态、发展方向。

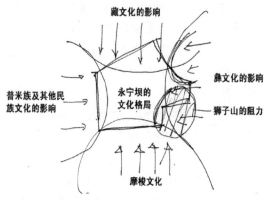

图 5-38　多重文化作用力对泸沽湖地域的影响
（资料来源：作者自绘）

相邻型　　　端头型　　　　　穿越型　　　相离型

图 5-39　道路交通与聚落空间的联系方式
（资料来源：作者自绘）

②文化要素：文化的功能通过文化的物质方面、精神方面、制度方面来控制聚落空间现象的发生发展（参阅第 2 章），传统组织的作用、传统社会控制力、人口规模、劳动力分配、血缘家庭结构是文化要素的控制力（图 5-38）。

我们将土地利用方式看着是人对自然的改造、生计方式变化的过程，是直接影响聚落类型的要素，它反映在人们对土地利用的方式的变化上。人口结构的变化是聚落性质改变的重要特征。它反映在形态影响泸沽湖聚落规模的增长与聚落形态的变化上。劳动力重新分配的方式决定了家庭单元、家族构成部分的变化，以传统院落为基本组成要素的聚落形态会伴随劳动力的分配进行调整，如以伙头、家支的组织层面控制农耕活动的开展，根据组织的分配，聚落空间上被不同级别、面积的农田、核心土地划分，呈现不同的景观现象，土地的利用方式由于组织的安排形成不同的层次，使之产生了聚落形态变化的现象。作为文化要素的形式之一，土地利用方式决定了聚落的组团与结构的发展。土地使用的空间方式与规模，作为土地利用方式的不同影响土地价值的差异。我们看到，历年来泸沽湖地区不同村落由于旅游开发方式的不同，给聚落带来土地价值的改变，如环泸沽湖地区的大落水村与里格村。按照土地利用方式与土地价值的二元关系，可划分三种土地使用类型，为聚落类型的研究提供了参考因素（表 5-1）。

③空间特征：聚落的空间特征由聚落结构与形态两方面构成。泸沽湖聚落的组团方式的布局方式主要以带状及团状为主；建筑院落的形态特征分为原型、变化型、旅游接待型三种典型的外部空间形态。这些空间形态的形成体现了文化要素的变化，如，劳动力的空间转移，向周边地区的转移（利家嘴、拉伯的雇工），历史上的劳工雇佣的方式也影响了泸沽湖的聚落空间特征。

④技术特征：交通方式、基础设施、生产技术等方面构成，分为传统技术特征与现代技术特征两类。这是考量聚落类型的重要指标体系。它反映人们生存对土地依赖的方式、生产资料的利用方式、传统文化要素对聚落形态的控制。技术特征要素构成是属性组合的前提。比如交通凝聚的方式决定了永宁坝空间层次中聚落之间的联系强弱，这个是区别于环泸沽湖地区的主要原因。如（图 5-39）所示，永宁坝聚落系统由各层次的空间要素构成了聚落网络体系。环状网络，由地形决定的，湿地影响网络的边界；村落之间形成网络，交汇

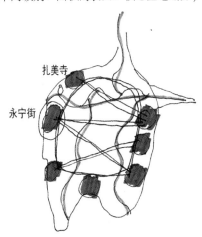

图 5-40　永宁坝的聚落网络体系
（资料来源：作者自绘）

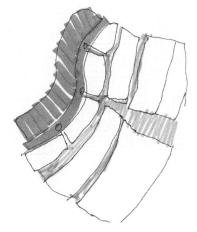

图 5-41　聚落与"水"路网络
（资料来源：作者自绘）

处形成路径节点。由于交通技术的发展，使网络趋于直线；河流形成第三层次的水体网络，在永宁地区成为一横三纵的水网格局（图 5-40、图 5-41）

5.3.4　聚落分类的技术模型

人居环境理论中，吴良镛先生将人居分为五大系统：自然系统、人类系统、社会系统、居住系统、支撑系统。聚落，是少数民族人居环境的居住系统。聚落分类在于厘清以下四方面的关系类型：第一，任何形式的、有形的实体空间环境类型的区别；第二，聚落与自然生态环境关系类型区别；第三，文化系统与聚落关系类型的区别，应反映聚落与人的活动、社会组织、社会结构等方面的关系。第四，为其活动提供支持的、将自然与聚落联系起来的技术系统方式类型的区别。为此，在泸沽湖聚落研究中，将人居环境科学中提出的五大系统中的"人类系统"、"社会系统"合并为文化系统，并明确了"支撑系统"主要关注在人居的技术方面，针对少数民族人居环境系统归为自然系统、文化系统、技术系统、聚落系统四个部分。

决定聚落类型的三大系统要素：

结合人居理论，以聚落（居住系统）为中心，我们将影响泸沽湖聚落类型的系统合并为三大系统要素：一是"自然系统要素"，即由自然地理条件与生态过程的不同形成与决定聚落特征类型的差异性；二是由人与社会构成的"文化系统要素"，即由人们传承下来的观念及物质特性影响和形成的聚落特征差异性；三是技术系统要素，即技术类型通过改变人们生计方式来影响聚落特征类型。三大系统要素有各自的子系统要素（图 5-42）。

形成聚落类型的作用力与约束力——系统要素间的三大关系：是指三大系统要素之间相互联系与影响的关系，这种联系表明它们彼此存在着一致性、共同性、约束性，从而在此基础上形成了某些聚落出现的统一特征，将有共同特征的聚落归类，区分出各种聚落类型。三大系统要素之间的关系有以下三种：一是文化要素体系与自然系统要素体系之间各关系；二是自然系统要素与空间系统要素的关系；三是技术系统要素与文化系统要素的关系（图 5-42）。由于三大关系共同的作用力与约束力，会形成区域内部分聚落有相似的特征，这样我们可以通过分析系统间关系来达到聚落分类的目的。

聚落类型的内部机制——关系程度与导向评价：实际研究中，每两个系统要素间的关联程度是不一样的，并且子系统要素在聚落变迁过程中的主导作用也是不一样的。借助田野调查与分析，辨识各要素间的关联程度，并做出量化评价——关系导向评价。揭示约束聚落类型并使之趋于稳定的主导要素，分析其相互关系影响聚落特征的约束机制，即关系导向评价。

但是，要全面揭示三大系统及其各要素的运行似乎过于复杂，是否有一种更为简洁易行的方式，"把人居环境所面临对的诸多方面和复杂的内容、过程简单化为若干方面，并抓住问题要害"，正如吴良镛先生所比喻的"牵牛鼻子"。我们提出了关键要素遴选的技术路线，找到三大系统要素中发挥主导作用的子要素，来描述各自系统的工作机制。

关键要素遴选：关键要素遴选是通过前期田野调查，结合各学科的综合分析，从三大系统要素众多的子要素中辨识出对聚落特征的形

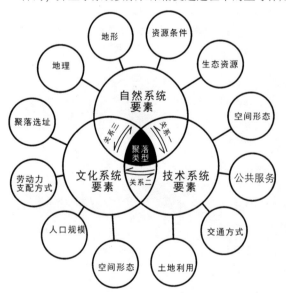

图 5-42　聚落三大系统要素及三大关系
（资料来源：作者自绘）

成有明显作用的关键子要素,这些要素都能代表上层系统要素的特征。

二元关系程度与导向评价:将遴选出的关键子要素两两并置,分析二者相互关系程度,可以推导出每组子要素的关系,以及其对聚落发展的趋同与导向机制。通过关键要素二元并置关系的量化评分,可以找到聚落间的差异,达到聚落分类的目的。在泸沽湖聚落研究中,我们将遴选出的五个关键子要素两两并置,得到了十种二元关系(表 5-2)。二元关系导向旨在描述二者间的相互协作或排斥的共同作用;二元关系程度是指这种共同作用力的大小。

二元要素并列的关系　　　　　　　　　　　　　　　　　　表 5-2

	自然资源	劳动力支配方式	空间形态	人口规模	交通方式
资源条件		01	02	03	04
劳动力支配方式			05	06	07
空间形态				08	09
人口规模					10
交通方式					

(资料来源:作者自制)

在泸沽湖聚落二元关系评价中,二元关系导向用正分值来表示传统型关系导向,负分值为发生转变的关系导向。二元关系程度采用 -5~+5 分的分值来评价,对每组二元关系逐项评分。用每个聚落二元评价的 10 项分值之和来划分该聚落的类型。

5.3.5　泸沽湖聚落类型研究

泸沽湖聚落的二元关系程度与导向评价:泸沽湖聚落的二元评价归类为三个分值段,即 3~5 分、0~3、-5~0。依据关键子要素的导向作用分析,我们将泸沽湖聚落类型分为自然资源依赖型、文化增长型、技术发展型。并在大类中划分亚类。总体上,泸沽湖聚落划分为 3 大类型 8 亚型(表 5-3)。

在泸沽湖聚落研究中,我们遴选出资源条件、劳动力支配方式、空间形态、人口规模、交通方式作为观察点,揭示聚落类型形成原因,描述聚落变迁的方向。

泸沽湖聚落类型与二元评价　　　　　　　　　　　　　　　表 5-3

聚落类型 / 子要素因子	自然资源依赖型		文化增长型			技术发展型		
	冲积扇滨湖亚型	冲积坪平展亚型	宗教亚型	传统商业亚型	土司制度亚型	旅游发展亚型	规划-理性发展亚型	无序发展亚型
01 自然资源-劳动力支配方式	5 分　关系密切。农业为主		1 分　关系较为一般,传统商业			-5 分　关系分离,第三产业为主		
02 自然资源-空间形态特征	5 分　充分适应环境		3 分　拓展文化空间场地			-2 分　改变原有自然格局,过度利用自然景观资源		
03 自然资源-人口规模	5 分　人口规模严格受环境容量约束		3 分　基本与资源条件相关			-4 分　人口规模超过环境容量		
04 自然资源-交通方式	2 分　现代交通基本不影响聚落形态		2 分　传统交通要道,刺激传统商业形态			-5 分　现代交通刺激聚落形态变化		
05 劳动力支配方式-空间形态特征	5 分　传统劳动力支配方式控制聚落空间形态		3 分　宗教等要素支配劳动力的方式保护并强化了部分聚落形态			-4 分　外来劳动力通过技术方式的输入改变了聚落空间形态		

续表

聚落类型 子要素因子	自然资源依赖型		文化增长型			技术发展型		
	冲积扇滨湖亚型	冲积坪平展亚型	宗教亚型	传统商业亚型	土司制度亚型	旅游发展亚型	规划-理性发展亚型	无序发展亚型
06 劳动力支配方式-人口规模	5分 劳动力支配与人口规模成正比		3分 历史上支配其他聚落劳动力			-2分 通过购买农产品转移支配劳动力		
07 劳动力支配方式-交通方式	4分 交通不便,一本村劳动力为主		2分 传统交通要道,贸易方式转移支配其他聚落劳动力			-4分 对外联系交通带来区域以外的劳动力,技术输入		
08 空间形态特征-人口规模	5分 人口规模与聚落传统形态密切相关		2分 形态基本不变,人口规模增加			-5分 空间形态变化大,人口规模增加大		
09 空间形态特征-交通方式	4分 远离主要对外联系道路,形态没有改变		2分 传统交通要道,形成了商业性聚落形态			-4分 对外联系交通对聚落空间影响较大		
10 人口规模-交通方式	4分 人口规模没有变化		-2分 现代交通对聚落人口有一定程度的影响			-4分 现代交通方式是人口增加的直接原因		

(资料来源:作者自制)

　　自然资源条件:作为自然系统要素的关键子要素。对聚落影响最大的要素,首先是聚落周边的自然资源条件,这个要素全面反映自然系统因素对聚落的影响。泸沽湖的田野调查中,我们发现可用土地面积是聚落规模的前提,即可用土地资源越大,聚落规模越大。长期以来,泸沽湖聚落规模与土地资源呈现出较为恒定的正比关系,但目前的旅游开发使这种关系出现了较大的改变,聚落规模不再受土地资源的约束。泸沽湖湿地资源利用也是自然资源条件中很重要的一个因素,传统技术条件下人们通过获取湿地中的生态资源来维持生计。而随着现代技术的引入,人们通过排水工程措施排干湿地来获取土地资源,从而引起聚落规模的改变。广义上,地形地貌因素是影响聚落形态的重要方面,但由于泸沽湖地区聚落的选址在这方面有共同的特征,所以不是形成类型差异的主要因素,本次分析不将它作为观察指标。自然资源要素与其他要素的关系决定了聚落选址、形态、规模、发展方向等特征。土地价值评价可以反映出聚落对土地人口规模与劳动力支配方式是文化系统要素的两个关键子要素。社会结构是文化系统要素得以发挥作用的制度保证,决定了传统社会组织、人口规模、劳动力分配、血缘家庭结构等子要素发挥协同作用,控制聚落空间现象的发生发展。例如,摩梭人的"核心家庭",通过"不分家"的文化约束力造就了摩梭大家庭(一个家庭多达65人),而这种要素会形成明显的聚落空间特质——大尺度的传统摩梭院落。我们可以观察到这种摩梭文化控制力在控制聚落规模增长与聚落形态上的作用。因此,从文化要素体系中,我们遴选出"人口规模"这一子要素作为"关键要素"来研究与描述文化对聚落类型的作用程度与方式。劳动力分配方式是泸沽湖摩梭人社会分工的重要方面:根植于走婚制度的是称为"一梅"家户协作组织;

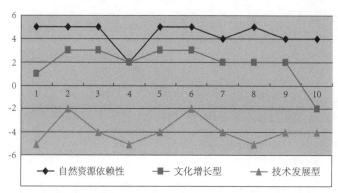

图5-43　泸沽湖聚落各类型二元评价折线图
(资料来源:作者自绘)

而称为"一底"的生产协作组织是摩梭社会协调劳动力分配方式的有效组织保证。劳动力分配方式的改变，不仅反映了文化系统要素的变化，也反映了聚落间关系的改变。

交通方式是技术系统要素的关键子要素。现代交通开始改变摩梭人们的生计方式，从而引起泸沽湖传统聚落形态等方面的改变，将其与其他子要素并置研究，可以推导出传统聚落的现代性变迁的趋势。

空间形态作为居住系统要素的关键子要素。泸沽湖区域内聚落形态呈现出可辨识的聚落变化趋势，将其与其他要素并置评价，可以解释聚落形态变化的真正原因。

5.4 泸沽湖的聚落类型

5.4.1 自然资源依赖型

自然系统要素是该类型的主导系统。周边自然资源丰富，聚落与可用的土地资源之间形成与环境协调的空间格局，聚落与所依赖的自然资源有明显的边界。摩梭文化的控制力较强，保持了传统的生活方式，人口密度与聚落规模基本保持不变，经济水平较低。例如四川境内的密瓦村依靠草海湿地以及村后的冲积扇获取主要的生计资源（图 5-44）。可分为以下两种亚型：

冲积扇滨湖亚型：集中分布于环泸沽湖山脉形成的冲击扇区域，聚落规模受土地条件限制较大，对土地依赖的程度高，劳动力支配方式主要为姓氏家庭为单元的传统方式。生产资料归家庭占有，聚落系统相对封闭。如云南境内的滇放村（图 5-45 左）。

冲积原平展亚型：较多分布于冲积原或湿地改造后形成的区域，聚落规模受可利用土地范围的限制而有所区别，现代生产技术改变了土地利用方式，但生计来源仍然主要依赖自然资源，继续保持传统的农业聚落生态系统。如永宁坝木底箐村（图 5-45 右）。

图 5-44 典型的自然资源依赖型聚落形态（密瓦村）
（资料来源：作者自摄）

图 5-45 冲积扇滨湖亚型聚落与冲积原平展亚型聚落
（资料来源：作者自摄）

5.4.2 文化增长型

文化系统要素是该类型的主导系统要素。受传统文化的控制，聚落突破了自然格局的限制，形成以宗教、土司等建筑为中心的组团格局。其摩梭文化的控制力较强，保持了传统的生活方式，空间上显现出明显的等级差异。人口密度与聚落规模基本保持不变，历史上是整个区域的经济政治中心。例如四川境内的左所（现名：泸沽湖镇）村，传统贸易是主要的生计资源。有以下三种亚型：

宗教亚型：聚落布局体现了向心性，即聚落内部格局以宗教建筑为中心，形成了轴线、宗教性节点、向心性的建筑组团。聚落结构成辐射形组团并逐渐扩散，如永宁坝西缘云南境内的开基村（图 5-46 右）。

传统商业亚型：多是历史上是茶马古道的重要节点，因交通优势与物流通道而强化了聚落成带状分布，布局围绕路径展开，形成有不同功能的组团，是区域内的交换中心，如永宁坝西缘的皮匠街。

土司制度亚型：聚落规模受土司制度的影响较大，内部土地边界划分与院落体量根据等级产生差距，劳动力支配方式主要为以姓氏家庭为单元的传统方式，如永宁坝北缘者波村（图 5-46 左）。

图 5-46　宗教亚型聚落与传统商业亚型聚落
（资料来源：作者自摄）

5.4.3 技术发展型

受现代技术的改变，聚落突破了自然格局与传统文化的限制，形成适合旅游开发的空间格局，明显标志是其聚落规模在短期内增大。其摩梭文化的控制力减弱，生活方式已经改变，空间上显现出明显出资本空间的格局。人口密度迅速增大，成为整个区域的新的经济中心。例如云南境内的大落水村，旅游开发是主要的生计来源。有以下三种亚型：

旅游发展亚型：由于旅游产业的开展而对聚落规模增大产生较大影响，聚落布局针对旅游产业的发展自发调整。缺乏理性规划的调控，劳动力支配方式多为雇佣劳动与自主经营的方式，产业逐渐由第一产业转向第三产业发展，如泸沽湖区域的大落水村（图 5-47 右）。

规划-理性发展亚型：地理位置优越，有丰富的景观资源。曾经处于无序的旅游开发状态而破坏了原有的距离形态。在政府及有关组织的干预下，对聚落进行了规划和有程序的建设，以现代性理念重新塑造了聚落空间，聚落布局成连续带状展开，沿湖边的农田转化为人工湿地，院落组合成适合旅游开发的模数，由原来的家庭单位的院落组团转为以道路沿线布局的空间组织，如环泸沽湖区域的里格村（图 5-47 左）。

图 5-47　规划－理性发展亚型聚落与旅游发展亚型聚落
（资料来源：作者自摄）

　　无序发展亚型：聚落系统由封闭向开放转变，聚落规模因交通方式的改变而逐渐扩大，聚落形态由传统家庭单元组合院落的方式扩展到由道路沿线扩展。对土地依赖的程度降低，劳动力支配方式采用姓氏家庭为单元的传统方式与雇佣劳动相混合的方式，如环泸沽湖区域草海—舍跨冲击坪次空间的聚落。

　　本书在人居环境科学理论框架下，以泸沽湖聚落类型研究为切入点，探索适宜于西南少数民族聚落类型研究的方法，希望这种方法的能反映出影响聚落特征的各要素间协同与约束的运行机制。同时，希望聚落分类的结果能从时间的角度描述聚落发生与发展过程，进而启迪我们对地方性聚落今后发展的思考，以应对全球化趋势对地域文化的侵蚀。

5.5　聚落的结构与形态

　　任何一个整体、一个系统或一个集合都具有自身的结构。泸沽湖聚落空间作为一个系统，也有其独特的结构。国内外有关事物结构的研究方法丰富多样，其中，法国的结构主义作为西方当代著名社会思潮对事物及其结构的研究尤为深入和全面，通过对结构主义所倡导的思想和方法的深入了解和研究，将对这个部分的空间结构的研究有很大启发。

　　泸沽湖区域空间形态属于横断山区域形态研究的一部分，但内容和研究对象更偏重于与泸沽湖空间构成有关的各方面。它不仅仅指泸沽湖的总体空间布局形式以及泸沽湖中街巷、水网、聚落等物质要素的格局、肌理、风格等有形的表现形式，还包含了更深层次和更广泛的非物质内涵。它受到当地自然条件的制约，记录和反映了区域发展过程中的社会制度、经济水平与文化思想等各方面的历史信息，体现了在一定的历史条件下人的心理、行为与泸沽湖聚落空间的互动关系。研究对象包括泸沽湖聚落空间及建筑空间的形式特征，功能区域的组织方式，受居民生活方式、文化观念、宗教制度影响而形成的泸沽湖聚落特色与空间氛围。

5.5.1　聚落的结构类型

　　导向聚落形态发展方式的不同的作用力，包含了自然地形要素、土地利用与分配、水体环境要素、交通凝聚等因素，根据因素的空间作用不同，导致聚落结构的不同，基于类型学的分类方式，可对泸沽湖地域的聚落结构进行归纳（图 5-48）

　　1. 鱼骨生长型聚落结构：聚落形成较早，山体与冲积扇的湿地或海子间的狭长地带分布。由于用地条件有限，道路沿聚落中部呈穿越型，连接两侧院落组图。聚落结构以单一的道路作为中心向两侧发展。如永宁坝区域的达坡村、忠实村（图 5-49、图 5-50）。

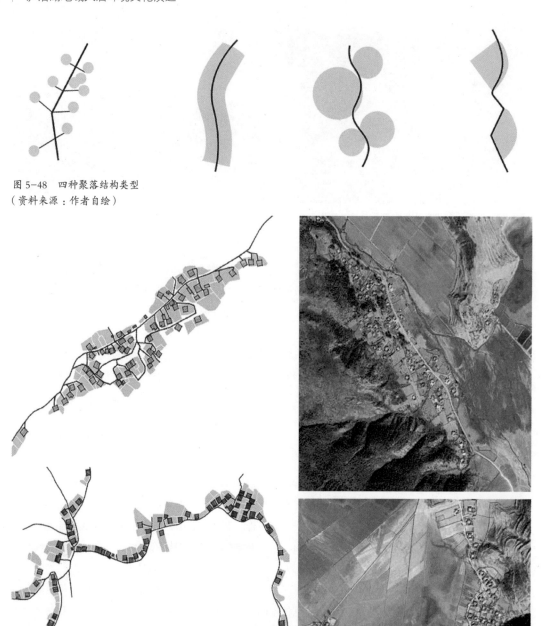

图 5-48　四种聚落结构类型
（资料来源：作者自绘）

图 5-49　鱼骨生长型聚落结构
（资料来源：作者自绘）

　　2. 带状延展型聚落结构：与鱼骨生长型聚落形态比较接近，聚落组团的发展方式以用地的带状范围向周边延展，而不以单一的道路向两侧生长。以可用土地的边界作为聚落形成的边界，结构关系单一，各个院落单元与核心土地呈现出并列关系。如竹地海子区域空间里的竹地村（图 5-51）。

　　3. 扇面生长型聚落结构：聚落沿大面积的冲击坪坝、冲击扇面分布。空间结构较复杂，包括以道路为主的带状结构与团状向周边拓展的结构方式。结构组合方式呈现出带状并列、鱼骨生长式的结构等多种结构关系，院落组团沿不同的内部结构进行组织，院落组团间产生了多个节点，聚落具有中心区域。用地条件充裕，道路与沿聚落空间关系包含了穿越、相邻、相离等类型。聚落结构以内部院落组团的分户与并列不断调整。如永宁坝区域的者波村、环泸沽湖的舍夸村（图 5-52）。

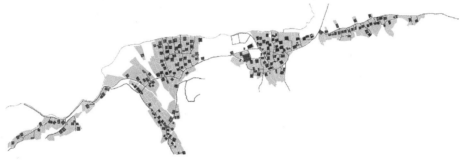

图 5-50　扇面生长型聚落结构（一）
（资料来源：作者自绘）

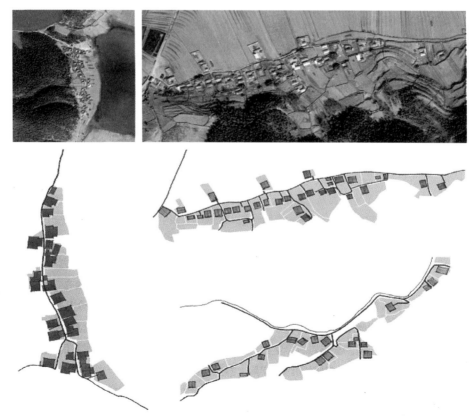

图 5-51　带状延展型聚落结构
（资料来源：作者自绘）

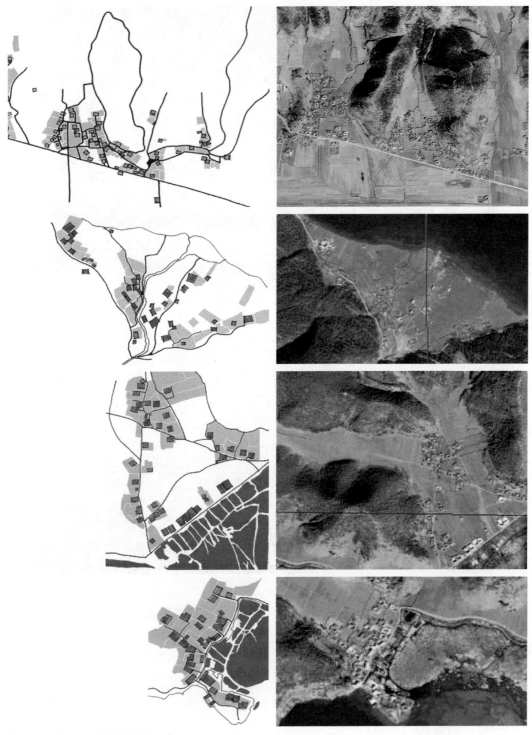

图 5-52　扇面生长型聚落结构（二）
（资料来源：作者自绘）

4.团状扩散型聚落结构：聚落形成受到不用的文化作用力的影响而产生了结构的复合性，聚落规模较大，沿山体与较大的冲击坪的湿地或海子间的空余地带分布。由于用地条件与交通要素的不断改变，道路的穿越改变了沿湖发展、沿山脚发展的单一方式，聚落组团逐渐转移，并分解为多个团状组团。聚落结构更呈现出明显的复合性。如环泸沽湖的蒗放村、中洼村、凹夸村（图 5-53）。

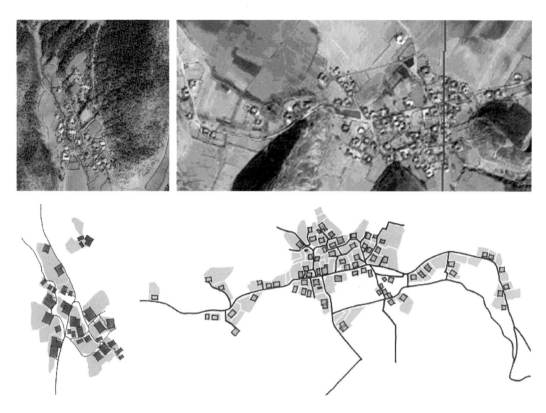

图 5-53　团状扩散型聚落结构
（资料来源：作者自绘）

5.5.2　聚落形态与文化要素

通过第 3 章中对摩梭文化现象的解读，以上对聚落空间结构与文化要素间的关系进行研究，得出不同层面的文化要素控制不同的空间范围、社区的层次——不同空间层面的文化的作用。

泸沽湖聚落系统中的演变体现了文化创造的可能性，改变由单一的决定的自然资源的能量汇集与利用方式，在更广泛的地区分配能量资源。改变了土地单一的性质与利用方式，创造各种土地利用的可能性，旅游对聚落也产生影响。这些反射出文化系统对自然空间的适应与改变。其中，包括土司制度、血缘组织为基础、宗教辐射下的不同聚落形态（图 5-54）。

图 5-54　土司制度影响下的聚落形态
（资料来源：作者自摄）

四种结构原型的分析是结构要素拓扑关系的分析结果，而拓扑结构的分析是以更抽象的方式将四种原型统一起来。另外，由于空间结构与空间形态从来都是聚落空间不可分割的两个方面，形态是表象，结构是深层的规律。因此，在对聚落的空间结构进行解析的同时，离不开有关空间形态的论述。

聚落结构深受文化的力的控制，文化要素的作用层次从基本的家庭单元以此向上发展为共同历史与族源。不同自然地理空间单元受到不同的文化要素作用层次。

5.5.2.1　文化要素在院落空间中的作用

在摩梭文化要素中，文化要素的作用层次由最基础的个人角色发挥作用，在家庭中突出母亲女性的地位，造就了以摩梭院落为建筑原型的、突出血缘关系的社会等级的核心土地的自然地理空间单位。院落布局体现家庭地位高低，泸沽湖周边聚落生态系统的转变，基本没有受到外来行政力量最有力的干预，因此，母系制的家屋文化是主要的调试力量，在促进转变，解决冲突的过程中，家屋文化本身也发生着变迁。其次，家屋解决冲突的功能逐步让位与村委会和村规民约，经过近数十年的制度化建设后，求助于自己的母系家庭的情况已经发生了变化，以核心土地为单元的土地边界发生改变，分家再组家庭的方式是院落单元的分解与再组的过程。

5.5.2.2　文化要素在聚落群组中作用

文化对聚落空间的控制力，可以体现在环湖落水村村民制定的《村规民约处罚条例》上。可以"自发性的制度化力量"对应到聚落空间的每一个层面上来（表5-4）。

文化要素的作用在单元空间的作用关系　　　　　　　　　　　　　　　　　　表5-4

单元空间名称	人口数量范围	单元空间区划	自然地理空间单位	文化要素的作用层次	社区等级
个人	1			个人角色	角色
院落	2~8		核心土地	母性的地位	血缘关系
自然村	100	个	冲积盆	姓氏家庭	
聚落群组	800~1500	群	半封闭的生态空间	伙头、家支（施尔）	
		组	小流域与分水岭		
聚落圈		环泸沽湖、环永宁坝、竹地海子	单个封闭的生态圈	氏族组织（尔）	
泛泸沽湖区		泸沽湖镇及永宁乡	有关系的生态圈	土司制度与宗教	
摩梭文化区			相互独立的生态圈	摩梭族	
纳西族群文化区			同一的地理类型	共同历史与族源纳西族	

（资料来源：作者自绘）

5.5.3　聚落空间结构的演化

5.5.3.1　院落空间结构的演化

院落的空间结构基本构成是：祖母屋——核心土地——地块

泸沽湖聚落空间各层次要素存在由简到繁、由小及大逐级向上的构成关系，具有这种构成关系的结构原型是摩梭文化雏形的祖母屋。它体现了空间要素在静态构成关系上的层次性。

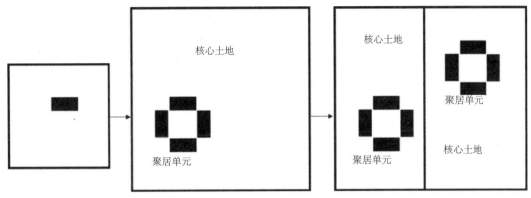

图 5-55　聚落单元的演化
（资料来源：作者自绘）

　　泸沽湖聚落空间的逐级构成关系十分明显。虽然，泸沽湖区域的聚落空间形态差异并不显著，但其最基本的构成单元还是"一明两暗"的"间"空间，经由"间"的转化组合进而形成聚居单元，聚居单元与核心土地组合形成院落组空间，院落组空间再分化形成街巷空间，这样一步步最终形成聚落的主体空间（图 5-55）。因此，祖母屋──合院──院落组 + 核心土地 + 街巷──聚落，这一系列的空间要素的结构原型就是聚落空间序列。以下就聚落空间结构的各层次要素进行了分解：

　　"间"空间："一明两暗"仍为泸沽湖区域最基本的建筑空间，祖母屋乃至经房皆由其构成："间"在进深和开间上可以发生变化，但矩形的空间模式一般不会变化。

　　合院空间：由间空间经过转换组合而形成，一般"间"旋转 90°后，形成女儿房、经房，"间"与"间"围合形成"院"，常见有"口"、"L"、"门"几种合院形式，这是一般摩梭家庭居住的空间单元。泸沽湖区域聚落合院一般以三合院和四合院为主，"L"形合院相对较少。间与间空间组合而成的合院空间将是建筑序结构产生的基本单元。

　　核心土地：一般前后为院落空间周边家庭农业核心用地，用地面积根据家庭人口规模而定，满足最基本的内部人口使用，左右为巷空间，是聚落基本的土地用地单元。其入口方式一般为前后式，少数也有采取侧入式的。

　　院落组：当内部家庭人口扩充，原有宅院空间不足以满足人们生活和功能的需求时，便采用分户的形式新建院落，形成以家庭血缘结构为单元的院落组团，与核心土地构成院落组。院落组常根据家庭单元的重组与分组横向发展形成二到三组院落组团。

　　街巷：由数个地块构成，当其组成区域到达一定范围，巷不能满足交通和生活的需要时，纵横交错的街道出现，并成为街巷划分的界线，核心土地与巷道空间成为街坊空间的构成部分。

　　最后，几个街坊通过道路交通系统的组织构成了聚落区的主体。由"间"到聚落区的一系列空间要素是泸沽湖聚落空间主要的物质构成体，它的结构原型──聚居单元也是泸沽湖聚落空间结构的基础。

5.5.3.2　聚落空间结构的演化与发展

　　聚落生态系统的边界，是聚落生态系统与其他聚落生态系统分割资源的分界线，是关系到两个聚落共同发展的关键性因素。由于泸沽湖周边的聚落生态系统以村落为组织形式，在聚落生态系统稳定的情况下，聚落的核心明晰。随着聚落生态系统中各种要素的输入，能量流发生变化，聚落的活力增加，就会导致核心区扩大。自然生态过程体现了能量输入与输出，对聚落布局最大的影响就是聚落分布，因为聚落选址现象是对自然过程的利用。

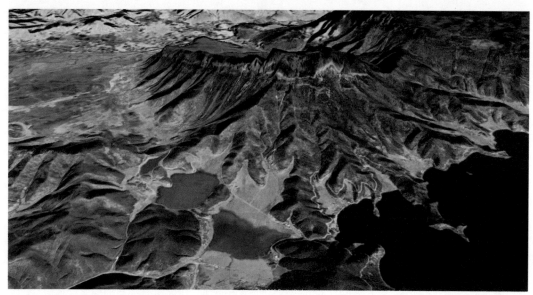

图 5-56　地质成因影响下的能量转移，形成特殊聚落空间现象
（资料来源：global mapper 泸沽湖地区卫星图）

比如，泸沽湖北面的狮子山与木底箐大山之间构成两个层次的环状空间，在生态上形成了独立的生态系统。由于这个独特的地理形成过程，造就了能量系统，有独立的输入、输出、汇集、储存的过程。聚落选址有自己的逻辑性较强的生态规律，这个过程基本不受外空间系统的影响。呈现"简单"的形态（见第 2 章）。由于地质成因，生态系统在"高阶地区域"内界定了生态要素构成方式，并通过河流、地表径流汇集在各个生态基质中去。"塌陷核心区"是能量汇集的方向，这就不难理解聚落在此汇集的原因了。生态基质，"泸沽湖文化圈"与封闭生态圈正好重合，这个现象我们称为"哺育聚落"的过程，是形成特殊聚落空间现象的内在原因。

能量的输入：汇水面大小决定带来的有机物的方式与规模，决定了可获取的自然能量多少。

能量的汇集：冲积扇与土地面积。影响聚落的形态：建筑选址尽量不占肥沃的低地，靠近山边分布。流出水道，尊重自然过程。

能量的储存：湖、湿地，是聚落重要的生活资源。

聚落空间结构的演化与发展的过程就是能量的循环的过程（图 5-56）。

1. 泸沽湖聚落的初始时期

在泸沽湖聚落形成的初始时期，自然地理条件的选择成为聚落形成的首要条件，能量汇集储存的区域作为聚落选址的区域，建立聚落过程由点、线、面的方式展开。点作为定居的基本单位，以单体建筑、院落的方式建立。

2. 泸沽湖聚落的成熟时期

对自然地里空间约束的改变，是泸沽湖聚落经过初始时期后一种重要的转变，基于地理条件的自然选择，在聚落发展中演化为调控条件、优化土地使用的空间手段，核心土地的组合方式适应转变的过程。

随后，母系家庭的建立与分化形成单元的分离与重组，单元之间的土地，作为家庭之间分界与财产的划定而调整，逐渐演化为比较稳定的土地聚落单元（核心土地与院落）组合关系，延伸拓展为占图据能量汇集集中区域的聚落组团，并分布于泛泸沽湖区域的各个山脉的冲级坪与盆地之间，这些聚落组团共同构成泛泸沽湖区域内的各条空间廊带。进入泸沽湖地域的聚落系统发展成熟时期（图 5-57）。

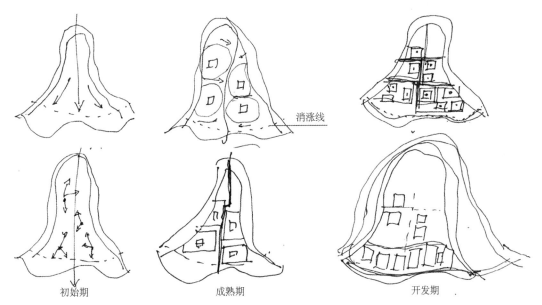

图 5-57　聚落空间结构演化过程示意图
（资料来源：作者自绘）

　　目前，在周边文化的多重作用力之下，政府建设、旅游开发与发展等直接的空间手段使正处于成熟时期的聚落转向发展的新阶段。从调查研究的分析，永宁坝周边聚落在宗教、土司制度等文化作用力下，发展相对稳定，从近十年来看，聚落规模与形态没有发生根本性的改变，维持着聚落空间的基本模式与结构关系。另外，地理空间的"链接"，交通作为能量的转移通道，相互"链接"的方式也使永宁坝聚落区别于环泸沽湖区域聚落。

　　3. 泸沽湖聚落的开发时期
　　现代理性规划的介入，是使泸沽湖聚落发展改变的重要因素，文化作用力的受力方向不同，使环泸沽湖的聚落在空间和文化形态上都产生了新的内容，从而使泸沽湖聚落的演化进入了侧重旅游行为的发展阶段，以里格村和大落水村为典型（图 5-58）。

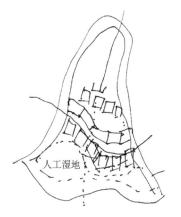

图 5-58　现代理性规划对空间结构的布局调整
（资料来源：作者自绘）

5.6　泸沽湖聚落的职能分布

　　聚落经济活动类型划分是确定聚落在系统中起到的职能。一个聚落的全部经济活动，按其服务对象来分，可分成两部分：一部分是为本地（有可能是其他聚落）聚落的需要服务，表现为每个聚落的人均农业生产收入。另一部分是为本聚落以外的需要服务，主要体现在其二、三产业的人均收入。

　　泸沽湖聚落经济活动的为外地服务的部分，是从聚落以外为聚落所创造收入的部分，它是确定聚落职能的主要指标，是聚落转型发展的经济基础。这一部分经济活动称为服务型活动部分，它是导致聚落变迁的主要动力。基本部分的服务对象都在聚落以外，例如，聚落生产的手工织锦产品、旅游、购物服务等。

　　满足聚落本身需求的经济活动，我们称为生计型经济活动，主要指农业生产活动。细分也有两种，一种是为了满足本聚落的需要；另一种是为了满足其他本地聚落对农产品的需要。图为 2006 年与 2007 年云南泸沽湖区域聚落种植业、二、三产业在人均收入中的比例。从中我们看到大多数聚落的人均总

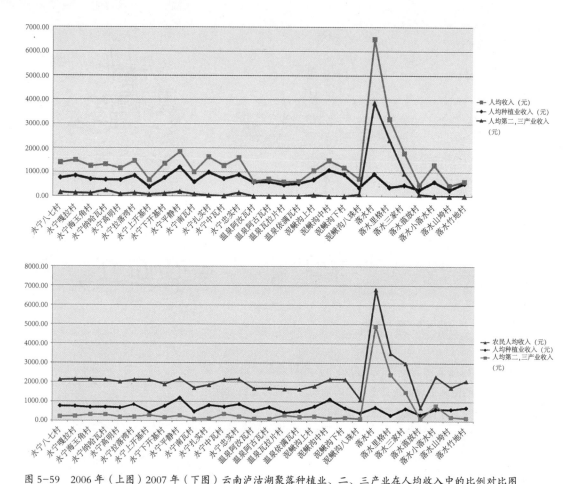

图 5-59　2006 年（上图）2007 年（下图）云南泸沽湖聚落种植业、二、三产业在人均收入中的比例对比图
（资料来源：作者自绘）

图 5-60　转型期的里格村聚落形态的无序变化
（资料来源：作者自拍）

收入主要由种植业收构成，这类聚落我们称之为"生计型聚落"。其中，大落水、里格、三家村等聚落二、三产业（主要是旅游业）大大超过了种植业的收入。另外，对比 2006 年与 2007 年一年的变化，可以看到种植业几乎没有发展，但二、三产业与人居总收入有了较大的发展，这说明，其经济活动的性质在发生变化，最终会引起聚落性质的变化（图 5-59）。

　　一个聚落，如果其经济生活中服务型活动部分的内容和规模日渐发展，这个聚落就呈现发展趋势，那么这个聚落性质就无可挽回地要趋向转型。三产从业人员的增加、聚落服务型经济活动所引起的这样一种放大的机制,也导致聚落形态的无序变化。这是泸沽湖聚落经济活动发展中值得重视的现象(图 5-60)。

我们将泸沽湖聚落职能划分两类职能:提供生计职能的聚落与提供服务职能的聚落。

5.7　泸沽湖聚落规模分布

我们将泸沽湖区域中大小不等的聚落,按人口多少分成等级排列,就发现有一种普遍存在的规律性现象。聚落规模越大的等级数量越少,而规模越小的聚落等级,聚落数量越多。把这种聚落数量随着规模等级而变动的关系用图表示出来,形成聚落等级规模金字塔。金字塔的基础是大量的小聚落,塔的顶端是一个或少数几个大聚落。聚落金字塔给我们提供了一种分析聚落规模分布的简便方法。只要注意采用同样的等级划分标准,对不同时期的聚落规模等级体系进行对比分析,就能够从中发现聚落分布的特点、变化趋势(图 5-61)。

2006 年聚落规模排位显示,虽然大落水、里格、平静村等聚落在经济上有绝对的优势,但在人口(户籍人口)规模上,受土地条件与文化传统习俗的限制,在规模排位上没有体现出优势(图 5-62)。

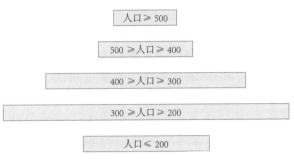

图 5-61　聚落规模金字塔
(资料来源:作者自绘)

农业人口(人)

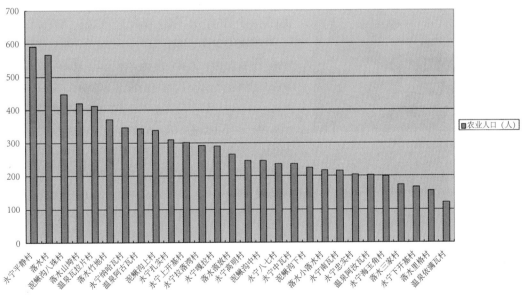

图 5-62　2006 年聚落规模排列
(资料来源:作者自绘)

5.8　建筑类型与形态

5.8.1　建筑类型

我们将建筑的本质看成是文化系统中各个要素关联的产物。在这个系统中,文化的某些特质决定了建筑形式,而类型包容了整体的文化要素的信息。我们看到由血缘家庭这个文化要素决定了祖母屋的建筑形式，它归于某个建筑类型，而这个建筑类型是由文化要素的组合来决定的，反映的是它指向的"人地关系"，从社会学的角度看来，它是生活方式的结果。由此，我们可根据摩梭传统民居建筑形式所反映出来的深层民族文化内涵，其中包括氏族的宗教信仰、生活习惯、民族心态、伦理制度等文化要素，以及与当地的自然环境、生产力的发展水平及经济的发达程度的联系关系进行归纳分类，按照前文提出的"要素组合"的分类方法，摩梭传统民居可分为原型建筑、文化影响型建筑、技术改变型建筑三种类型。

5.8.1.1 原型

原型建筑是自然资源依赖型聚落的主要组成单元，在泛泸沽湖区域内分不较多（图5-63）。这类民居建筑直观地反映了摩梭人对自然地理空间要素与土地利用的方式。建筑空间布局与原始宗教信仰、婚姻形态和家庭组织相适应。原型建筑一般为四合院，每一个院落是由一个大院坝和围在其四周的祖母屋（有的学者称正房）、女儿房、经楼和牲口房组成。原型建筑院落表现血缘家庭内涵的四合院。这种建筑型制是游牧向农耕过渡中逐渐沉淀下来的，围地的墙表述了"占地"的意象。围合封闭的院，只有农耕定居才能有的形式，泸沽湖的院落型制正是氐羌民族从游牧向定居农业过渡这个转型期产生的，经历了一个漫长的时间定型下来的一种基本的建筑类型。

原型建筑院落中除了祖母屋是一层建筑外，其余三幢建筑一般为二层楼房（图5-64）。院中的经楼、女儿房和牲口房的底层，安排为粮仓、畜厩、柴房、大门等；摩梭人家的祖母屋（正房）朝向通常是坐西向东，而经楼所在厢房是坐北向南。摩梭人认为，在四个方位之中，东南为佳，因此，两幢最主要的建筑摆在此位；摩梭人民居庭院（天井）很大，一般为几十平方米，有些甚至上百平方米。宽敞的庭院，充分获取阳光的照射，为一家人提供了良好的生活劳动场地。

在摩梭民居的4幢建筑中，祖母屋（正房）的布局最复杂，功能最多。母系家庭白天都在这里活动，只有到了夜晚，成年妇女才回到自己的客房中等待自己的"阿注"的来访。而老年妇女、未成年的孩子以及年迈的男子仍住在正房之中。正房是摩梭人母系家族活动最集中的场所，也是最能反映摩梭人居住形态的大舞台。

女儿房（花楼、阿夏房），摩梭语称"尼扎日"，花楼通常与祖母房相对，供年轻女子居住，以便于单独结交男阿夏。底楼主要存放杂物，楼上分隔成2至4间小房，在这些小屋里，仅有一个取暖火塘及木床，除女方的竹衣箱以外没有任何私人用具、炊具及财物，装饰华丽。楼梯设在底层走廊中段，靠楼梯间的楼板平面上有一横杠封住上楼进口。

图5-63 原型建筑院落
（资料来源：作者拍摄）

1. 祖母屋（正房） 2. 女儿房（花楼、阿夏房）
3. 经楼（经堂） 4. 门楼（草楼）5. 天井

图5-64 原型建筑院落的平面布局
（资料来源：03级学生测绘完成）

经楼（经堂），摩梭语称"嘎拉日"，坐西朝东，上层是经堂的核心，在此举行宗教仪式，也供本家僧侣念经修习之所，同时家中如果有人出家做喇嘛，便住在这里。楼下住单身男子或客人，楼上专辟一间洁净的房间作家庭经堂。经堂神龛上供奉菩萨造像，板壁上绘莲花、海螺、火焰等图像。案桌上供长年油灯和净水碗，每日清晨换一次。家庭经堂除僧侣和贵宾外，其他人均不得使用。

图 5-65　文化影响型建筑　　　　　　　　图 5-66　技术改变型建筑
（资料来源：2008 年作者自摄）　　　　　（资料来源：2008 年周秋行摄）

门楼，也称草楼，以庭院大门相配套。门楼下层是牲畜圈，上层堆放草料，摩梭人喜欢饲养动物，往往一家院子里有牛、马、鸡、猪、狗等多种动物杂处。院门常常设在门楼正中，或在门楼与花楼的夹角处。

原型建筑的四合院直观地反映了摩梭人对自然地理空间要素与土地利用的方式，以及与摩梭文化中的婚姻形态、家庭组织和原始宗教信仰的投影关系，是母系社会的一种形式载体。研究摩梭人的原型建筑形式和生活方式后，我们会发现，他们虽生活在低度的物质文明之下，但却又过着高度发达的礼仪生活。

5.8.1.2　文化影响型

文化影响型建筑是自然增长型聚落的主要构成者。这类民居建筑已经降低了对自然地理空间要素的依赖以及对土地的利用，建筑的空间布局与形制明显地受到藏传佛教和土司制度的影响，经楼成为院落中最主要的建筑单体。文化影响型建筑多为四合院，同样由祖母屋、女儿房、经楼和牲口房组成（图 5-65）。这类建筑院落表现为宗教信仰与土司制度内涵的四合院。这种建筑型制是在定居农业中逐渐衍生出来的一种建筑类型。

5.8.1.3　技术改变型

技术改变型建筑是旅游发展型聚落的主要组成（图 5-66）。这类民居建筑集中反映了人们生存对土地依赖的程度进一步降低、生产资料的支配方式转移以及传统文化要素对建筑形态的控制力减弱，建筑的空间布局与形制明显地受控于旅游经济的发展、通达便宜的交通以及现代技术的影响。技术改变型建筑多为类四合院，有的院落还可以看到祖母屋的存在，但祖母屋的文化功能正渐渐地消失；有的院落中已经找不到祖母屋、女儿房、经楼和牲口房的传统组成，取而代之的是四栋客房建筑。这种类型的院落平面被放大，院坝面积可达一两百平方米，建筑体量可以是原型建筑的两倍乃至更多。技术改变型建筑院落表现为文化侵蚀内涵的四合院。这种建筑型制是在现代旅游开发中逐渐变异出来的一种建筑类型。

5.8.2　建筑空间序结构

5.8.2.1　"序"的定义和特性

建筑空间的深层组织规律——结构，不但有以共时性为前提的构成关系，还存在以历时性为基础的次序关系，如先后、主次、大小、高低等，这些关系是建立在空间要素的差异性和比较性的基础上的。

建筑空间要素之间的关系既有同一性的一面，又有差异性的一面，对差异性的研究有助于全面深入地了解空间的结构。正如瑞士语言学家索绪尔（Ferdinand de Saussure）所强调的，"每个词的意义在于它本身的语音和其他词的语音差异中的结构感"，空间要素的意义是通过与其他要素的差异所体现出来的。对各种次序关系的研究，正是基于空间各要素之间的差异性，将它们对立起来进行比较，从而发现空间结构的另一种深层规律。

皮亚杰（Jean Piaget）提出的三种数学原型之一"网"（英文为 Lattice，《结构主义》，一书中译为"网"），实际应翻译为离散数字的概念"格"，"格是抽象代数字的重要概念，主要研究集合的次序与包含等性质"，"'网'用'后于'和'先于'的关系把各成分联系起来，因为每两个成分中总包含有一个最小的'上界'和一个最大的'下限'"，这实际说明了事物中的任何每两个要素之间都存在比较性的次序关系。由于通常使用的"网"这个词易造成人的误解，而"格"又未能得到广泛的应用，因此，为了理解和准确，在本文中不妨将"网"用"序"来代替和简化，使"序"与"次序"一词相对应。"序"在《辞海》中的定义：次第，引申为按次第区分、排列。在本文中，"序"是研究事物关系的各种以历时性为基础的次序结构的原型。"序"是一种特殊的结构，其主要关系不再是逆向性关系，而是相互性的比较关系[98]。

5.8.2.2 "序"的内容

建筑空间要素之间的各种比较性的次序关系的结构原型就是"序"。这些次序结构包括以下三个最基本的方面：以空间要素的历时性先后关系为基础的空间演化，以空间要素的历时性流线关系和共时性位序关系为基础的空间序列，以空间要素的共时性主次关系为基础的空间等级。从物质要素的层次来看，把摩梭建筑分为间、单体、院落三个主要层次。每个层次上的"序"都是三种次序关系的复合。另外，序结构的分析是建立在文化要素影响与控制的基础之上进行相互比较的，因此，本章有关文化决定序排列的相关论述较多。

"间"是文化影响与控制下的"空间单位"，是承载文化要素的最基本的空间，是限定人的文化核心行为的最小区间。"间"是摩梭建筑空间序结构的核心，它通过一定的序排列构成建筑单体空间之序，建筑单体通过一定的序排列构成院落空间之序。与此同时，"间"所承载的文化要素以及折射的社会构成之差异，是划分摩梭建筑类型的一个重要标尺。因此，分析摩梭建筑空间序就必须从分析"间"开始，本小节将以祖母屋为例解析其建筑内部空间之序（图 5-67）。

祖母屋又名正房，摩梭语称"依咪"，是家庭集中饮食、议事、祭祀及老人儿童住宿等承载一系列文化核心行为场所，因而其结构较为复杂。屋后设夹壁，直通后院，分隔成里外两间，里间储存粮食和肉食，兼作老年人的起居室；外间存放农具杂物，人去世后，尸体停放于此，妇女也在此生育、"坐月子"——这是承载"人的生和死"的"间"。正房左侧为家庭主妇的居室兼储藏等。在正房的正中间屋内设有高灶台，两侧装有木板，可供人睡。灶台顶角有一神龛叫"梭拖"，上面放置神像、花瓶和供品——这是承载氏族神灵崇拜的"间"。高灶台下方设火塘，设置锅庄石和平台，

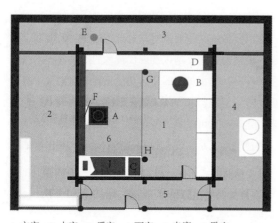

1. 主室；2. 上室；3. 后室；4. 下室；5. 走廊；6. 卧室
A. 下火塘；B. 上火塘；C. 储物柜；D. 斯图（角角神）；
E. 储贝坑；F. 让巴拉（灶神）；G. 男柱；H. 女柱；J. 祖母床

图 5-67 祖母屋建筑空间序分布图
（资料来源：学生测绘完成）

图 5-68　祖母屋上火塘上方位
（资料来源：作者自摄）

图 5-69　祖母屋下火塘
（资料来源：作者自摄）

壁上供有泥塑或硬纸画成的图像，上有日月星辰、火苗、海螺、金银元宝等，摩梭人称"冉巴拉"，即灶神，一日三餐例行祭祀——这是承载"原始信仰、人神交流"的"间"。火塘两边，均铺木地板，火塘周围的座位秩序，是家庭与社会组织结构的空间反映。火塘"上方"，即靠近祖宗牌位的一方（图 5-68），是当家的妇女（也称"达布"）的座位，其他座位，妇女们可按年龄的长幼排序。男子们则坐在火塘的"下方"（图 5-69），这种尊卑关系是摩梭人女权社会的反映。——这是承载"家族礼仪"的"间"。房中有两根大柱子，左为男柱，右为女柱。摩梭人在吹这两根柱子时必须用一棵树，顶上一节为左柱，根底一节为右柱，象征男女柱生同根、存同基，团结一体。在举行成年礼仪时，男的在左柱旁举行，女的在右柱旁举行——男女柱周边区域则是承载"氏族繁衍生息"的"间"。

　　火塘作为祖母屋建筑内部空间的核心，大致可分为三种：木三脚架式火塘，木构或铁悬垂式火塘，以及三石鼎足式火塘。西南高海拔山区的诸多民族，如纳西族、羌族、彝族、白族、普米族等大多使用三石鼎足式火塘，铁器普遍使用后，出现铁三脚架火塘。火塘上被赋予了丰富的文化寓意，神灵崇拜，多元化的象征，家族的礼仪，以及各种祭祀与禁忌，同时也衍生出与火塘相关的文学艺术。

　　摩梭人家中的火塘，诠释了火塘文化的各个层面：从火塘方位的占有中，反映出不同民族社会文化的差异。男权社会，女权社会，或是男女权都没有占绝对优势的社会中，其社会文化背景、人际关系等都在其中得以反映。火塘既是人们日常生活的一个中心，同时又是社会文化的一个缩影……火塘的神灵群反映了一个从自然崇拜到祖先崇拜及其他神灵崇拜的原始宗教意识的演变序列，这一序列是与人类社会形态和社会组织的发展相一致的。摩梭人的祖母屋与火塘的关系，相比之下最完整地表达了火塘文化及其建筑学意义："摩梭人正房"，也称"一梅"，其正中处安置两个火塘，在左方的称"瓜窝"（即上火塘），右方的称"客咕"（即下火塘），先挖火塘坑，然后用石块砌成方形坑塘，坑塘内要放专门从象征女神的狮子山上取来的叶子土，火塘内埋一雕绘精美的陶罐，内放有各种象征意义的树枝、火镰火石、彩石等物件，称为放"火心"。火塘是尊贵而神圣的，火塘具有精神方面的神秘意义，它是诸神灵和祖灵盘踞来往之地，是人们与诸神和祖先心灵沟通的地方，所以火塘又是家庭的象征（图 5-70）。

　　泛泸沽湖区域的摩梭人是保留着古老母系社会结构的惟一民族，妇女在家中有着高尚的权利和义务，妇女居住在院落的中心——安置火塘的"一梅"之内，如守护者一般日夜看护象征着祖先的火塘。所以有火塘的居室便在整个摩梭人的一进院或二进院的住宅的总图布局中有着重要的位置，摩梭人把有火塘的房子称为"一梅"，即是祖母屋的意思。一般而言，祖母屋坐西向东，房门面对庭院，这样可以迎纳更多、更长的日照。坐西向东的朝向在西南高海拔山区民居中普遍存在，这与天文辐射、昼夜温差、地理纬度、主导风向等构成的气候因素密切相关。祖母屋坐西向东，院门取向往往与地

图 5-70　祖母屋上下火塘
（资料来源：作者自摄）

景物象、聚落布局有关，永宁乡泸沽湖一带的传统摩梭民居的院门和院落轴线通常是要和湖东北岸的狮子神山发生关系的，狮子山是摩梭人心中的生命之源和自然崇拜的对象。祖母屋是整个院落建筑群里形制最高、空间最丰富的屋舍。祖母屋营造时采用了井干建筑基本单位衍生叠加的方式，使之具有更好的抗震性和稳定性，同时形成了复合框套的集中式空间，这样的空间不仅符合抵御高海拔山区昼夜温差大的建筑物理环境要求，同时有了基本的序列主从与等级关系（表 5-5）。

　　分析作为"间"的"一梅"与祖母屋内部空间的序列关系，可清晰地看到"间"在摩梭建筑空间的核心主导地位。因此，"间"是建筑空间之序的最小的基本空间单位，同时它也承载了摩梭文化中最基本的文化要素。

祖母屋内部空间的序列关系　　　　　　　　　　　　　　　　　　　　　　表 5-5

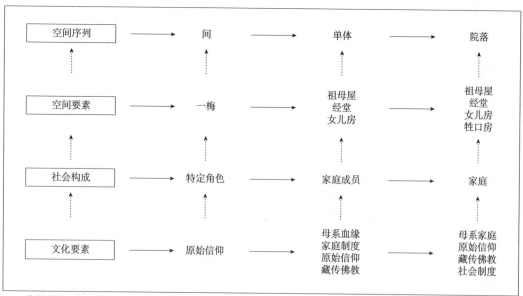

（资料来源：作者自绘）

　　以"间"为代表的建筑单体与院落、核心土地是虚与实、图与底的关系，无论在空间的演化方面还是空间的序列和等级方面，两者的序都是交织在一起、相辅相成的；另外，两者的叠加是摩梭人生活最基本的空间，更是聚落区域空间的最主要的构成部分，影响着聚落整体空间的生成，两者的序更是聚落整体空间之序的局部体现。

5.8.2.3　建筑空间之序

摩梭建筑的空间序列与其社会形态、家庭结构是相对应的，一般都是一个母系大家庭住在一个四合院里。一座完整的四合院由祖母屋、经楼、女儿房、门楼构成。上文论及的摩梭建筑，它包括的建筑类型有原型、文化影响型和技术改变型，三种建筑类型都有自身的序列结构，彼此存在着一定的差别（表 5-6）。

原型建筑空间序结构特点：建筑一般选址在较平整的基础上建造，各功能房布置也都有明确的规定，一般坐北朝南，建筑空间布局大体相同，其建筑序结构，与原始宗教信仰、婚姻形态和家庭组织相适应。实际上，在这房屋方向位置的规矩中也寓于了摩梭人的宇宙观。祖母屋作为住宅的核心，主导院落空间，形制地位高于一切。

摩梭人依山傍水而居，一般面湖开门，侧立面都比较封闭，基本形制是合院的套接。院落规模一般为四合院，除祖母屋外，其余三面房子均为两层。主轴线上常设祖母屋和女儿房，以祖母屋为中心，次轴线上常设经楼和门楼，结合院坝等构成了布局合理、功能明确、主次分明的住宅空间。原型建筑空间常常通过一系列建筑元素的序列关系使空间等级得到体现和强化（图 5-65）。

文化影响型建筑空间序结构特点：受藏传佛教和土司制度的影响，经楼是住宅的核心，主导院落空间，形制地位高于一切。整体建筑风格上与原型建筑差别不大，只是经楼发生了较大的变化，体量增大，多为两层，有的甚至三层。

三种建筑类型都有自身的序列结构关系　　　　表 5–6

	建筑空间序排列	文化控制要素	空间等级
原型	经房／次轴／杂物间／女儿房／祖母屋／院坝／杂物间／主轴／牲口房／门楼／入口／路	藏传佛教→经楼←母系血缘 祖母屋 女儿房→主轴 原始信仰→门楼←走婚制度 入口 路	1. 祖母屋是住宅的核心，主导院落空间，形制地位高于一切；2. 主轴线上对应的通常是女儿房；3. 次轴线上布置经楼和门楼；4. 一层相对开放，二层封闭私密；5. 受诸多文化的影响大
文化影响型	经房／主轴／客房／牲口房／祖母屋／次轴／院坝／畜厩／女儿房／入口／路	藏传佛教→经楼←土司制度 牲口房 祖母屋→次轴 走婚制度→女儿房←原始信仰 母系血缘 入口 路	1. 经楼是住宅的核心，主导院落空间，形制地位高于一切；2. 主轴线上对应的通常是女儿房或牲口房；3. 次轴线上布置祖母屋和女儿房或牲口房；4. 除经楼外，一层相对开放，二层封闭私密；5. 受宗教的影响大
技术改变型	客房／祖母屋／主轴／客房／客房／客房／次轴／院坝／门房／客房／入口／路	母系血缘→祖母屋 主轴 客房 客房→次轴 客房 入口 路	1. 祖母屋是住宅的核心，形制地位略高；2. 主、次轴线上取消了女儿房、经楼和门楼，代之以客房；3. 一、二层均开放；4. 受旅游开发的影响大

（资料来源：作者绘制）

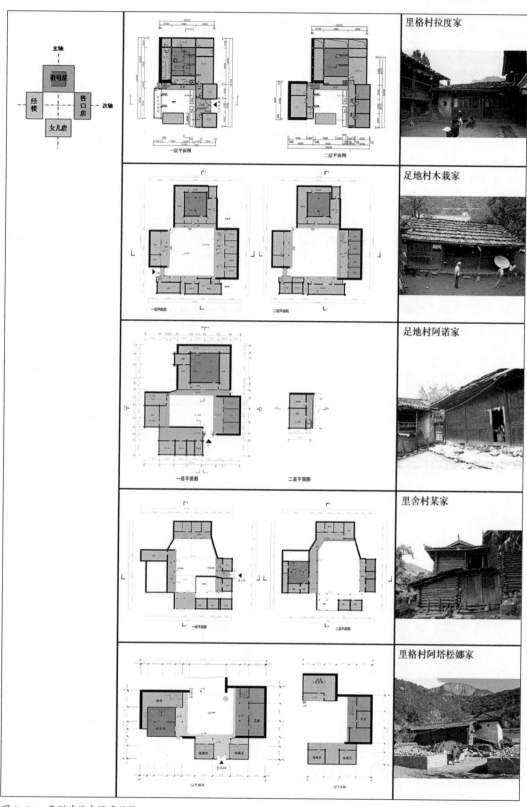

图 5-71　原型建筑空间序结构
（资料来源：作者根据调查绘制）

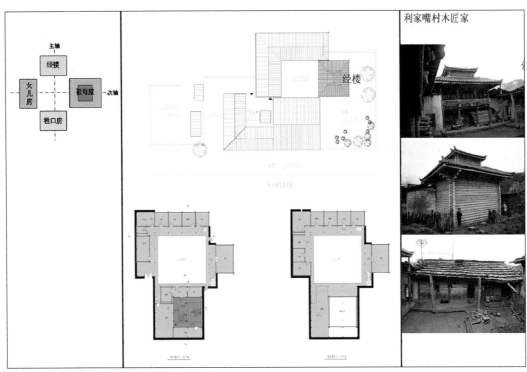

图 5-72 文化影响型建筑空间序结构
（资料来源：作者根据调查绘制）

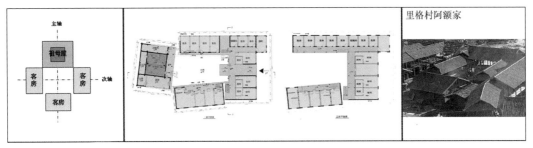

图 5-73 技术影响型建筑空间序结构
（资料来源：作者根据调查绘制）

主轴线上对应的通常是女儿房或牲口房，次轴线上布置祖母屋和女儿房或牲口房，受宗法制度的影响最大。

技术改变型建筑空间序结构特点：通常技术改变型建筑的型制在经济利益的驱动下变为隐性，受摩梭文化与宗法制度的影响最小，所以，主轴线上尽管布置了祖母屋，其形制地位略高于其他单体建筑，但祖母屋已失去了在原型建筑空间里所特有的空间统治力。院落的主、次轴线上取消了女儿房、经楼和门楼，代之以客房。为了取得更多商业空间和更好的视觉效应，建筑入口通常面路而开，底层开敞通透，侧立面都大面积开窗，这类建筑占地面积大，序列简单，等级缺乏，流线单一（图 5-68）。综上所述，三类建筑的序结构存在的差异主要是序的强与弱、主与次的区别，由于合院的型制是一致，因此也有一些根本的相似之处：院落总有较为明确的中心院坝空间；轴线上的建筑一般较为对称，空间序列中占主导地位只有一个单体建筑，其他三面建筑则常常从属与它；主轴线空间序列基本上以"祖母屋——女儿房"为模式对应摩梭的相应文化要素"原始信仰——母系血缘——走婚制度"，或者以"经楼——牲口房（女儿房）"为模式对应摩梭人的"藏传佛教——土司制度"。这样，院落内主导建筑空间的文化要素的作用力往往与平面的几何重心基本吻合。这是文化决定院落空间序排列在住宅建造中的反映。从这点上看,可以说前两类建筑的序结构是同质异构的,技术改变型则是另一种类型(图 5-73)。

5.8.3　建筑形态

5.8.3.1　平面格局

原型建筑的祖母屋平面格局由 5 部分组成,即走廊、土室、上室、下室以及后室。从它的平面形式来看,与汉字中"回"字有些相像。主室为"回"字的内口,称为"内圈房",以圆木垒成。外围又加了一圈同样的圆木垒成"外圈房"。内、外圈房之间,又根据需要有封有启,从而形成了正房的复杂平面格局。女儿房和牲口房的平面格局通常由 2 至 4 间小房组成,由外廊相通,平面形式简单明了。经楼的平面格局一般由 3 间小房构成,上层中间房设作经堂,是经楼的核心,左右厢房专供喇嘛住宿,楼下则住单身男子或客人。

文化影响型建筑的祖母屋、女儿房和牲口房的平面格局与原型建筑基本相似。只是经楼的平面尺度略有不同,开间和进深都有所增加,这是为了获得更宏大的建筑外部形态。

技术改变型建筑的平面格局可谓与原型建筑形成了鲜明对比。建筑选址通常在较为平整地势,为建造大体量的旅游客房建筑提供场地。这类建筑通常由 4 至 6 间小房组成,有的建到了 8 至 10 间,由外廊相连,平面格局极为简单。

5.8.3.2　结构体系

摩梭建筑是井干式的建筑,由于摩梭人所居住的宁蒗地区林木丛生,气候寒冷,森林茂密,木材资源丰富,所以这里的民居大多是松木建成的井干式木屋,同时用木块砍成的薄板来当瓦覆着的屋面,这既有就地取材之便,又充分利用厚实的木材本身的保温性能,起到御寒的作用,这种房子又称木垒子、木楞子。地方志载"么些所居,多在半山之中,屋用木板覆之。用原木纵横相架,层而高之,至十尺许,即加椽桁,覆之以板,石压其上。"(图 5-74)为摩梭人建造祖母屋的全过程,他们利用了传统的营造方法和技术搭建,从中可以看出其原型建筑的基本结构体系:维护结构从外到内分别为夯土墙和木楞子墙,内层的木楞子墙与支撑结构木梁柱相连并搭成屋架,屋顶则直接支撑在原木垒成的井干式木楞子墙和边梁柱上,最后用木片铺盖形成屋面。

井干式结构体系,是中国传统木结构中的一种,是一种用圆形、矩形或六角形木料,平行向上层层叠置而成的结构形式。相互交叉的圆形或矩形木料,在房屋的转角处交叉和咬合,使结构形成一个整体,并起到围合墙体的作用。井干式结构的屋顶,也是在两个山墙上放置短立柱,立柱下端开契口与井干墙体相接,呈托脊檩,形成两坡的形式。传统的摩梭建筑分为祖母房、经楼、女儿房、牲口房,其基本的结构体系。

原型建筑主要是以井干为主体加穿斗梁柱构成,呈现出建筑主体承重与维护以井干式木楞或夯土墙为主,外加穿斗结构的走廊过道。屋顶采用双坡顶,黄柏木屋面,上以石头压之。屋架由单独的梁柱抬起,且在祖母屋内屋架与男女柱相互连接,原型建筑屋架形式有三种:直接与井干搭接式、穿斗加抬梁式和穿斗加抬梁加歇山式(图 5-75 ～图 5-77)。

文化影响型建筑与原型建筑的结构体系差异不大,只是经楼建筑受藏传佛教和土司制度的决定和影响,建筑体量需要放大,建筑形态上呈现多样性,在屋架形式上产生了变化,出现重顶式和重顶歇山式两种形式(图 5-78)。

技术改变型建筑在建造时已经不再沿用原型建筑的结构体系——主体承重与维护以井干式木楞或夯土墙为主,改之采用砖木结构体系者居多,形成仿井干建筑,且正、侧立面多开门窗。出于旅游经

图 5-74　摩梭人建造房屋过程

（资料来源：作者自摄）

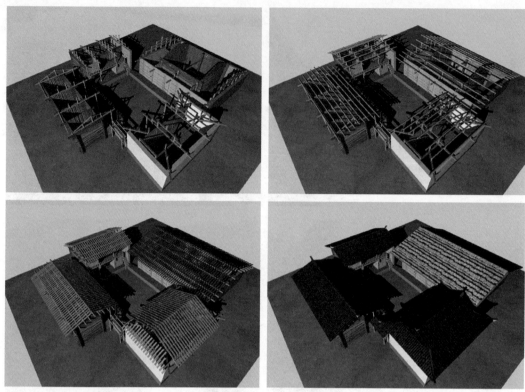

图 5-75　原型建筑院落结构体系
（资料来源：王晨朝等人绘制）

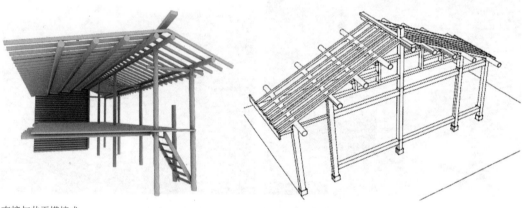

直接与井干搭接式

穿斗加抬梁式

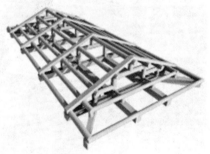

穿斗加抬梁加歇山式

图 5-76　原型建筑院落房屋结构（一）
（资料来源：学生绘制）

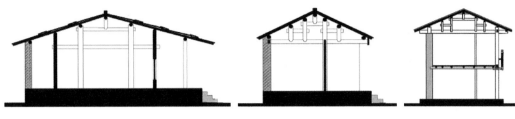

祖母屋结构体系　　　　　　　　　　　　经楼结构体系

女儿房结构体系　　　　　　　　牲口房结构体系

图 5-77　原型建筑院落房屋结构（二）
（资料来源：学生绘制）

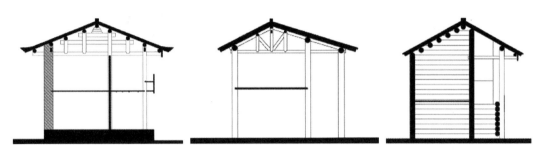

图 5-78　文化影响型建筑院落房屋形式
（资料来源：作者自摄）

图 5-79　技术改变型屋架
（资料来源：作者自摄）

济以及经营接待的驱使，以及自身文化意识的逐渐丧失，建筑表现出"更大更高"的形态特征，与原型建筑之形态相去甚远，这在屋架形式的变化上了表现得尤为突出（图 5-79）。

5.8.3.3　外部造型

原型建筑的立面材料主要为原始木材，以及泥沙夯土、木板、石块等建筑材料。这些材料的组合，形成了独特的摩梭建筑立面形态与肌理效果，其基本立面形态的有如下四种（图 5-80）。

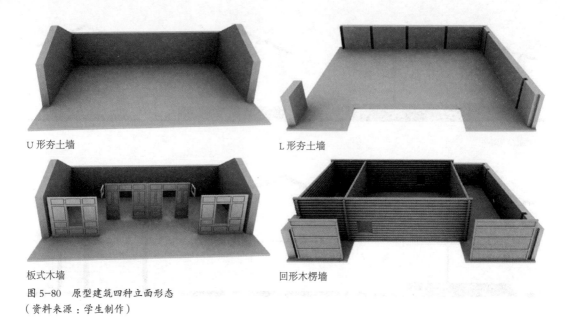

U形夯土墙　　　　　　　　　　　　　L形夯土墙

板式木墙　　　　　　　　　　　　　　回形木楞墙

图5-80　原型建筑四种立面形态
（资料来源：学生制作）

5.9　小结

本章在基于文化生态学说的聚落研究理论体系下，从地理空间层次的划分与对聚落分布的影响、生态过程对聚居的影响上提出聚落分布是受生态过程的支配，研究自然空间结构对聚落结构的影响，得出泸沽湖自然地理空间格局构成中的空间廊道、冲积扇等空间要素。通过分析核心圈对聚落分布与发展的影响，提出了泸沽湖聚居的空间系统中环泸沽湖区域空间、竹地海子区域空间、永宁坝区域空间这三个主要层次及以下的次级空间层次，初步得出了泛泸沽湖的聚落系统的空间分布规律。

重点研究了泸沽湖的聚落结构的类型，以及导致的三个空间层次下聚落形态的异同，分析了聚落形态演化的过程，文化控制力对于聚落形态变化的干预作用。提出自然空间、人文要素、技术特征作为"属性组合"的不同要素的配置表，并根据属性组合的不同划定出泸沽湖地域的典型聚落类型——自然资源依赖型、文化增长型、技术发展型。

基于上述结论的基础上研究不同层面的文化要素控制不同的空间范围、社区的层次，得出泸沽湖聚居单元关系、泸沽湖聚落规模金字塔等结论。

最后，通过"属性组合"的分类方法，把摩梭传统民居分为原型、文化影响型、技术改变型三种建筑类型进行论述，归纳总结了三类建筑的空间结构关系和建筑形态之间的差异。

本章的主要成果在于从自然地理、生态演化发展上认清聚落现象生成的原因，聚落结构、形态的演化在文化控制力下发展的方式；提出文化对聚落类型及建筑类型变迁规律的作用。

第6章
探索横断山区域人居环境的文化保护模式

　　本章对全书研究成果进行总结，并就泸沽湖人居发展提出以下的结论："文化控制力"是泸沽湖人居内在机制；保持摩梭人人地关系的关键是尊重摩梭人的生存技术与自然观；自然条件、文化要素、传统技术的保护是传统聚落发展的关键。这个研究结论应是对横断山区域乃至西南地区少数民族人居环境的文化演进研究都有一定的指导意义。

　　本章提出，转形期的泸沽湖摩梭人居研究是人居环境科学理论体系的一次实践：以泸沽湖人居现象为研究对象，是着重探讨人与环境之间的关系的系统研究，是人居科学视野下"人"与"物"的结合研究；同时，它是开放性综合学科研究，包容诸如社会人类学、文化地理学、历史学、建筑等的研究方法与成果。总体上将各系统联系起来，真正地理解聚居发生、发展、变迁的客观规律，达到促进泸沽湖人居和谐发展的最终目的。

　　本章指出本书的研究目的是"以小见大"，以泸沽湖聚居的本质特征为案例，来建构的一种普遍的西南少数民族民居研究的理论框架与方法。以"文化与自然"为研究的经纬。泸沽湖聚居的研究是基于"横断山少数民族聚居"这个概念上进行的，比单纯的建筑研究更能够体现研究的完整性。

　　至此，本书在人居环境科学理论指导下，结合文化诸学科的相关理论，将人居研究的五大系统问题集中在泸沽湖人居的景观模式、文化机制模式、居住模式三方面。首先在横断山地区层面提出了自然景观与文化的复合，形成了人居环境的文化演进关系这一命题，从宏观上提出了泸沽湖人居研究框架。对泸沽湖人居的摩梭文化构成及演进、景观及其演替过程、摩梭聚落及建筑类型深入研究，解析了泸沽湖人居的生成原理，并就其人居发展提出以下的结论："文化控制力"是泸沽湖人居内在机制；保持摩梭人人地关系的关键是尊重摩梭人的生存技术与自然观；自然条件、文化要素、传统技术的保护是传统聚落发展的关键。这个研究结论应对横断山区域乃至西南地区少数民族人居环境的文化演进研究有一定的指导意义。

　　转型期的泸沽湖摩梭人居研究是人居环境科学理论体系的一次实践：以泸沽湖人居现象为研究对象，是着重探讨人与环境之间的关系的系统研究。不但对人居形态与结构的"物"的方面，而且要对人居中的"人"的社会生活方式等方面进行研究；同时，它是开放性综合学科研究，包容诸如社会人类学、文化地理学、历史学、建筑等的研究方法与成果。总体上将各系统联系起来，真正地理解聚居发生、发展、变迁的客观规律，达到促进泸沽湖人居和谐发展的最终目的。

　　有广泛的代表性。研究的目的是"以小见大"，以泸沽湖聚居的本质特征为案例，来建构一种普遍的西南少数民族民居研究的理论框架与方法。以"文化与自然"为研究的经纬。泸沽湖聚居的研究是基于"横断山少数民族聚居"这个概念上进行的，就比单纯地就建筑研究更能够体现研究的完整性。

6.1　泸沽湖人居的文化生成与发展

6.1.1　关于泸沽湖人居的文化生成

　　"社会生活方式"是决定泸沽湖人居社会文化形态的最基本的要素。生活方式的变异（或同化），一定会引起社会形态的变化，这就意味着泸沽湖人居环境一定会发生系列改变。

　　"社会体系"是泸沽湖人居运行机制的核心部分。在摩梭人特定社会生活形式中，存在着以血缘为基础的相互联系、相互依赖的关系。这种关系是建立在个人的社会角色及其角色的转换。社会关系是泸沽湖人居中社会生活的活力所在。

　　泸沽湖社会进化的过程实质上反映了人居的演变过程。泸沽湖社会进化的历程表明，泸沽湖人居演变过程是一个社会趋异的发展过程。在演进的历程中，受制于自然、文化条件约束，通过其内在"组织进步"来逐步达到趋异目的，其发展机制表现为人居的适应过程，即生态适应、制度适应、习得适应。

　　"社会结构"是构成泸沽湖人居中社会形态的主干。泸沽湖人居的社会各个部分的结构特点，是社会形态的"骨架"与能量交换点，也是摩梭社会有别于其他社会的结构形式。保持这个结构形式，是保持泸沽湖人居环境的文化的支点。

　　"社会功能"是泸沽湖人居环境内在的运行机制。研究泸沽湖摩梭社会文化要素在社会进程中的功能，可以揭示其人居环境中特定社会生活的实现、传承，以及变化的过程。这个过程实际上就是人居环境的社会运行机制。

6.1.2　关于横断山区域人居环境的文化发展

　　应充分发挥各少数民族文化调控机制的作用。这是横断山区人居环境的综合调控力根本所在。加强各个少数民族文化建设要着力于其社会组织、制度建设，保持其社会结构形式，真正找到构成他们的人居社会结构各个部分的结构特点（与其他民族有区别），分析各自的功能作用。才能保持其特有的生计方式，通过生态适应、制度适应、习俗适应产生人居进化的综合调控力。这是横断山区人居演进面临全球化导致的现代性转变时，保持和谐发展的根本动力。

值得注意的是，藏彝走廊自然与文化的多样性，形成了各民族或不同的文化圈（或许在划定的同一民族）之间的不同文化调控机制，因此，应该分析其调控机制构成，才能真正做到"文化演进"而非"文化同化"的人居进程。总的来说，应以延续他们的生活方式为基本点，促进其人居的和谐发展。针对横断山区的各民族有不同的社会结构特点，制定相应规划对策，才能促进其人居的和谐发展。

"文化控制力"是西南少数民族人居环境社会发展的规划调控手段。文化控制力是指通过文化的适应力与社会进化产生的综合调控力，作为规划发展的措施。将科学的、有计划的规划与传统社会进化的机制结合起来，通过他们本来的适应机制起到调控作用，达到促进社会发展的目的。在借用国外有效经验基础上，结合横断山的具体实践，开拓新的规划方法。例如：倡导性规划、激进式规划、沟通性规划等方法，强调规划作为社会学习过程，形成进步式规划（Progressive Planning），就有可能与"文化控制力"的主张相结合。

这就要求规划师以社会工作者的角色出现，参与到他们的社会活动中去，形成交流传达信息的机制。这本身就是规划行动。规划师在做出问题的分析的时候，他们已经参加到界定问题的过程中了，已经在进行规划工作，影响当地人居的发展。

"文化资本"现象是横断山人居发展必须面对的问题。现在横断山区旅游开发以自然生态资源为主，其次就是文化资源。如果不能正确引导，这种势头一定会导向"文化的资本化"，即将文化作为"出让资本"，与外来资本合资开发。利润的极大化势必会导致"文化掠夺"的开发方式，形成"伪文化"，将地域文化导向死亡。

6.2　泸沽湖人居的景观生成与发展的定理

6.2.1　关于泸沽湖景观生成

泸沽湖景观作为人地关系复合的现象揭示了摩梭人认识与利用自然的方式。泸沽湖特质景观的生成原理是基于自然景观过程，即地质景观、水文景观、气候景观、植被景观等方面的过程现象，但是泸沽湖特质景观构成是人们对其利用和改变的过程现象。泸沽湖特质景观反映了摩梭人的自然观。因此，摩梭人观念的改变，一定会在景观上体现出来。

例如，湿地景观是泸沽湖重要的自然景观。由于泸沽湖的地质成因，决定了在泸沽湖生态过程中关键的作用，因此，湿地是非常敏感的生态斑点，不能超越其生态承载量。长期以来，人们采用不同的技术改造作泸沽湖的湿地，形成了特有的湿地景观，其中不乏包含有摩梭人关于湿地保护的自然观。泸沽湖人居发展的过程中，应尊重摩梭人的传统技术，保持湿地的生态功能，大力恢复与保护湿地。

泸沽湖的农耕景观反映了摩梭人土地利用的过程，是人文景观过程的主要内容。人对地改变是基于人们生存需要。厘清人口规模和土地利用、传统文化要素与土地利用格局、现代性技术改变对土地利用的影响等，是人文景观研究的主要内容。

"心理意象"的保护。心中的泸沽湖，基于保护其人地关系复合关系的泸沽湖景观发展演变。我们发现不同类型人群中，人们对泸沽湖特质景观的看法不同。当今主导人地关系变化的主体已由"当地人"转向了"资本方"。在这种景观的现代性转变中，摩梭人对他们的环境的看法及主张尤为重要。泸沽湖景观演进方向应以摩梭人的景观价值为基准。

6.2.2　关于横断山景观发展定理

发挥摩梭传统农耕文化中利用与保护自然景观的技术。例如，摩梭人、彝族耕种方式中的轮歇地或休闲农业的传统，这是摩梭人认识自然、适应环境的生计方式，这是一种地域性技术。这个传统在横断山区也是重要的农耕技术，将轮歇地改为半固耕地，延长轮歇期。

坚持退耕还湖与还林，恢复泸沽湖生态。在永宁坝鼓励水稻种植，这是湿地保护与传统生计方式保护的一种有效方法。

治理地质灾害，防止水土流失。坡度过陡的地方（大于 35 度），退耕还林。鼓励土豆种植，这是防止冲积盆地水土流失有效的方法。在坡缓、土地薄的荒山，固土，种植速生树，保持水土。

6.3 聚落生成与发展的定理

6.3.1 关于泸沽湖聚落的生成

自然、文化要素、传统技术决定了泸沽湖的聚落类型。自然空间格局是聚落系统的结构要素之一。泸沽湖聚落是人们格式化的自然空间复合，人们充分认识到自然空间的格局与层次，形成聚落组合系统的空间力量。以空间廊道为规则，布局他们的聚落系统的群、组；村落格局以冲积扇为空间单位布局。院落依赖于供给土地形成核心土地，并与核心家庭共生形成完整单元。

文化要素是聚落内部的结构要素的另一个组成要素。摩梭人是以血缘为主的文化要素，将院落、建筑、聚落、聚落群组组合形成系统。土司制度在摩梭人社会中有深远的影响。文化要素的关系是泸沽湖聚落系统的支点。

经济要素是聚落系统的要素之一。不同的经济模式影响聚落在空间上的职能分布与聚落的形态。以农业为主的经济模式以土地资源为主导要素，决定了聚落的经济关系。旅游经济模式使得聚落脱离了土地的约束，以交通条件为主导要素，决定了聚落中心在空间上的分布，这将导致传统聚落形态的彻底改变。

6.3.2 横断山区域人居环境的聚落发展

从时间上看来，横断山区聚落变化的将速度越来越快。当下藏彝走廊的社会正处于转变期。旅游开发的整体策略，一定会将部分农业型聚落导向为旅游服务型聚落，这是以现代技术为背景的社会转型，改变了聚落性质，即由原来的自然条件、文化、经济、技术条件的多元复合的方式，转变现代性技术为主导要素的经济条件方式。这将改变聚落间平衡和谐的空间关系，并导致部分聚落超速度发展，从而产生新的社会矛盾。应出台刺激整体平衡发展的策略，保持聚落间和谐发展的态势。横断山聚落的发展规划，应基于传统聚落类型的多元复合的方式，规划措施应建立在自然条件、文化、经济、技术条件的调控要素上，才能真正达到横断山区人居和谐发展与人居环境多样化发展的最终目的。

要防止聚落形态上"同质化"现象，才能保护有美学多样性意义的横断山各民族聚落形态。聚落形态的多样性，实质上是文化多样性现象的体现。从聚落的生成机制看来，文化的约束力对聚落的影响减弱。聚落形态摆脱了文化的生成机制，会形成聚落形态的同质化发展方向，开始失去了原来文化形成的丰富的形态类型。伪文化聚落与建筑的出现是"文化退化"现象。

应维持同一自然和文化圈中聚落系统的传统职能分工。经济的一体化会导致聚落间联系越来越紧密与复杂，改变了"隔离居住"的状态。旅游中心聚落的出现，逐渐会改变聚落的传统职能的地域性分布，生产性聚落与服务性聚落职能分工越来越明显，将会形成聚落间的等级差别，这会导致在不同聚落间的人群形成新的阶层分化。最终导致横断山区和谐人居系统的异化发展。

应限定聚落规模的无限制的膨胀发展的趋势。由于聚落规模的发展摆脱了土地的约束。聚落的人口规模和结构将面临改变。人口规模在空间分布上向旅游发展型聚落集中。文化资本化的趋势将导致改变外来人口，改变了人口结构，给聚落形成多层面的影响。通过规划控制的手法，通过限定聚落的规模发展的手段，调控聚落的人口数量与结构，是横断山人居发展中重要的规划措施。

结语

　　本书是在人居环境的理念下，以文化为视野，对泸沽湖区域的一个尝试性基础研究。尽管只是一个初步的、局部的探讨，但希望这种正在萌生的文化学科与人居环境诸学科的交叉融合的研究方法，在西南少数民族社会与文化面临现代性的转型时期，有理论与实践两方面的广阔前景。

　　人居环境科学与文化学诸学科相结合的研究方法，是从地域文化的角度，探讨西部山区人居环境发展的多样性与特色保护问题，其本质是在寻求全球化的背景下怎样保持地域文化的多样性的途径。这种试图构建的"途径"其本质是一种生活方式的多样性进化的理念。正如阿里夫·德里克（Alif Dirlik）提出："在这种全球化的环境下，还有可能恢复那些地域性的知识与实践模式，来共同改造世界吗？"他与众不同地认为"全球化导致地区文化的回归"。的确，我们可以看到随着中华文明的再次崛起，"地区性的全球化阶段"的现象的出现。人居环境的地域性研究在挑战与机遇中，显得更加有现实性的生命力与时代价值。我们希望，通过我们的努力，地域性的建筑与聚落文化将构筑 21 世纪多样性世界的最重要的景观。

附　　录

A. 作者在攻读博士学位期间发表的论文情况

[1] 黄耘.泸沽湖摩梭聚落类型研究——探索适合西南少数民族聚落分类的方法.《新建筑》.武汉：华中科技大学出版社，2011，10.

[2] 黄耘.泸沽湖人居环境研究的视野.《国际人类学与民族学联合会第十六届世界大会论文集》.昆明：云南大学出版社，2009，12.

[3] 黄耘.重庆历史文化街区保护的特质研究.《直辖十年—重庆城乡规划实践与理论探索》.重庆:重庆大学出版社，2007.

[4] 黄耘.渝东南土家族农村中心场镇的再生——以重庆濯水场镇历史文化保护为例.《第四届全国环境艺术设计论坛优秀论文集》.北京：中国建筑工业出版社，2010，10.

B. 作者在本研究领域的科研及获奖情况

国家自然科学基金重点项目："西南山地城市（镇）规划适应性理论与方法研究"（项目编号:50738007),子课题:西南少数民族人居研究.

参考文献

[1] Mile.Crang Culture Geography[M].New York：Routledge.1998.

[2] 约瑟夫·洛克.中国西南古纳西王国 [M].昆明：云南美术出版社 .1999.

[3] 拉他咪·达石.摩梭社会文化研究论文集 1960-2005[J].昆明：云南大学出版社 .2005.

[4] 赵万民.关于山地人居环境研究的思考 [J].规划师，2004，(6)：61.

[5] 赵万民.三峡工程与人居环境建设 [M].北京：中国建筑工业出版社，1999.

[6] 赵伟.乌江流域人居环境建设研究 [M].南京：东南大学出版社，2008.

[7] 李泽新.三峡库区人居环境建设综合交通体系研究 [M].南京：东南大学出版社，2008.

[8] 戴颜.巴蜀古镇历史文化遗产适宜性保护研究 [M].南京：东南大学出版社，2010.

[9] 黄勇.三峡库区社会变迁与人居环境建设研究 [D].重庆大学建筑城规学院，2009.

[10] 余英.中国东南系建筑区系类型研究 [M].北京：中国建筑工业出版社：2001，P16.

[11] 揣振宇.四川省民族研究所建所 40 周年暨西南民族研究的历史回顾与展望学术研讨会综述 [M].2004-07-05.

[12] 杨福泉.纳木依与"纳"族群之关系考略 [J].2006（3）.

[13] 施传刚.永宁摩梭 [M].云南：云南大学出版社，2008.

[14] 吴良镛.人居环境科学导论 [M].北京：中国建筑工业出版社，2001.

[15] 翟辉.香格里拉·乌托邦·理想城 [M].北京：中国建筑工业出版社，2005.139.

[16] 齐格蒙特·鲍曼.全球化——人类的后果 [M].北京：商务印书馆，2001.

[17] C·麦克.文化地理学 [M].台北：巨流图书有限公司，2006.

[18] 戴志中.中国西南地域建筑文化 [M].湖北：湖北教育出版社，2003.2.

[19] 毛刚.生态视野——西南高海拔山区聚落与建筑 [M].南京：东南大学出版社，2003.

[20] 威廉.M.马什景观规划的环境学途 [M].北京：中国建筑工业出版社，2006：26.

[21] A.R.伊萨钦科.地理学的基本问题 [M].北京：科学出版社，1958.

[22] 毛明海.自然地理学 [M].浙江：浙江大学出版社 .2009.

[23] 杨勤业.横断山综合自然区划——横断山考察专集 [R].昆明：云南人民出版社，1983，96-121.

[24] 罗来兴.川西滇北地貌地形的探讨 [C].地理集刊 .1963（5）.

[25] 张鉴初.青藏高原气象学 [M].北京：科学出版社，1960.

[26] 郭进辉.川西滇北地区河流分类的初步研究 [J].地理学报，1965（3）.

[27] 姜汉侨.云南植被分布的特点与地带规律性 [J].云南植物研究，1980（2）.

[28] 李少明.藏彝走廊研究的回顾与前瞻 [J].三星堆文明·巴蜀文化研究动态，2009，(3).

[29] 石硕.中国的民族大走廊：藏彝走廊的民族、历史与文化特点 [C].国际人类学与民族学联合大会第十六届世界大会 藏彝走廊专题会议论文集 .2009，25-28.

[30] 李有恒.云南丽江盆地一个第四纪哺乳类化石地点 [C].古脊椎动物与古人类，1961（5）.

[31] 云南省博物馆.云南丽江人类头骨的初步研究 [C].古脊椎动物与古人类，1977，(2).

[32] 卫奇.丽江木家桥新发现的旧石器 [J].人类学学报，1984（3）.

[33] 西昌博物馆.泸沽湖畔出土文物调查记 [J].凉山彝族奴隶制研究 .1978（1）.

[34] 王忠.新唐书吐蕃传笺证 [M].北京：科学出版社，1958.

[35] 方国瑜.麽些民族考 [C].方国瑜纳西学论集.北京：民族出版社，2008.

[36] 王钟翰主编.中国民族史 [M].北京：中国社会科学出版 .1994.

[37] 宋兆麟.寻根之路——一种神秘巫图的发现 [M].北京：学苑出版社，2005.

[38] 石硕. 中国的民族大走廊：藏彝走廊的民族、历史与文化特点 [C]. 国际人类学与民族学联合会第十六届世界大会. 2009.

[39] 迪庆藏族自治州地方志编撰委员会. 迪庆藏族自治州地方志 [R]. 2003.

[40] 吴良镛. 人居环境科学导论 [M]. 北京：中国建筑工业出版社，2001 年，38—39.

[41] 简明不列颠百科全书 [M]. 北京：中国大百科全书出版社，1986 (8)，260.

[42] 库伯. 社会科学百科全书 [M]. 上海：上海大航海译文出版社，1989：161.

[43] H.J.de Blij.Human Geography：Culture，Society and Space[M].John Wiley & Sons，Inc.1982.

[44] A.R. 拉德克利夫·布朗. 原始社会结构与功能 [M]，北京：九州出版社，2007，9.

[45] A.R. 拉德克利夫·布朗. 社会人类学方法 [M]. 北京：华夏出版社，2002 年，159 页.

[46] 马林诺夫斯基. 科学的文化理论 [M]. 北京：中央民族大学出版社，1999 年.

[47] 约瑟夫·洛克. 中国西南古纳西王国 [M]. 昆明：云南美术出版社，1999.

[48] 陈烈. 云南摩梭人民间文学集成 [Z]. 北京：中国民间文艺出版社，1990.

[49] 杨福泉. 纳西族文化史论 [M]. 昆明：云南大学出版社，2006.

[50] 李霖灿. 么些研究论文集 [C]. 台北："故宫博物院"，故宫丛刊甲种，1984.

[51] 《盐源县志》编撰委员会. 盐源县志 [M]. 成都：四川人民出版社，2000.

[52] 拉木·嘎土萨. 摩梭达巴文化 [M]. 昆明：云南民族出版社，1999.

[53] [美] 卡斯腾·哈里斯. 建筑的伦理功能 [M]. 北京：华夏出版社，2001.

[54] 中国社会科学院民族研究所、云南省历史研究所. 宁蒗彝族自治县永宁纳西族社会及其母权制的调查报告（宁蒗县纳西族调查材料之二）[M]. 内部刊行，1977：115.

[55] 严汝娴、宋兆麟. 永宁纳西族的母系制 [M]. 昆明：云南人民出版社，1983：31-45.

[56] 严汝娴、宋兆麟. 论纳西族的母系"依杜"[J]. 民族研究，1983，(3)

[57] 云南省编辑组. 宁蒗彝族自治县纳西族社会及家庭形态调查（宁蒗县纳西族家庭婚姻调查之一）[M]. 昆明：云南人民出版社，1986.

[58] 严汝娴、宋兆麟. 永宁纳西族的母系制 [M]. 昆明：云南人民出版社，1983.

[59] 郭大烈、和志武. 纳西族史 [M]. 成都：四川人民出版社，1994.

[60] 宋镰等. 元史 [M]. 北京：中华书局，1976.

[61] 王明达、张锡禄. 马帮文化 [M]. 昆明：云南人民出版社，2008.

[62] 杨学政. 藏族、纳西族、普米族的藏传佛教 [M]. 昆明：云南人民出版社，1994.

[63] 岳坤. 旅游与传统文化的现代生存——以泸沽湖畔落水下村为例 [J]. 民俗研究，2003，(4).

[64] 吴良镛. 人居环境科学导论 [M]，北京：中国建筑工业出版社，2001：105.

[65] Monica G.Turner.Landscape Ecology-Theory and Application[M].New York：Springer- Verlag.2001.

[66] Tarry C.Daniel.Measuring Landscape Aesthetics：The Scenic Beauty Estimation Method [M].Fort，1976.

[67] D.L Jacques.Landscpae appraisal：the case for a subjective theory[M]，Environ.Mgmt.1998 (10)：107-113.

[68] K.Buchwald.Hundback fur Lands-chaftp flege und Naturschutz.Bd.1.Grundlagen.BlV Verlagsgesellschaft[M]，Munich Bern，Wien.1968.

[69] 张祖荣，郑度，杨勤业等. 横断山自然地理 [M]. 北京：科学出版社，1996：7-9.

[70] 《盐源县志》编委会. 盐源县志 [M]. 成都：四川民族出版社，2000.

[71] 弗雷德里克·斯坦纳. 生命的景观——景观规划的生态学途径 [M]. 周年兴，李小凌，俞孔坚等译. 北京：中国建筑工业出版社，2004：79.

[72] 威廉 .M. 马什. 景观规划的环境学途径 [M]. 北京：中国建筑工业出版社，2006，266.

[73] 威廉 .M. 马什著. 景观规划的环境学途径 [M]. 北京：中国建筑工业出版社，2006：396-402.

［74］ 张荣祖、郑度等 . 横断山区自然地理 [M]. 北京：科学出版社，1997：36.

［75］ 威廉·M·马什 . 景观规划的环境学途径 [M]. 北京：中国建筑工业出版社，2006：359.

［76］ 李英南 . 泸沽湖特有水生生物的保护初探 [J].2000，（6）：39-40.

［77］ 樊国盛 . 泸沽湖自然保护区森林植被及木本植物区系 [J].1989，（12）.

［78］ 威廉·M·马什 . 景观规划的环境学途径 [M]. 北京：中国建筑工业出版社，2006：358.

［79］ 威廉·M·马什 . 景观规划的环境学途径 [M]. 北京：中国建筑工业出版社，2006：373.

［80］ 弗雷德里克·斯坦纳 . 生命的景观 [M]. 北京：中国建筑工业出版社，2004.

［81］ 梅洛·庞蒂 . 知觉现象学 [M]. 北京：商务印书馆，2005.

［82］ Larry A.Hickman.Reading Dewey：Interpretations for a Postmodern Generation [M].Indiana University Press，1998.

［83］ 吴良镛 . 人居环境科学导论 [M]. 北京：中国建筑工业出版社，2001：227-228.

［84］ 赵万民 . 我国西南山地城市规划适应性理论研究的一些思考 [J]. 南方建筑，2008（4）.

［85］ 哈维兰 . 人类文化学 [M]. 上海：上海社会科学院出版社，2006.

［86］ 中尾佐助 . 照叶树林文化论 [M]，札幌：北海道大学出版会，2006.

［87］ 朱利安·H·斯图尔特，文化生态学 [M]. 北京：中国建筑工业出版社，2001.

［88］ 冯天瑜 . 中国文化史（上、下）[M]. 上海：上海人民出版社，2005.

［89］ M·巴特思，普通植物学 [M]. 北京：中华书局，1953.

［90］ 夏建中 . 文化人类学理论学派——文化研究的历史 [M]. 北京：人民大学出版社，1997.

［91］ Julian Steward.Theory of Culture Change[M].Chicago：University of Illinois Press，1995.

［92］ 张荣组等，横断山区自然地理 [M]. 北京：科学出版社，1997.

［93］ 余英 . 中国东南系建筑区系类型研究 [M]. 北京：中国建筑工业出版社，2001，91.

［94］ C·N·舒尔茨 . 西方建筑的意义 [M]. 北京：中国建筑工业出版社，2005.

［95］ A·罗西 . 城市建筑学 [M]. 北京：中国建筑工业出版社，2006.

［96］ C·N·舒尔茨 . 西方建筑的意义 [M]. 北京：中国建筑工业出版社，2005.

［97］ 吴良镛 . 人居环境科学导论 [M]. 北京：中国建筑工业出版社，2001.227-228.

［98］ 段进 . 城镇空间解析 - 太湖流域古镇空间结构与形态 [M]. 北京：中国建筑工业出版社，2002.

致　谢

　　记得第一次到泸沽湖大约是在 1993 年初夏，到了一个叫作里格的村子，泸沽湖的宁静与摩梭人的纯朴印证了我想象中的图画。之后十几年，我几乎每年都会到这个我最喜欢的地方，将里格村作为田野调查的定点村。可以说，我见证了里格村形态变迁与社会转型的整个过程。我也经历了摩梭朋友们面对外来文化时的茫然四顾到坦然面对的转变，我也见证了摩梭文化转变为旅游开发的"文化资本"。在这个也让我迷茫的过程中，我担心泸沽湖摩梭文化会消失殆尽，怀疑他们也加入了"被"同化的进程。这也许是所谓的摩梭社会的"现代性"转变的现象吧。也许注定里格村必须加入全球一体化的进程。

　　攻读博士的几年中，从导师赵万民教授那里开始学习人居环境科学的理论体系，他关于地域建筑与流域人居环境研究的博大精深的学术造诣，深深地影响了我。先生鼓励我将人居理论与文化学科结合起来，要求我从地域文化的角度，探讨西部山区人居环境的多样性与持续发展的问题。回想长达 8 年的研究历程中，他鼓励我立足于探索人居环境建设的地域性知识与实践模式，去寻求在全球化的背景下怎样保持地域文化多样性的途径。正是他不断地鞭策与鼓励，才使我从迷惘与困惑中逐渐明白过来。感谢导师赵万民先生！

　　感谢重庆大学建筑与城市规划学院黄天其、戴志中、龙彬、谭少华等教授悉心帮助与指教。感谢徐千里教授细心的教诲，他对博士论文写作方法的独到见解一直引导我的写作。清华大学武廷海、黄鹤、林文棋老师对我有很深的影响，他们启发了我看问题的角度。我的博士同学李泽新、锻炼、刘炜、龙宏、王继武、黄瓴、黄勇、戴颜给了我很大的帮助。

　　我十分感谢里格村的阿塔松娜全家、阿哦比嘛及老妈妈、阿拉比嘛姐妹、扬文强等朋友，他们接纳了我，把我当成他们中的一员，让我有机会深入了解摩梭文化。

　　感谢我的好朋友四川美院罗力教授的支持与督促！感谢建筑艺术系的张剑涛、王平好、周秋行老师，多年来，他们无私地协助我的研究工作。我要感谢我的 2005、2006 级研究生，特别是周仿颐、解昊苏、冯雪、金中一同学，他们帮助我整理了大量的资料。我要感谢我的家人对我无微不至的照顾。夫人郑慧和女儿豆豆是我快乐的源泉！

黄耘

2009 年 10 月于重庆